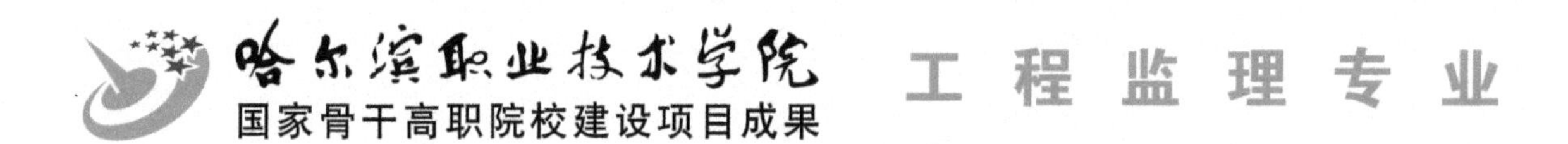

施工组织与进度控制

卢　爽　主编

中国铁道出版社
CHINA RAILWAY PUBLISHING HOUSE

内容简介

本书是按照高职高专工程监理专业人才培养目标和定位要求，结合施工组织与进度控制工作过程，构建相应学习情景而编写。主要内容包括：编制施工进度计划、编制单位工程施工组织设计、监测与调整实施中的施工进度计划三个学习情境，其中学习情境一包括编制施工进度计划横道图、编制施工进度计划网络图两个工作任务，学习情境二包括编制单位工程施工方案、编制单位工程施工进度计划、设计单位工程施工平面图三个工作任务，学习情境三包括监测实施中的施工进度计划、调整实施中的施工进度计划两个工作任务。

本书作为高职高专工程监理专业的教材，侧重培养学生对施工项目进度控制的能力，以满足企业对学生知识、技能及素质等方面的要求，对于建筑工程技术、工程造价等土建类专业群及相关工程技术人员也具有参考价值。

图书在版编目（CIP）数据

施工组织与进度控制/卢爽主编．—北京：中国铁道出版社，2016.1（2018.8 重印）

国家骨干高职院校建设项目成果．工程监理专业

ISBN 978-7-113-21079-3

Ⅰ.①施… Ⅱ.①卢… Ⅲ.①建筑工程—施工组织—高等职业教育—教材 ②建筑工程—施工进度计划—高等职业教育—教材 Ⅳ.①TU72

中国版本图书馆 CIP 数据核字（2015）第 278719 号

书　　名：施工组织与进度控制
作　　者：卢　爽　主编

策　　划：左婷婷　　　　**读者热线：**（010）63550836
责任编辑：邢斯思　贾淑媛
封面设计：刘　颖
封面制作：白　雪
责任校对：汤淑梅
责任印制：郭向伟

出版发行：中国铁道出版社（100054，北京市西城区右安门西街 8 号）
网　　址：http://www.tdpress.com/51eds/
印　　刷：北京虎彩文化传播有限公司
版　　次：2016 年 1 月第 1 版　2018 年 8 月第 2 次印刷
开　　本：880 mm×1 230 mm　1/16　印张：11.5 字数：249 千
书　　号：ISBN 978-7-113-21079-3
定　　价：36.00 元

哈尔滨职业技术学院建筑工程技术专业及专业群教材编审委员会

本书编写组

主　编： 卢　爽（哈尔滨职业技术学院）

副主编： 鲁春梅（哈尔滨职业技术学院）

参　编： 于微微（哈尔滨职业技术学院）

葛贝德（哈尔滨职业技术学院）

王付春（黑龙江省纺织建设监理公司）

王　琰（哈尔滨市城乡建设委员会）

主　审： 李晓琳（哈尔滨职业技术学院）

程利双（哈尔滨建成工程建设监理公司）

前　言
FOREWORD

“施工组织与进度控制”课程是工程监理专业的核心课程。该课程教材编写坚持以综合素质培养为基础，以能力培养为主线的指导思想，围绕专业人才培养目标，遵循工作过程系统化课程的开发理念，改变了传统教材学科体系的陈旧模式，从一个全新的视角去重构教材的编写框架，采用行动导向教学的编写方式。

本教材编写以真实的工程项目为载体，以编制施工进度计划、编制单位工程施工组织设计、监测与调整实施中的施工进度计划为工作任务，将施工项目进度控制的相关知识有机地融为一体，紧紧围绕以“教、学、做”一体化为核心的行动导向教学实施方案进行教材的整体编写工作。

本教材遵循科学的认知规律，根据职业岗位对学生知识、能力、素质的要求和高职院校学生的特点，以及学历证书和职业资格证书嵌入式的设计要求来架构课程内容体系，创设学习情境，确定工作任务。通过完成工作任务，实现对学生自学能力、创新精神和实践技能等职业能力的培养。

本教材包括三个学习情境，七个工作任务，学习情境一是编制施工进度计划，其中包括两个工作任务，学习情境二是编制单位工程施工组织设计，其中包括三个工作任务，学习情境三是监测与调整实施中的施工进度计划，其中包括两个工作任务。这七个工作任务全部采用任务单、资讯单、信息单、计划单、决策单等工单形式进行编写。

本教材由哈尔滨职业技术学院卢爽副教授担任主编，并负责教材统稿和定稿工作；由哈尔滨职业技术学院鲁春梅教授担任副主编，并负责工作任务的实践性审核；黑龙江省纺织建设监理公司王付春工程师、哈尔滨市建委王琰和哈尔滨职业技术学院于微微讲师、葛贝德讲师参与了教材编写。编写分工如下：卢爽编写任务 1 和任务 5，鲁春梅编写任务 2 和任务 3，于微微编写任务 4，葛贝德编写任务 6 和任务 7，王付春、王琰编写任务单和资讯单并负责教材的实践性及任务设置的操作性审核。

本教材在编写过程中得到了哈尔滨职业技术学院副校长刘敏教授、教务处长孙百鸣教授、建筑工程学院院长李晓琳教授及哈尔滨建成工程建设监理公司程利双高级工程师的大力支持和悉心帮助，李晓琳教授和程利双高级工程师担任主审，提出了很多宝贵意见和建议，在此表示感谢。

由于编者水平有限，加之时间仓促，书中难免出现疏漏与不妥之处，恳请读者不赐教诲，多提宝贵意见，以便不断改进和完善。

编　者
2015 年 4 月

目　录
CONTENTS

学习情境三　监测与调整实施中的施工进度计划

学习情境 一

编制施工进度计划

学 习 指 南

学习目标

学生在教师的讲解和引导下，明确工作任务的目的和实施中的关键要素，通过学习掌握编制施工进度计划的基本方法，能够完成“编制施工进度计划横道图”和“编制施工进度计划网络图”两项工作任务。要求在学习过程中锻炼职业素质，做到“严谨认真、吃苦耐劳、诚实守信”。

工作任务

- 编制施工进度计划横道图
- 编制施工进度计划网络图

学习情境描述

横道图和网络图为施工进度计划常用表达方法，为此选取了“编制施工进度计划横道图”及“编制施工进度计划网络图”等两个工作任务作为载体，使学生通过训练掌握施工进度计划的编制方法。学习内容包括：施工进度计划相关知识；施工进度计划横道图及施工进度计划网络图编制方法。

任务1　编制施工进度计划横道图

任　务　单

<table>
<tr><td>学习领域</td><td colspan="6">施工组织与进度控制</td></tr>
<tr><td>学习情境一</td><td colspan="3">编制施工进度计划</td><td colspan="2">学　　时</td><td>24</td></tr>
<tr><td>工作任务1</td><td colspan="3">编制施工进度计划横道图</td><td colspan="2">学　　时</td><td>12</td></tr>
<tr><td colspan="7">布置任务</td></tr>
<tr><td>工作目标</td><td colspan="6">1. 能够合理选择施工组织方式
2. 能够合理确定流水参数
3. 能够合理确定施工顺序
4. 能够完成施工进度计划横道图的编制
5. 能够在完成任务过程中锻炼职业素质，做到认真严谨、诚实守信</td></tr>
<tr><td>任务描述</td><td colspan="6">为保证拟建工程在满足施工质量要求的前提下，按规定的工期完成施工任务，应在确定的施工方案基础上，根据规定工期和技术物资供应条件，按照合理的施工顺序，编制施工进度计划横道图。其工作如下：
1. 收集资料：包括原始资料、建筑设计资料及施工资料等
2. 合理选择施工组织方式：包括依次施工、平行施工及流水施工等
3. 合理确定流水参数：包括工艺参数、空间参数及时间参数等
4. 合理确定施工顺序：综合考虑施工工艺、质量、安全等要求
5. 编制施工进度计划横道图：根据工程性质、规模、现场条件，考虑施工进度计划的作用，按照编制步骤，合理编制施工进度计划横道图</td></tr>
<tr><td rowspan="2">学时安排</td><td>资　讯</td><td>计　划</td><td>决　策</td><td>实　施</td><td>检　查</td><td>评　价</td></tr>
<tr><td>4学时</td><td>1学时</td><td>1学时</td><td>4学时</td><td>1学时</td><td>1学时</td></tr>
<tr><td>提供资料</td><td colspan="6">1. 工程施工资料
2. 建筑施工手册．中国建筑工业出版社，2012
3. 建筑工程施工组织设计实例应用手册．中国建筑工业出版社，2008</td></tr>
<tr><td>对学生的要求</td><td colspan="6">1. 具备常用建筑材料的基本知识
2. 具备工程结构的基本知识
3. 具备工程施工技术的基本知识
4. 具备一定的自学能力、一定的沟通协调和语言表达能力
5. 每位同学必须积极参与小组讨论
6. 严格遵守课堂纪律，不迟到，不早退，不旷课
7. 每组需提交施工进度计划横道图</td></tr>
</table>

资　讯　单

<table>
<tr><td>学习领域</td><td colspan="3">施工组织与进度控制</td></tr>
<tr><td>学习情境一</td><td>编制施工进度计划</td><td>学　　时</td><td>24</td></tr>
<tr><td>工作任务 1</td><td>编制施工进度计划横道图</td><td>资讯学时</td><td>4</td></tr>
<tr><td>资讯方式</td><td colspan="3">在参考书、专业杂志、互联网及信息单上查询问题，咨询任课教师</td></tr>
<tr><td rowspan="8">资讯问题</td><td colspan="3">1. 建筑产品及其生产的技术经济特点有哪些？</td></tr>
<tr><td colspan="3">2. 建设项目由哪几部分组成？</td></tr>
<tr><td colspan="3">3. 如何选择施工组织方式？</td></tr>
<tr><td colspan="3">4. 如何确定工艺参数？</td></tr>
<tr><td colspan="3">5. 如何确定空间参数？</td></tr>
<tr><td colspan="3">6. 如何确定时间参数？</td></tr>
<tr><td colspan="3">7. 如何组织流水施工？</td></tr>
<tr><td colspan="3">8. 如何编制施工进度计划横道图？</td></tr>
<tr><td>资讯引导</td><td colspan="3">1. 在信息单中查找
2. 建筑施工手册. 中国建筑工业出版社，2012
3. 建筑工程施工组织设计实例应用手册. 中国建筑工业出版社，2008
4. 建筑施工组织. 哈尔滨工程大学出版，2012</td></tr>
</table>

学习领域	施工组织与进度控制		
学习情境一	编制施工进度计划	学　　时	24
工作任务1	编制施工进度计划横道图	学　　时	12

1.1 相关知识

1.1.1 建筑产品及其生产的技术经济特点

1. 建筑产品的特点

(1)建筑产品的固定性。建筑产品的固定性是指作为建筑产品的建筑物或构筑物,都是在选定的某个地点建造和使用,建后就不能移动,这种产品从产出之日起,就是土地不可分割的一部分,直到其报废为止。

(2)建筑产品的多样性。建筑产品的多样性是指作为建筑产品的建筑物或构筑物会因为其使用功能和用途不同,其建筑规模、建筑设计、结构类型等各有不同,即使是同一类型的建筑物或构筑物也会因为所在的地点、环境条件、交通运输、材料资源等不同而有所不同。这些都表明了建筑产品具有多样性。

(3)建筑产品的庞体性。建筑产品的庞体性是指建筑产品为了满足其使用功能的需要,要占用大量的平面与空间,消耗大量的物资资源。

(4)建筑产品的复杂性。建筑产品的复杂性是指建筑产品不仅在艺术风格、建筑功能、结构构造、装修做法等方面极其复杂,而且其工艺设备、采暖通风、供水供电、卫生设备等各类设施也错综复杂,其施工过程也非常繁杂。

2. 建筑产品生产的特点

(1)建筑产品生产的长期性。建筑产品的固定性和庞体性决定了建筑产品生产的长期性。由于建筑产品的固定性和庞体性,在建筑产品的建造过程中,需要消耗大量的人力、物力、财力。同时,在建筑产品生产过程中还要受到施工工艺流程和施工活动空间的制约,从而导致建筑产品从开始建造到建成交付使用的生产周期较长。

(2)建筑产品生产的流动性。建筑产品的固定性决定了建筑产品生产的流动性。由于建筑产品的流动性,建设者和生产工具是经常流动转移的,他们会从一个施工段转到另一个施工段,从房屋的一个部位转到另一个部位。在一个建筑产品建成之后,建设者和生产工具还要转移到另一个建筑产品的生产工地上进行施工。

(3)建筑产品生产的单件性。建筑产品的固定性和多样性决定了建筑产品生产的单件性。由于建筑产品的固定性,一个建筑产品应根据其使用功能,在选定的地点上单独设计和单独施工;又由于建筑产品的多样性,不同的甚至相同的建筑物,在不同的地区、季节及现场条件下,施工准备工作、施工工艺和施工方法等也不尽相同,一般没有固定的模式。

(4)建筑产品生产的地区性。建筑产品的固定性决定了建筑产品生产的地区性。由于建筑产品的地区性,建筑产品的生产必然受到建设地区的自然、技术、经济和社会条件的约束,即使同一使用功能的建筑产品由于其建造地点不同,其建筑、结构、材料、施工方案等方面均有不同。

(5)建筑产品生产的露天性。建筑产品的固定性和庞体性决定了建筑产品生产的露天性。由于建筑产品的固定性和庞体性,建筑产品生产与工业产品生产相比,大部分工作都是在露天的条件下完成的,其生产受气候影响较大,施工条件差。

(6)建筑产品生产的高空作业性。建筑产品的庞体性决定了建筑产品生产的高空作业性。特别是随着我国国民经济的不断发展和建筑技术的日益进步，高层与超高层建筑的数量日渐增多，使建筑产品生产的高空作业性更加突出，对作业环境的安全性要求更高。

(7)建筑产品生产组织协作的综合复杂性。建筑产品体积庞大，是一个整体性的产品。在建筑企业内部，建筑产品生产过程中涉及建筑、结构、施工、水电和设备等不同专业，要组织多专业、多工种的综合作业；在建筑企业外部，要涉及不同种类的专业施工企业及城市规划、勘察设计、质量监督、公用事业、环境保护、交通运输、银行财政、物资材料、水电供应、劳务等很多单位的协作配合，从而使建筑产品生产的组织协作关系综合复杂。

1.1.2 基本建设程序

基本建设，是指固定资产的建设，也就是指建造、购置和安装固定资产的活动以及与此有关的其他工作。建筑施工是完成基本建设工程任务的重要步骤之一。

1. 基本建设项目及其组成

基本建设项目简称建设项目，是指按一个总体设计组织施工，建成后具有完整的系统，可以独立地形成生产能力或使用价值的建设工程。

(1)建设项目的分类。

①按建设项目的性质可分为新建、扩建、改建、恢复和迁建项目。

②按建设项目的用途可分为生产性建设项目和非生产性建设项目。其中：生产性建设项目，包括工业、农业、水利、交通运输、邮电、商业、物质供应等建设项目；非生产性建设项目，包括住宅、文教、卫生、公用、生活服务事业等建设项目。

③按建设项目的规模大小可分为大型、中型、小型建设项目。

④按建设项目的投资主体可分为国家投资、地方政府投资、企业投资、“三资”(合资、独资与合作)企业以及各类投资主体联合投资的建设项目。

(2)建设项目组成内容。一个建设项目由单项工程、单位工程、分部工程、分项工程和检验批组成。

①单项工程。凡是具有独立的设计文件，竣工后可以独立发挥生产能力或效益的工程，称为一个单项工程。一个建设项目，可由一个单项工程组成，也可由若干个单项工程组成。例如，工业建设项目中的各个独立的生产车间、实验楼等；民用建设项目中的学校的教学楼、宿舍楼等，都可以称为一个单项工程。

②单位工程。凡是具备独立的施工条件(具有单独设计，可以独立进行施工)，但完工后不能独立发挥生产能力或效益的工程，称为一个单位工程。一个单项工程一般都是由若干个单位工程所组成的。例如，一个生产车间作为一个单项工程，是由土建工程、管道工程、设备安装、电气照明和给排水等单位工程组成。

③分部工程。组成单位工程的若干个分部称为分部工程。例如，一幢房屋的土建单位工程，按其构造部位，可以划分为基础、主体、屋面、装修等分部工程；按其工种划分，可以分为土石方工程、砌筑工程、钢筋混凝土工程、防水工程、装修工程等分部工程；按其质量检验评定要求可划分为地基与基础工程、主体工程、地面与楼面工程、门窗工程、装修工程、屋面工程等分部工程。

④分项工程。分部工程由若干个分项工程组成。例如，基础分部工程，可以按不同的施工内容或施工方法划分为基槽挖土、混凝土垫层、扎基础钢筋、支基础模板、浇基础混凝土、土方回填等分项工程。

⑤检验批。按现行《建筑工程施工质量验收统一标准》GB 50300—2013 的规定，建筑工程质量验收时，可将分项工程进一步划分为检验批。

检验批是指由一定数量的样本组成的检验体，是按统一的生产条件或按规定的方式汇总起来供检验用的。一个或若干个检验批组成了一个分项工程。检验批可根据施工、质量控制和专业验收的需要按楼层、施工段、变形缝等进行划分。

2. 基本建设程序

基本建设程序是指基本建设项目从决策、设计、施工到竣工验收整个建设过程中的各个阶段及其先后次序，即基本建设全过程中必须遵循的客观规律。

基本建设程序划分为:编制项目计划任务书,项目可行性研究;项目的勘察设计,施工准备,编制分年度的建设及投资计划;项目的建筑施工,生产或使用准备,竣工验收及交付生产或使用,建设项目的后评价 9 个步骤,概括为决策、准备、实施 3 个阶段。

(1)基本建设项目及其投资的决策阶段。这个阶段是根据国民经济的中、长期发展规划,编制建设项目计划任务书(或项目建议书),进行建设项目的可行性研究。这个阶段的中心工作是项目的可行性研究。

①编制项目计划任务书。项目计划任务书是编制设计文件的主要依据,它不是项目的最终决策,它仅仅为项目的可行性研究提供依据。

项目计划任务书一般包括以下内容:建设项目提出的目的和依据;拟定初步的产品方案或纲领;初步选择拟建工程的建设地点(选址)和建设规模;建设地点的水文、地质和工程地质条件可靠性的初步分析;工程建设时所需的水、电、运输等条件的落实情况;项目投产后所需要的原材料(如矿产资源)、燃料、动力、供水、运输等的协作配合条件;保护环境、治理"三废"(废气、废水、废渣)的要求;建设地区的抗震要求;占用土地的估算;投资总额的估算及资金筹措的初步设想;劳动定员控制数;要求达到的经济效益和社会效益等。

项目计划任务书编制完成后,应上报有关部门审批。项目计划任务书经批准后,应进行项目的可行性研究工作。

②项目可行性研究。可行性研究是项目决策的核心,是对拟建项目一些技术及经济上的主要问题进行调查研究和综合论证,最终为项目决策提供可靠的技术经济依据。其主要研究的问题是:拟建项目提出的背景、必要性、经济意义和依据;拟建项目的规模、产品方案及市场预测;拟建项目技术上的先进性、适用性及可行性;建设需要的资源、投资及资金的筹措方式;建设工期和进度建议;经济效益和社会效益分析等。在对这些问题进行调查研究和综合论证后,即可编制可行性研究报告并上报,作为投资决策机构判断拟建项目是否可行的依据。

可行性研究报告未批准前,不得对外签订协议或合同。可行性研究报告批准后,即成为设计单位进行初步设计的依据,并可着手进行设计。经批准的可行性研究报告不得随意修改和变更。如果在建设规模、产品方案等主要内容上需要修改或突破投资控制数时,应经原批准单位复审同意。

(2)基本建设项目及其投资的准备阶段。这个阶段主要是根据批准的可行性研究报告,进行勘察设计、施工准备、编制分年度投资及建设计划,进行工程发包,并准备设备和材料,做好施工准备工作。这个阶段的中心工作是勘察设计。

①勘察设计。编制设计文件是一项复杂的工作,设计之前和设计之中都要进行大量的调查和勘测工作。在此基础之上,根据批准的可行性研究报告,将建设项目的要求逐步具体化,成为指导施工的工程图样及其说明书。

设计文件是安排建设项目和进行建筑施工的主要依据。设计文件一般由建设单位通过招投标或直接委托有相应资质的设计单位进行设计。一个建设项目如有两个或两个以上的设计单位配合,应指定其中一个单位总体负责。设计文件的编制,是以批准的可行性研究报告和计划任务书为依据,将建设项目的要求逐步具体化,成为可用于指导建筑施工的工程图样及说明书。

设计是分阶段进行的。对一般不太复杂的、中小型的建设项目多采用两阶段设计,即初步设计和施工图设计;对复杂和缺少设计经验的建设项目,可以采用三阶段设计,即初步设计、技术设计(扩大初步设计)和施工图设计。

• 初步设计是对批准的可行性研究报告所提出的内容进行概略的设计,作出初步的实施方案(大型、复杂的项目,还需绘制建筑透视图或制作建筑模型),进一步论证该建设项目在技术上的可行性和经济上的合理性,解决工程建设中重要的技术和经济问题,并通过对工程项目所作出的基本技术经济规定,编制项目总概算。初步设计经批准后,不得随意改变建设规模、建设地址、主要工艺过程、主要设备和总投资等控制指标。

• 技术设计(扩大初步设计)是对重大项目和特殊项目为进一步解决某些具体问题,或确定某些技术方案而进行的设计。它是为在初步设计阶段中无法解决而又需进一步研究解决的问题所进行的一个设计阶段,因此,它又称为扩大初步设计。技术设计是在初步设计的基础上,根据更详细的调查研究资料,进一步确定建筑、结构、工艺、设备等的技术要求，以使建设项目的设计更具体、更完善，技术经济指标达到最优。与此同时，要编制修正总概算。

• 施工图设计是在前一阶段（初步设计或技术设计）的设计基础上将设计的工程加以形象化和具体化，绘制出正确、完整和尽可能详尽的建筑、结构、水、电、气、工业管道以及场内道路等全部施工图样，编制工程说明书、结构计算书以及施工图预算等。在工艺方面，应具体确定各种设备的型号、规格及各种非标准设备的制作、加工和安装图。

设计方案应在多种设计方案进行比较的基础上加以选择，结构设计必须安全可靠，设计要求的施工条件应符合实际，设计文件的深度应符合建设和生产的要求。

设计图样一般包括：施工总平面图，建筑平、立、剖面图，结构构件布置图，安装施工详图，非标准的设备加工详图及设备明细表。施工图设计应全面贯彻初步设计的各项重大决策，是现场施工的依据。在施工图设计阶段，还应编制施工图预算，施工图预算一般不得突破初步设计总概算。

施工图设计完成后，应报请相关部门审批。施工图设计不得随意变更，如需变更，必须经有关部门批准方可。设计变更批准后，需要填写设计变更记录单，并由相关部门和人员盖章、签字，将来作为施工内业资料的一部分存档、备查。对于设计变更所增加的费用，应在工程竣工决算时加以考虑。

②施工准备。施工准备工作在可行性研究报告批准后可着手进行。通过技术、物资和组织等方面的准备，为工程施工创造有利条件，使建设项目能连续、均衡、有节奏地进行。其主要工作内容包括：征地、拆迁和场地平整；完成施工用水、电、通信及道路等工程；收集设计基础资料，组织设计文件的编审；组织设备和材料订货；组织施工招投标，择优选定施工单位；成立项目法人、办理开工报建手续等。做好建设项目的准备工作，对于提高工程质量、降低工程成本、加快施工进度，有着重要的作用。

开工报建手续是指施工准备工作基本完成，具备了工程开工条件之后，由建设单位向有关部门提交的开工报告等。有关部门对工程建设资金的来源、资金是否到位以及施工图出图情况等进行审查，符合要求后批准开工。对于已经开工、但没有办理开工报建手续的单位，上级部门有权对其做出停工的决定并进行处罚。

采用委托或招标方式选定建筑安装企业时，施工单位确定后，要力求稳定，在建设过程中不得随意变动。

③安排分年度的投资及建设计划。建设项目的初步设计和概算批准后，经过综合平衡，才能列入年度计划。建设项目只有列入年度计划后，才能作为取得建设贷款或拨款的依据。

安排年度建设计划时，必须按照量力而行的原则，根据批准的工期和总概算，结合当年落实的投资、材料、设备，合理地进行年度投资计划安排，使其与中长期计划相适应，以保证建设项目建设的连续性，保证建设工程如期完成。

建设项目列入年度计划前，必须对初步设计和总概算再一次进行“五定”，即定规模、定总投资、定建设工期、定投资效益、定外部协作条件，以保证项目能够顺利进行。

(3)基本建设项目及其投资的实施阶段。该阶段主要是根据设计图样进行建筑施工、生产（或使用）准备、竣工验收及交付生产或使用、建设项目的后评价。这个阶段的中心工作是建筑施工。

①建筑施工。建筑施工是基本建设程序中的一个重要环节。建筑施工关系着建设项目能否按计划完成，能否迅速发挥投资效益。建筑施工实际上是根据确定的任务，按照图样的要求，把建设项目中的建筑物和构筑物建造起来，同时把设备安装完成的过程。

施工单位应按照施工程序组织施工。接受任务后，同建设单位签订建筑安装工程合同，固定双方关系，共同搞好建设工作。施工单位应做好施工准备工作，按施工顺序合理地组织施工。施工中，应严格按照设计要求和施工规范进行施工，确保工程质量；努力推广应用新技术；按科学的施工组织与管理方法组织施工；文明施工；努力降低造价，缩短工期，提高工程质量和经济效益。

②生产（或使用）准备。生产（或使用）的准备工作，是指建设单位在建设项目投产前，为建设项目竣工后能及时投产所做的全部准备工作。它是衔接生产和建设的桥梁，是建设阶段顺利地转入生产经营阶段的必要条件。

生产准备主要是对工业建设项目而言的。其准备工作主要有：招收和培训生产人员，组织生产人员参加设备的安装、调试和工程验收，收集生产技术资料和产品样品等；落实生产所需的原材料、燃料、水、电、气等的来源和其他协作配合条件；组织生产所需要的工具、器具、备品、备件等的购置或制造。

③竣工验收及交付生产或使用。建设项目的竣工验收是建设全过程的最后一个施工程序，是投资成果转入生产或使用的标志，是全面考核基本建设工作、检验设计和工程质量的重要环节。符合竣工验收条件的施工项目应及时办理竣工验收，上报竣工投产或交付使用，以促进建设项目及时投产、发挥效益、总结建设经验、提高建设水平。

按批准的设计文件和合同规定的内容建成的工程项目，其中生产性的项目经负荷试运转和试生产合格，并能够生产合格产品的；非生产性项目符合设计要求，能够正常使用的，都要及时组织验收，办理移交固定资产手续。

竣工验收前，应及时整理各项交工验收资料，建设单位要组织设计、施工及监理等单位进行初验，在此基础上，向主管部门提出竣工验收报告，并由建设单位组织验收，验收合格后，交付使用。

建筑工程施工质量验收应符合以下要求：

参加工程施工质量验收的各方人员应具备规定的资格；单位工程完工后，施工单位应自行组织有关人员进行检查评定，并向建设单位提交工程验收报告；建设单位收到工程验收报告后，应由建设单位（项目）负责人组织施工（含分包单位）、设计、监理等单位（项目）负责人进行单位（子单位）工程验收；单位工程质量验收合格后，建设单位应在规定时间内将工程竣工验收报告和有关文件报建设行政管理部门备案。

④建设项目的后评价。建设项目一般经过一到二年生产运营（或使用）后，要进行一次系统的项目后评价。建设项目后评价是我国建设程序新增加的一项内容，目的是肯定成绩、总结经验、研究问题、吸取教训、提出建议、改进工作，不断提高项目决策水平和投资效果。项目后评价一般分为项目法人的自我评价、项目行业的评价和计划部门（或主要投资方）的评价 3 个层次。

建设项目的后评价包括以下主要内容：影响评价，即对项目投产后各方面的影响进行的评价；经济效益评价，即对投资效益、财务效益、技术进步、规模效益、可行性研究的深度等进行的评价；过程评价，即对项目的立项、设计、施工、建设管理、竣工投产、生产运营等全过程进行的评价。

1.1.3 建筑施工程序

建筑施工程序，是指建设项目在整个施工过程或施工阶段中所必须遵循的客观规律。建筑施工程序是多年来施工实践经验的总结，它反映了整个施工阶段必须遵循的先后次序。建筑施工程序的内容如下：

1. 编制项目管理规划大纲

项目管理规划分为项目管理规划大纲和项目管理实施规划。项目管理规划大纲是由企业管理层在投标之前编制的，作为投标依据，应满足招标文件及签订合同要求。当承包人以编制施工组织设计代替项目管理规划时，施工组织设计应满足项目管理规划的要求。

项目管理规划大纲的内容应包括：项目概况、项目实施条件、项目投标活动及签订施工合同的策略、项目管理目标、项目组织结构、质量目标和施工方案、工期目标和施工总进度计划、成本目标、项目的风险预测和安全目标、项目现场管理和施工平面图、投标和签订施工合同、文明施工及环境保护等。

2. 编制投标书并进行投标，签订施工合同

施工单位承接任务的方式一般有 3 种：国家或上级主管部门直接下达；受建设单位委托而承接；通过投标而中标承接。招投标方式是最具有竞争机制、较为公平合理的承接施工任务的方式，在我国已得到普及。

施工单位要从多方面掌握大量信息，编制既能使企业盈利，又有竞争力，且有望中标的投标书。如果中标，则与招标方进行谈判，依法签订施工合同。签订施工合同之前要认真检查签订施工合同的必要条件是否已经具备，如工程项目是否有正式的批文、是否落实投资等。

承接施工任务后，建设单位与施工单位应根据《经济合同法》和《建筑安装工程承包合同条例》的有关规定及要求签订施工合同。施工合同应规定承包的内容、要求、工期、质量、造价及材料的供应等，要明确合同双方应承担的义务和责任以及应完成的施工准备工作，如土地征购，申请施工用地及施工执照，拆除障碍物，接通场

外水源、电源、道路等内容。施工合同经双方负责人签字后方具有法律效力，且合同双方必须共同遵守。

3. 选定项目经理，组建项目经理部，签订“项目管理目标责任书”

签订施工合同后，施工单位应选定项目经理，项目经理接受企业法定代表人的委托组建项目经理部、配备管理人员。企业法定代表人根据施工合同和经营管理目标的要求与项目经理签订“项目管理目标责任书”，明确规定项目经理部应达到的成本、质量、进度和安全等控制目标。

4. 全面统筹安排、做好项目管理实施规划（或标后施工组织设计）

签订施工合同后，施工单位应全面了解工程的性质、规模、特点及工期要求等，进行场址勘察、技术经济和社会调查，收集有关资料，编制项目管理实施规划（或标后施工组织设计），并报有关部门批准。施工组织设计批准后，施工单位应组织先遣人员进入施工现场，与建设单位密切配合，共同做好各项开工前的准备工作，为顺利开工创造条件。

5. 做好施工准备、提出开工报告

项目管理实施规划（或标后施工组织设计）经会审后，应由项目经理签字并报企业主管领导人审批。根据施工组织设计，对首批施工的各单位工程，应抓紧落实各项施工准备工作，使现场具备开工条件，有利于进行文明施工。具备开工条件后，提出开工申请报告，经审查批准后，即可正式开工。

6. 精心组织施工、加强各项管理

施工过程是施工程序中的主要阶段，应从整个施工现场的全局出发，按照施工组织设计精心组织施工。加强各单位、各部门的配合与协作，协调解决各方面的问题，使施工活动顺利开展，保证工程的质量目标、进度目标、安全目标及成本目标的顺利实现。

在施工过程中，应加强技术、材料、质量、安全、进度等各项管理工作，落实施工单位内部承包的经济责任制，全面做好各项经济核算与管理工作，严格执行各项技术、质量检验制度，抓紧工程收尾和竣工。

7. 进行项目验收、交付生产使用与竣工结算

项目竣工验收是在承包人按施工合同完成了项目全部任务，经检验合格，由发包人组织验收的过程。

项目经理应全面负责工程交付竣工验收前的各项准备工作，建立竣工收尾小组，编制项目竣工收尾计划并限期完成。项目经理部应在完成施工项目竣工收尾计划后，向企业报告，并提交有关部门进行验收。

首先，施工单位内部应先进行预验收，对各分部分项工程的施工质量进行检查，将各项交工验收的技术经济资料进行整理。项目经理部在企业内部验收合格并整理好各项交工验收的技术经济资料后，向发包人发出预约竣工验收的通知书，由发包人组织设计、施工、监理等单位进行项目竣工验收。经主管部门验收合格后，办理验收签证书，并交付使用。

通过竣工验收程序，办完竣工结算后，承包人应在规定期限内向发包人办理工程移交手续。

8. 项目考核评价

施工项目完成以后，项目经理部应对其进行经济分析，做出项目管理的总结报告并报送企业管理层有关职能部门。

企业管理层组织项目考核评价委员会，对项目管理工作进行考核评价。项目考核评价的目的是规范项目管理行为，鉴定项目管理水平，确认项目管理成果，对项目管理进行全面考核和评价。项目终结性考核的内容应包括确认阶段性考核的结果，确认项目管理的最终结果，确认该项目经理部是否具备“解体”的条件。经考核评价，兑现“项目管理目标责任书”中的奖惩承诺后，项目经理部解体。

9. 项目回访保修

承包人在施工项目竣工验收后，对工程使用状况和质量问题向用户访问了解，并按照施工合同的约定和“工程质量保修书”的承诺，在保修期内对发生的质量问题进行修理并承担相应经济责任。

1.2 选择施工组织方式

某 3 幢相同房屋的基础工程，划分为基槽挖土、混凝土垫层、砌砖基础、基槽回填土 4 个施工过程。每个施工过程在一幢房屋上所需工作时间为：基槽挖土，4 天；混凝土垫层，1 天；砌砖基础，3 天；基槽回填土，1

天。每个施工过程可由一个或多个工作队施工。在组织施工时可以采用依次施工(或顺序施工)、平行施工和流水施工3种方式,但3种方式的特点和效果是不同的,现分析如下:

1.2.1 依次施工(或顺序施工)

依次施工也称顺序施工,是将拟建工程分解为若干个施工过程,按照一定的施工顺序,前一个施工过程完成后,后一个施工过程才开始施工;或前一个施工段完成后,后一个施工段才开始施工的一种施工组织方式。工程规模较小、工期不紧、工作面有限的工程任务可采用依次施工组织方式。

按施工段依次施工组织方式施工,进度计划安排如图1.1所示;按施工过程依次施工组织方式施工,进度计划安排如图1.2所示。

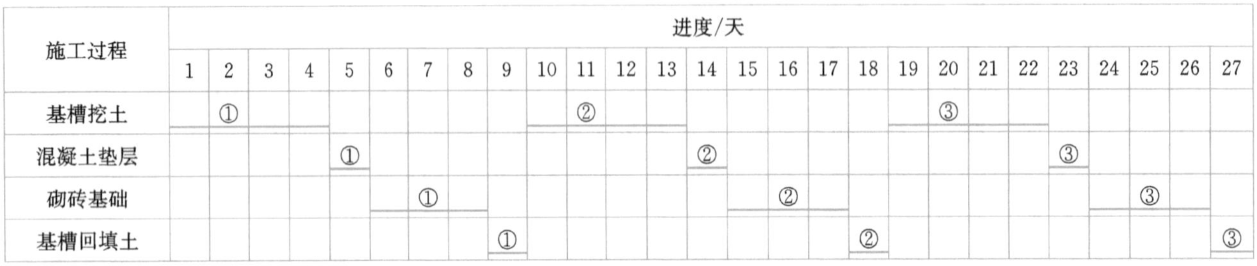

施工过程	进度/天																										
	1	2	3	4	5	6	7	8	9	10	11	12	13	14	15	16	17	18	19	20	21	22	23	24	25	26	27
基槽挖土		①									②									③							
混凝土垫层					①									②									③				
砌砖基础							①									②									③		
基槽回填土									①									②									③

图1.1 按施工段依次施工

(图中:①、②、③代表施工段)

施工过程	进度/天																										
	1	2	3	4	5	6	7	8	9	10	11	12	13	14	15	16	17	18	19	20	21	22	23	24	25	26	27
基槽挖土		①				②				③																	
混凝土垫层													①	②	③												
砌砖基础																	①			②			③				
基槽回填土																									①	②	③

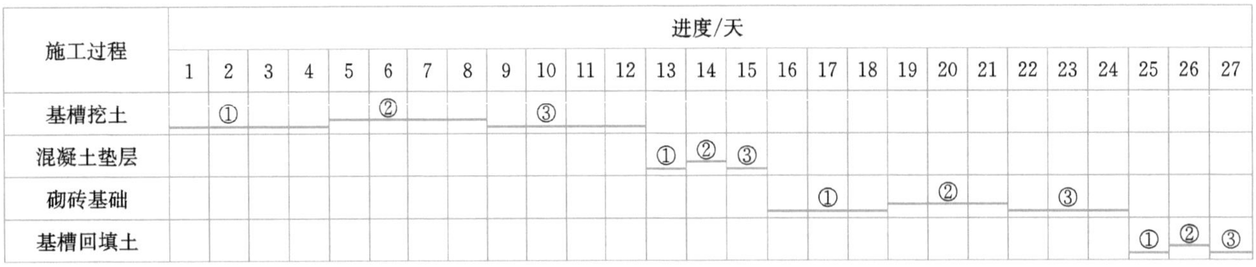

图1.2 按施工过程依次施工

(图中:①、②、③代表施工段)

由图1.1和图1.2可以看出,依次施工组织方式的优点是每天只有一个工作队(组)在施工,因此组织施工时每天投入的劳动量较少,机具设备的使用不集中,材料供应比较单一,施工现场管理比较简单,便于组织和安排。缺点是没有充分利用工作面,施工工期较长,而且在组织安排上也不尽合理。

1.2.2 平行施工

平行施工是每一施工段的同一施工过程同时开工、同时完成的一种施工组织方式。这种方式只有在工期要求紧、进行大规模的建筑群及分期分批组织施工且各方面的资源供应有保障的前提下才适用。如果资源供应没有保障,采用这种方式组织施工是不合理的。其施工进度安排如图1.3所示。

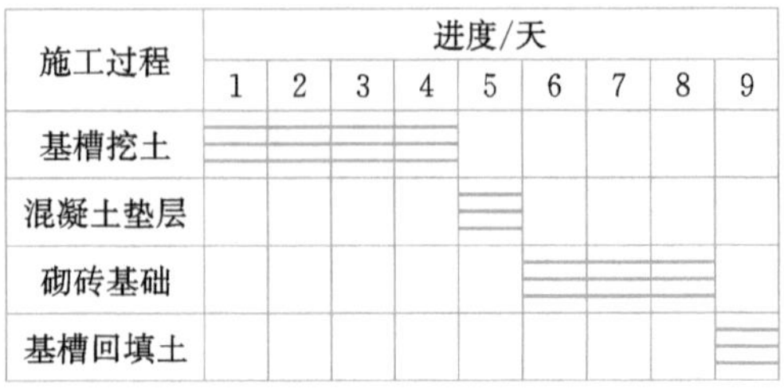

施工过程	进度/天								
	1	2	3	4	5	6	7	8	9
基槽挖土									
混凝土垫层									
砌砖基础									
基槽回填土									

图1.3 平行施工

由图1.3可以看出,平行施工组织方式的优点是充分利用工作面,施工工期最短。缺点是由于施工队(组)成倍增加,机具设备成倍增加,材料供应集中,临时设施、仓库和堆场面积增加,从而使组织安排和施工管理困难,施工管理费用增加。

1.2.3 流水施工

流水施工是将拟建工程分解为若干个施工过程,所有施工过程按一定的时间间隔依次投入施工,同一施工过程的施工队(组)依次从一个施工段转移到另一个施工段工作,不同的施工过程在不同的施工段同时进行施工的一种施工组织方式。流水施工具有连续性和均衡性，其施工进度安排如图 1.4 所示。如果想更加充分地利用工作面，其施工进度安排还可以如图 1.5 所示。

流水施工并不是指所有的施工过程都连续进行施工。在实际施工中，对于一个分部工程来说，只要保证主导施工过程连续、均衡地施工，在尽可能缩短工期的前提下，非主导施工过程的施工是可以间断的。这样的组织施工方式也可以认为是流水施工。

施工过程	进度/天																				
	1	2	3	4	5	6	7	8	9	10	11	12	13	14	15	16	17	18	19	20	21
基槽挖土		①				②				③											
混凝土垫层											①	②	③								
砌砖基础													①			②			③		
基槽回填土																			①	②	③

图 1.4　流水施工（各施工过程均连续施工）

（图中：①、②、③代表施工段）

施工过程	进度/天																
	1	2	3	4	5	6	7	8	9	10	11	12	13	14	15	16	17
基槽挖土		①				②				③							
混凝土垫层					①				②				③				
砌砖基础									①			②			③		
基槽回填土											①			②			③

图 1.5　流水施工（部分施工过程间断施工）

（图中：①、②、③代表施工段）

由图 1.4 和图 1.5 可以看出，流水施工充分合理地利用了工作面，有利于缩短工期；单位时间投入施工的资源量较为均衡，有利于资源供应的组织工作；实行专业化生产，有助于保证工程质量和生产安全，有助于提高班(组)工人的技术水平，有助于提高劳动生产率，有助于提高企业经济效益。

1. 组织流水施工的要点

(1)划分分部分项工程。首先将拟建工程根据工程特点及施工要求，划分为若干分部工程；其次根据施工工艺要求、工程量大小及施工班组情况再将分部工程划分为若干分项工程(施工过程)。

(2)划分施工段或施工层。施工段是指组织施工时，将拟建工程在平面上划分为劳动量(或工程量)大致相等的施工区段。施工层是指组织施工时，将拟建工程在空间上划分为劳动量(或工程量)大致相等的施工区段。

(3)进行专业分工。在组织流水施工过程中，每个施工过程应尽可能组织独立的施工队(组)进行施工，其形式可以是专业队(组)，也可以是混合队(组)，数量可以是一个或一个以上。各施工队(组)应根据最有利的施工顺序，按各施工项目在工艺上的先后关系，依次进入施工段完成施工作业。从事同一施工过程施工的施工队(组)按照施工顺序，依次、连续、均衡地从一个施工段转移到另一个施工段完成相同的施工作业。

(4)主导施工过程连续、均衡地施工。对主导施工过程，必须组织连续、均衡的施工，从而保证劳动力和资源供应均衡。对工程量小、施工持续时间较短的施工过程，可考虑与相邻的施工过程合并为一个施工过程，如果不合并，在尽可能缩短工期的前提下，可以安排间断施工。

(5)不同施工过程尽可能组织平行搭接施工。在保证各施工过程按照施工顺序连续施工的前提下，将它们的施工时间最大限度地搭接起来，即相邻施工过程除必要的技术和组织间歇时间外，在工作面允许的条件下，不同的施工过程在不同的施工段上应尽可能最大限度地组织平行搭接施工。

2. 流水施工的分级

根据组织流水施工的工程对象的范围大小，流水施工通常分为：

(1)分项工程流水施工(或细部流水施工)。分项工程流水施工也称为细部流水施工。它是在一个专业工种内部组织起来的流水施工，是组织工程流水施工中范围最小的流水施工。在施工进度计划表中，它是一条标有施工段编号的水平进度指示线。

(2)分部工程流水施工(或专业流水施工)。分部工程流水施工也称为专业流水施工。它是在一个分部工程内部各分项工程之间组织起来的流水施工，是组织单位工程流水施工的基础。在施工进度计划表中，它是一组标有施工段编号的水平进度指示线。

(3)单位工程流水施工(或综合流水施工)。单位工程流水施工也称为综合流水施工。它是在一个单位工程内部各分部工程之间组织起来的流水施工，是分部工程流水施工的扩大和组合，是建立在分部工程流水施工基础之上的流水施工。在施工进度计划表中，它是若干组分部工程的水平进度指示线。

(4)群体工程流水施工(或大流水施工)。群体工程流水施工也称为大流水施工。它是在一个群体工程的各单位工程之间组织起来的流水施工，是为完成工业或民用建筑群而组织起来的全部单位工程流水施工的总和。在施工进度计划表中，是一张施工总进度计划。

3. 流水施工的表达形式

(1)横道图，如图 1.6 所示。

序号	分部分项工程名称	劳动量/工日	每天工人数	每天工作班数	工作持续天数	进度/天													
						1	2	3	4	5	6	7	8	9	10	11	12	13	14
四	装修工程																		
1	砌内隔墙	90	10	1	9		①			②			③						
2	天棚抹灰	180	20	1	9							①			②			③	

图 1.6 横道图

(图中：①、②、③代表施工段)

(2)斜线图，如图 1.7 所示。

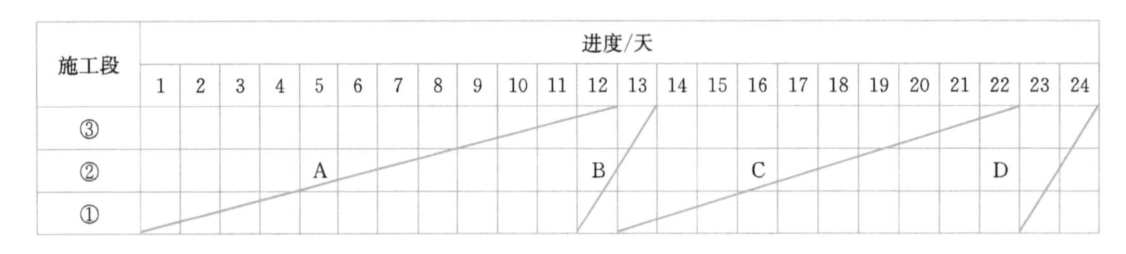

图 1.7 斜线图

(3)网络图，如图 1.8 所示。

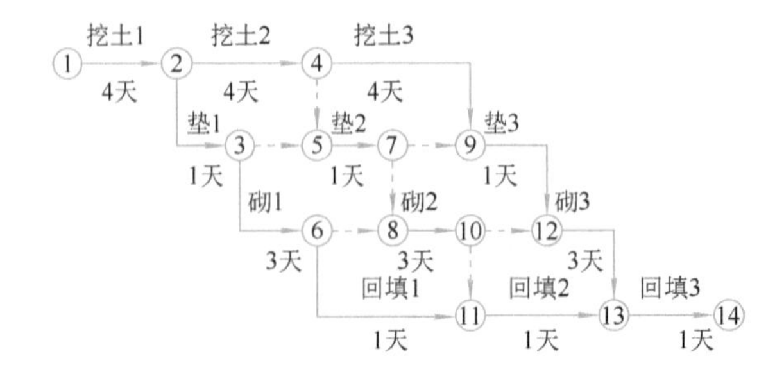

图 1.8 网络图

4. 流水施工的基本组织方式

流水施工的节奏是由节拍所决定的，建筑工程的流水施工有一定的节奏，才能步调和谐，配合得当。由于建筑工程的多样性，各分部分项的工程量差异较大，要使所有的流水施工都组织成统一的流水节拍是很困难的。在大多数情况下，各施工过程的流水节拍不一定相等，甚至一个施工过程本身在各施工段上的流水节拍也不相等。因此，形成了具有不同节奏特征的流水施工。

根据流水施工节奏特征的不同，流水施工的基本方式分为有节奏流水施工和无节奏流水施工两大类。有节奏流水又可分为等节奏流水和异节奏流水，异节奏流水又可分为等步距异节拍流水和异步距异节拍流水，如图1.9所示。流水施工常见的方式为等节奏流水(全等节拍流水)、异步距异节拍流水与无节奏流水。流水施工用节奏性加以分类，便于掌握其基本特征，便于组织流水施工。

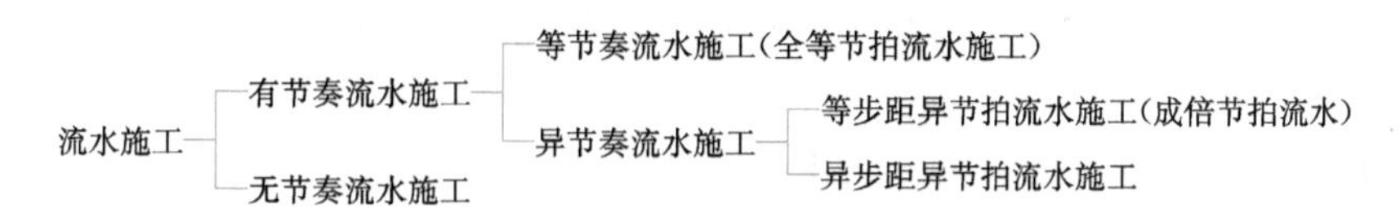

图1.9 流水施工的基本组织方式

1.3 确定流水参数

组织拟建工程的流水施工时，用以表达流水施工在工艺流程、空间布置和时间排列等方面开展状态的参数称为流水参数。流水参数按其性质不同，可分为工艺参数、空间参数和时间参数。

1.3.1 工艺参数

工艺参数是指在组织拟建工程的流水施工时，用以表达流水施工在施工工艺上开展的顺序及其特征的参数。工艺参数包括施工过程“N”(或“n”)和流水强度“V”两种。

1. 施工过程

一幢房屋(或构筑物)的建造过程通常由许多施工过程所组成，施工过程包括的范围可大可小，既可以是分部、分项工程，也可以是单位工程、单项工程。

(1)施工过程的分类。

①制备类施工过程。为了提高建筑产品的装配化、工厂化、机械化和生产能力而形成的施工过程称为制备类施工过程。它一般不占用施工对象的空间，不影响项目总工期，通常不列入施工进度计划中；只有当其占用施工对象的空间并影响项目总工期时，才列入施工进度计划中。例如，砂浆、混凝土、构配件、门窗扇等的制备过程。

②运输类施工过程。将建筑材料、构配件、(半)成品、制品和设备等运到项目工地仓库或现场操作使用地点而形成的施工过程称为运输类施工过程。它一般不占用施工对象的空间，不影响项目总工期，通常不列入施工进度计划中；只有当其占用施工对象的空间并影响项目总工期时，才被列入进度计划中。

③砌筑安装类施工过程。在施工对象空间上直接进行建筑产品的加工而形成的施工过程称为砌筑安装类施工过程。它占用施工对象的空间，同时影响项目总工期，必须列入施工进度计划中。

砌筑安装类施工过程按其在项目生产中的作用不同可分为主导施工过程和穿插施工过程；按其工艺性质不同可分为连续施工过程和间断施工过程；按其复杂程度可分为简单施工过程和复杂施工过程。

(2)施工过程划分的影响因素。施工过程划分的数目多少、粗细程度一般与下列因素有关：

①施工进度计划的性质与作用。对于工程施工控制性进度计划，施工过程划分可粗些，综合性大些，一般划分至单位工程或分部工程；对于工程施工指导性进度计划，施工过程的划分可细些、具体些，一般划分至分项工程。

②施工方案及工程结构。对于工业建设项目除了土建施工外还有工业管道和工艺设备等的安装，施工方案的确定，会影响施工过程的划分。例如，厂房的柱基础与设备基础深度不同时，应在土建主体结构完成后，再进行设备安装，或先安装设备，然后建厂房。在组织流水施工、划分施工过程时，厂房的柱基础挖土和设备基础挖土可划分为两个施工过程。如果二者的基础深度相同，则设备安装与土建施工可同时进行，在组织流水施工、划分施工过程时，厂房的柱基础挖土和设备基础挖土可合并为一个施工过程。对于不同结构，如混合结构和全现浇混凝土框架结构，由于施工工艺不同，施工过程划分的数量及其内容也不同。

③劳动组织及劳动量的大小。在劳动组织方面，有些施工过程可合可分。例如，钢筋混凝土工程施工

时,三道工序如果分别由单一队(组)施工,则可分为三个施工过程,即划分为扎筋、支模、浇混凝土三个施工过程;有时为了施工方便,三道工序由混合队(组)施工,则可合并为一个施工过程。除此之外,在组织流水施工时有的施工过程工程量太小,组织流水施工有困难,此时可将其合并到相邻的施工过程中去,如挖土与垫层可合并为一个施工过程。

④劳动内容和范围。直接在施工现场与工程对象上进行的劳动过程,如安装砌筑类施工过程,可以划入流水施工过程。而施工现场外的劳动内容,如制备类施工过程和运输类施工过程一般可不划入流水施工过程,只有在影响工期的情况下,才将其列入流水施工进度计划。

2. 流水强度

每个施工过程(或工序)在单位时间(一个工日或一个台班)内所能完成的工程量叫流水强度,也叫流水能力或生产能力。工程量的单位为 m^3、m^2、m、t 等。劳动量是指某施工项目的工程量与该项目的产量定额之比,单位为工日或台班。一般 8 小时为一个工日或一个台班。

流水强度的大小取决于机械台数和该机械台班生产率或施工队组的人数和劳动生产率。

(1)机械施工过程流水强度的计算。

$$V_i = \sum_{i=1}^{x} R_i \times S_i \tag{1.1}$$

式中:V_i——某施工过程 i 的流水强度,单位为 m^3、t、件等;

R_i——投入某施工过程 i 的某种机械的台数;

S_i——投入某施工过程 i 的某种施工机械台班生产率,单位为 m^3(t、件)/台班等;

x——投入某施工过程 i 的施工机械的种类数。

(2)手工操作施工过程流水强度的计算。

$$V_i = R_i \times S_i \tag{1.2}$$

式中:V_i——某施工过程 i 的人工操作的流水强度,单位为 m^3、m^2、m 、t 等;

R_i——投入某施工过程 i 的专业工作队的工人数;

S_i——投入某施工过程 i 的专业工作队的平均产量定额,单位为 m^3、(m^2、m)/工日等。

可以看出,对于某个施工过程来说,它的流水强度越大,则从事该施工过程所需时间越短。

1.3.2 空间参数

空间参数是指在组织流水施工时,用以表达流水施工在空间布置上所处状态的参数。空间参数主要有:工作面、施工段与施工层。

1. 工作面(A)

工作面(A)又称工作前线,是某专业工种的工人从事建筑产品施工生产过程中所必须具备的活动空间。工作面大小的确定要以每个技术工人能发挥最高的劳动效率,并确保安全施工为原则。表 1.1 列出了主要工种平均每个技术工人的操作工作面,是指最小工作面。最小工作面决定了安排工人人数的最高限度。在实际工作中,不能为了缩短工期而无限制地增加工人数,这种做法不能保证工人发挥正常的施工效率,且不利于安全生产。

工作面反映施工过程在空间上布置工人操作或机械施工的可能性。它的大小表明施工对象上可能安排多少工人操作或布置多少施工机械进行施工。如:砌砖基础,技工工作面为 7.6 m/人,如果按照施工图样,砖基础长度为 152 m,则最多可安排 20 名技工进行施工。除此之外,技工与普工的比例也应符合要求。例如,砌筑工程施工时,一个普工(负责供灰的工人)可以满足两个瓦工(技工)的需要,也就是说,10 个瓦工可以配 5 个普工进行施工。工人人数过多或过少,都会影响工人的施工效率。

2. 施工段与施工层

在组织流水施工时,通常将拟建工程在平面上划分为若干个劳动量(或工程量)大致相等的施工区段,这些施工区段称为施工段。施工段的数目用“M”(或“m”)表示。

每一个施工段在某一段时间内只供一个施工过程的施工队(组)操作使用,一般一个施工段不允许同时有两个施工过程的施工队(组)操作使用,只有在相邻两道工序之间有平行搭接时间时,后道工序施工的工作队(组)才可提前进入前道工序施工队(组)的施工区段进行施工作业。

在流水施工中,为满足竖向流水施工的需要,还需在拟建工程的垂直方向划分为若干个施工区段,称为施工层。施工层的划分要按工程对象的具体情况而定,根据建筑物的高度或楼层划分。装修工程组织流水施工,可按楼层划分施工层,同一楼层平面上可以不划分施工段,即在组织流水施工时一层为一段。施工层的数目用"M'"(或"m'")表示。

表 1.1 主要工种工作面参考数据

工作项目	每个技工的工作面		说 明
砖基础	7.6	m/人	以 1 砖半计,2 砖乘以 0.8,3 砖乘以 0.55
砖基础	8.5	m/人	以 1 砖计,1 砖半乘以 0.71,2 砖乘以 0.57
混凝土柱、墙基础	8	m^2/人	机拌、机捣
混凝土设备基础	7	m^2/人	机拌、机捣
现浇钢筋混凝土柱	2.45	m^2/人	机拌、机捣
现浇钢筋混凝土梁	3.2	m^2/人	机拌、机捣
现浇钢筋混凝土墙	5	m^2/人	机拌、机捣
现浇钢筋混凝土楼板	5.3	m^2/人	机拌、机捣
预制钢筋混凝土柱	3.6	m^2/人	机拌、机捣
预制钢筋混凝土梁	3.6	m^2/人	机拌、机捣
预制钢筋混凝土屋架	2.7	m^2/人	机拌、机捣
混凝土地坪及面层	40	m^2/人	机拌、机捣
外墙抹灰	16	m^2/人	机拌、机捣
内墙抹灰	18.5	m^2/人	机拌、机捣
卷材屋面	18.5	m^2/人	机拌、机捣
防水水泥砂浆屋面	16	m^2/人	机拌、机捣

(1)划分施工段与施工层的目的。在组织流水施工的过程中,保证不同的施工队(组)能同时进行不同施工过程的施工,使各施工班组按施工顺序,依次、连续、均衡地从一个施工段转移到另一个施工段进行连续施工,使各专业队(组)在施工时互不干扰,避免发生窝工,消除停歇现象,达到缩短工期的目的。

(2)划分施工段的基本原则。

①施工段的数目要合理。对施工项目来说,要有足够的工作面,以保证工人施工时互不干扰,充分发挥生产效率。施工段划分过多,工作面缩小,且工作面不能被充分利用,势必减少施工过程的施工人数,减慢施工速度,延长工期。施工段划分过少,则在施工持续时间不变的情况下,会引起劳动力、机械和材料供应过分集中,有时还会导致劳动力或资源供应不上,造成"断流"现象,影响施工,从而拖延工期。

②各施工段的劳动量(或工程量)一般应大致相等,相差宜在 15%以内,以使劳动力和资源供应均衡,从而保证各施工班组连续、均衡地施工。

③施工段的划分界限要以有利于结构的整体性、能保证工程质量且不违反操作规程为前提,结构上不允许留施工缝的部位,不能作为分段的界限。有利于结构的整体性是指施工段的划分界限应安排在对结构的整体性影响程度小的部位,根据建筑平面,可在结构界限处(温度缝、沉降缝、施工缝等)划分施工段。有些建筑物没有结构界限,或者必须划在建筑物的中间时,应尽量选在对结构整体性影响较小的部位,如在门窗洞口处,以减少留槎。在组织群体工程流水施工时,可以一幢房屋作为一个施工段。对于道路、管道等线型工程,可以一定长度作为一个施工段。

④对一个分部工程内的各个施工项目来说,要求尽量采用固定的施工段划分,以便于组织一个分部工程的流水施工。施工段的划分应以主导施工过程的组织为依据进行。

⑤当分层施工时,为使各施工队(组)不窝工,每层的施工段数还必须与施工过程数 N(或工作队组数总

和 N_1)保持一定的关系,即

$$M_{min} \geqslant N \text{ 或 } M_{min} \geqslant N_1 \tag{1.3}$$

式中:M_{min}——最少施工段数;

N——施工过程数;

N_1——组织成倍节拍流水施工时,工作队组数总和。

现根据以下工程实例分析如下:

某二层现浇钢筋混凝土工程的施工分为支模、扎筋、浇混凝土 3 个施工过程,若组织全等节拍流水施工,每个施工过程在各个施工段上所需时间均为 2 天,层间的技术组织间歇为 2 天,则 M 与 N 之间有如下关系:

a. $M=N$,即每层分三个施工段组织施工,其进度安排如图 1.10 所示。

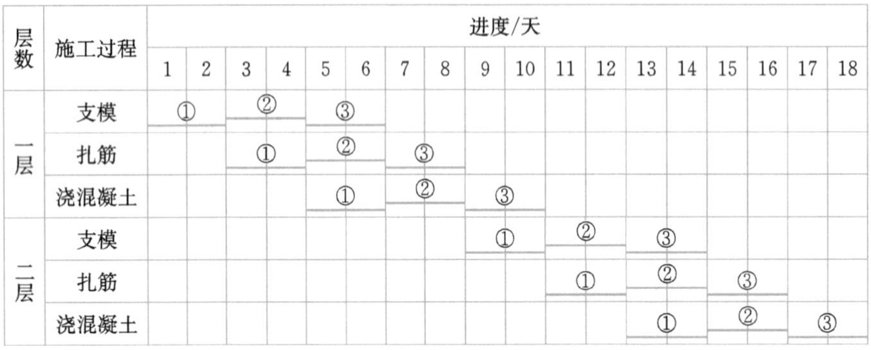

层数	施工过程	进度/天																	
		1	2	3	4	5	6	7	8	9	10	11	12	13	14	15	16	17	18
一层	支模	①		②		③													
	扎筋			①		②		③											
	浇混凝土					①		②		③									
二层	支模									①		②		③					
	扎筋											①		②		③			
	浇混凝土													①		②		③	

图 1.10 $M=N$ 的进度安排

(图中:①、②、③代表施工段)

从图 1.10 可以看出,一层混凝土浇筑完成后,相隔 2 天(技术组织间歇,为混凝土的养护与支模前的弹线时间)投入二层支模工作。对于这种情况,在某些工程的施工中经常遇到,这时,为满足技术组织中断的要求,有意让工作面空闲一段时间,是必要的。利用这段时间可做支模前的备料等工作,待混凝土达到一定强度后,才能在其上面进行施工。在这种情况下,各施工队(组)虽不能连续施工,但不会有窝工现象出现;工作面利用较充分,有 2 天空闲(技术组织间歇)。这种组织施工方式是较理想的。

b. $M>N$,如每层分 4 个施工段组织施工,其进度安排如图 1.11 所示。

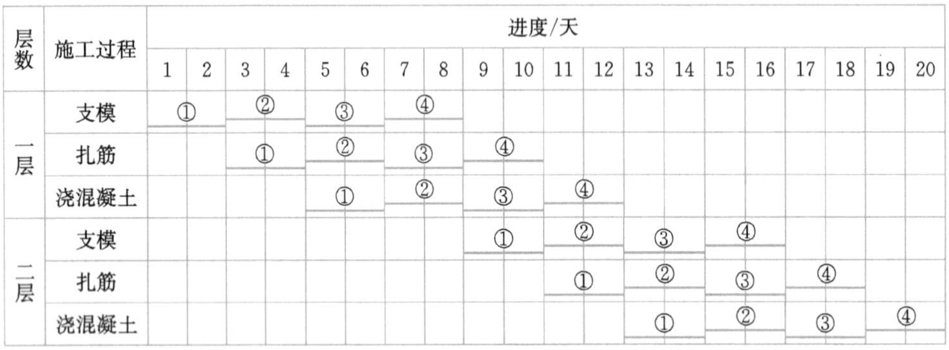

层数	施工过程	进度/天																			
		1	2	3	4	5	6	7	8	9	10	11	12	13	14	15	16	17	18	19	20
一层	支模	①		②		③		④													
	扎筋			①		②		③		④											
	浇混凝土					①		②		③		④									
二层	支模									①		②		③		④					
	扎筋											①		②		③		④			
	浇混凝土													①		②		③		④	

图 1.11 $M>N$ 的进度安排

(图中:①、②、③、④代表施工段)

从图 1.11 中可以看出,各施工队(组)均能连续施工,没有窝工现象出现;工作面被充分利用,没有空闲。这种组织施工方式是最理想的。

c. $M<N$,如每层分 2 个施工段组织施工,其进度安排如图 1.12 所示。

从图 1.12 可以看出,各施工班组不能连续施工,如果组织不当,可能有窝工现象出现。

此外,如果有若干幢同类型的建筑物时,可以以一幢建筑物为一个施工段,组织幢号群体工程流水施工(大流水施工)。

层数	施工过程	进度/天															
		1	2	3	4	5	6	7	8	9	10	11	12	13	14	15	16
一层	支模	①		②													
	扎筋			①		②											
	浇混凝土					①		②									
二层	支模									①		②					
	扎筋											①		②			
	浇混凝土													①		②	

图 1.12　$M<N$ 的进度安排

（图中①、②代表施工段）

1.3.3　时间参数

时间参数是指用来表达组成流水施工的各施工项目在时间排列上所处状态的参数，一般包括流水节拍、流水步距、工期、技术间歇时间、组织间歇时间、平行搭接时间等。

1. 流水节拍

流水节拍是指从事某一施工过程施工的施工队（组）在一个施工段上的施工延续时间。流水节拍用符号 t_i 表示，i 表示施工过程的名称或编号。

流水节拍的大小直接影响到资源的供应是否均衡，决定着施工的速度和节奏，也关系着工期的长短。一般来说，某施工过程的流水节拍越长，则其施工时间越长，从而会使整个工程的施工工期也越长。因此，流水节拍是组织流水施工中一个最重要的时间参数，合理地确定流水节拍，具有重要的意义。

（1）流水节拍的确定。

①经验估计法。这种方法多适于采用新工艺、新方法、新材料等无定额可循的工程。在经验估算法中，为了提高其准确程度，往往采用“三时估计法”。“三时估计法”可按下式计算：

$$t_i = \frac{A+4C+B}{6} \tag{1.4}$$

式中：t_i——某施工过程在某施工段上的流水节拍；

A——某施工过程在某施工段上施工的最短的估计时间，也称最乐观时间；

B——某施工过程在某施工段上施工的最长的估计时间，也称最悲观时间；

C——某施工过程在某施工段上施工的最可能的估计时间，也称最可能时间。

②定额计算法。这种方法是根据现有的能够投入的资源（如劳动力人数、机械台数和材料量）来确定其工作延续时间，一般按下式确定流水节拍：

$$t_i = \frac{Q_i}{S_i \cdot R_i \cdot N_i} = \frac{P_i}{R_i \cdot N_i} \tag{1.5}$$

或

$$t_i = \frac{Q_i \cdot H_i}{R_i \cdot N_i} = \frac{P_i}{R_i \cdot N_i} \tag{1.6}$$

式中：t_i——某施工过程在某施工段上的流水节拍，单位为天；

Q_i——某施工过程在某施工段上的工程量，单位为 m^3、m^2、m 、t 等；

S_i——某施工队组的计划产量定额，单位为 m^3（或 m^2、m 、t 等）/工日；

H_i——某施工队组的计划时间定额，为产量定额的倒数，单位为工日/ m^3（或 m^2、m 、t 等）；

P_i——在一个施工段上完成某施工过程所需的劳动量（工日数）或机械台班量（台班数）；

R_i——某施工过程的施工队（组）人数或机械台数；

N_i——每天的工作班制。

对于公式中的 S_i，如果施工过程是综合性的，则它也应是综合性的，即当合并的施工过程由同一工种的施工过程或内容组成，但施工的做法、材料等不相同时，应计算其综合产量定额。应当注意，综合产量定额不是取平均的概念。综合产量定额可按下式计算：

$$S_i=\frac{\sum Q_i}{\sum P_i}=\frac{Q_1+Q_2+\cdots+Q_n}{P_1+P_2+\cdots+P_n}=\frac{Q_1+Q_2+\cdots+Q_n}{Q_1/S_1+Q_2/S_2+\cdots+Q_n/S_n} \tag{1.7}$$

式中：S_i——某综合施工过程或第 i 个施工过程的综合产量定额，单位为 m^3（或 m^2、m 等）/工日；

$\sum Q_i$——某综合施工过程或第 i 个施工过程的总工程量，单位为 m^3、m^2、m 、t 等；

$\sum P_i$——某综合施工过程或第 i 个施工过程的总劳动量，单位为工日或台班；

$S_1,S_2,\cdots,S_n$——与 $Q_1,Q_2,\cdots,Q_n$ 相对应的产量定额，单位为 m^3（或 m^2、m 、t 等）/工日。

③规定工期计算法（或倒排工期法）。某工程的施工任务按规定日期必须完成时，施工进度计划可采用倒排工期法确定。这时，应根据流水施工方式及总工期要求，首先确定工作时间和工作班制，再据此确定施工班组人数或机械台数，其计算步骤如下：

a. 根据施工进度倒排工期确定该工程某施工过程的施工延续时间 T_i。

b. 确定某施工过程在某施工段上的流水节拍。若同一施工过程流水节拍不等，则用估计法确定；若同一施工过程流水节拍均相等，则可按下式确定：

$$t_i=\frac{T_i}{m_i} \tag{1.8}$$

c. 根据已确定的节拍、工程量（或劳动量）及工作班制确定施工班组人数或机械台数。可按下式确定：

$$R_i=\frac{P_i}{t_i\cdot N_i}=\frac{Q_i}{S_i\cdot t_i\cdot N_i} \tag{1.9}$$

式中符号同式（1.6）。

工程实例

【实例 1】 某工程砌筑砖基础施工，工程量为 287 m^3，产量定额为 2.87 m^3/工日（或时间定额为 0.35 工日/m^3），试确定完成砖基础工程所需的劳动量。如果该过程的施工段数为 2，施工人数为 20 人，1 班倒，试确定砖基础工程的流水节拍。

【实例分析】 据已知：$Q_{砖基}=287\ m^3$，$S_{砖基}=2.87\ m^3$/工日，$R_{砖基}=20$ 人，$m_{砖基}=2$，$N_{砖基}=1$ 班

得：$P_{砖基}=\frac{Q_{砖基}/2}{S_{砖基}}=\frac{287/2}{2.87}=50$（工日），$t_{砖基}=\frac{P_{砖基}}{R_{砖基}\times N_{砖基}}=\frac{50}{20\times 1}=2.5$（天）

如果使用时间定额计算 $P_{砖基}$，则 $P_{砖基}=(Q_{砖基}/2)\times H_{砖基}=(287/2)\times 0.35\approx 50$（工日），$t_{砖基}$ 计算同上。

【实例 2】 某宿舍楼工程采用井架摇头把杆吊运楼板，每个施工段安装楼板 255 块，机械产量定额为 85 块/台班，试确定吊完一个施工段楼板所需的台班量。

【实例分析】

$$P_{吊板}=Q_{吊板}/S_{吊板}=255/85=3\text{（台班）}$$

【实例 3】 某装修工程，木门油漆面积 $Q_1=720\ m^2$，产量定额 $S_1=12\ m^2$/工日，钢窗油漆面积 $Q_2=900\ m^2$，产量定额 $S_2=15\ m^2$/工日，试确定木门和钢窗油漆合并后的综合产量定额。

【实例分析】

$$S_{油}=\frac{Q_1+Q_2}{Q_1/S_1+Q_2/S_2}=\frac{720+900}{720/12+900/15}=\frac{1\ 620}{120}=13.5\text{（}m^2\text{/工日）}$$

合并后的综合产量定额可取 14 m^2/工日。

【实例 4】 某施工过程规定工期 10 天，该施工过程劳动量为 260 工日，采用一班制施工，划分为二个施工段，试确定该施工过程每天施工的人数。

【实例分析】 据已知：$T_i=10$ 天，$\sum P_i=260$ 工日，$N_i=1$ 班，$m_i=2$

得：$t_i=T_i/m_i=10/2=5$（天），$P_i=\sum P_i/2=260/2=130$（工日）

$$R_i=\frac{P_i}{t_i\times N_i}=\frac{130}{5\times 1}=26(\text{人})$$

上述施工过程施工人数为 26 人，工作 10 天，劳动量为 260 工日，和计划劳动量 260 工日相同，此种安排可行。但是，这种情况下，必须检查资源供应的可能性及施工是否有足够的工作面等。

在这样的前提下，如果计算需要的机械台数超过本单位现有的数量，则应采取措施组织调度。如果计算需要的人数相对于工作面来讲太多，工人施工时，工作面显得过于拥挤，工人不能发挥正常的施工效率。这时，应从技术上和组织上采取措施解决这个问题，如组织平行立体交叉施工、增加工作班制和班组等。如果计算需要的人数相对于工作面来讲太少，工人施工时，工作面没有被充分利用，工人同样不能发挥正常的施工效率。这时除了考虑最小的劳动组合外，应合理增加人数，适当缩短此过程的施工延续时间。

(2)确定流水节拍的要点：

①施工班组人数应符合该施工过程最小劳动组合人数要求。例如：现浇钢筋混凝土施工过程，它包括上料、搅拌、运输、浇捣等施工操作环节，最小的劳动组合可以是 6 个人，如果人数太少，将无法组织施工。

②考虑工作面的大小及某种条件的限制。施工班组人数不能太多，每个工人的工作面应符合最小工作面的要求，否则工人不能发挥正常施工效率，且不利于安全生产，甚至拖长工期。

③考虑各种机械的台班效率或台班产量的大小。如果施工中采用的某种机械的台班效率高或台班产量大，则应考虑适当减小流水节拍。

④考虑各种材料、构件等的现场堆放量、供应能力及其他有关条件的制约。如按计算确定的流水节拍施工，所需要的材料或构件的现场堆放量或材料、构件的供应不能满足要求，则应适当延长流水节拍。

⑤考虑施工及技术条件的要求。如混凝土浇筑要求连续施工，此时可考虑两班或三班倒。而有些施工过程，如墙体砌筑或抹灰工程，夜间施工难以保证质量，因此，一般情况下工作班制采用一班。

⑥确定一个分部工程的流水节拍时，首先应考虑确定主导施工过程的流水节拍，因其劳动量大，流水节拍大，对工程的工期起主要作用。其他施工过程的流水节拍可根据主导施工过程的流水节拍及所采取的流水方式确定。

⑦流水节拍取半天或半天的倍数。

2. 流水步距

流水步距指流水施工中进行相邻两个施工过程施工的工作队相继开始工作的时间间隔，用 $K_{j,j+1}$ 表示。流水步距一般至少为一个工作班或半个工作班。

流水步距的大小对工期有较大的影响，一般来说，在施工段不变的前提下，各施工过程间的流水步距越大，则流水步距总和越大，工期越长；反之，则工期越短。

3. 工期

工期是指完成某一项施工任务或一个流水组施工所需时间，一般可采用下式计算完成一个流水组的工期：

$$T=\sum K_{i,i+1}+T_N+\sum Z-\sum C \tag{1.10}$$

式中：T——流水施工工期；

$\sum K_{j,j+1}$——流水施工中各流水步距之和；

T_N——流水施工中最后一个施工过程的延续时间之和；

$\sum Z$——技术与组织间歇时间之和；

$\sum C$——平行搭接时间之和。

4. 技术间歇时间

根据施工过程的性质，由于工艺原因引起的等待间歇时间为技术间歇时间。如混凝土浇筑后的养护时间、地面抹灰后的养护时间及防水工程中的找平层的干燥时间等。技术间歇时间限制后道工序的施工。

5. 组织间歇时间

组织间歇时间是指施工中由于考虑组织的因素，两相邻施工过程在规定的流水步距以外增加的必要时间间歇。如基础混凝土浇捣并经养护后，在基础墙砌筑之前，施工人员必须进行墙体位置的弹线，然后才能砌筑基础墙；桩基础工程中，桩灌注之前，确定各桩的中心点位等，这些必要的间歇时间为组织间歇时间。

6. 平行搭接时间

平行搭接时间是指施工中前一个施工过程没有结束，后一个施工过程的工作队提前进入前一个施工过程的工作队作业的施工段进行施工，使前后两个施工过程在同一个施工段上同时施工的搭接时间。如模板工程还没有结束，进行混凝土浇注的队（组）可以提前进入模板队（组）工作的作业面进行混凝土浇注。

1.4 组织流水施工

1.4.1 有节奏流水施工

有节奏流水是指同一施工过程在各施工段上的流水节拍都相等的一种流水施工方式。当同一施工过程各施工段的劳动量大致相等时，即可组织有节奏流水施工。根据不同施工过程之间的流水节拍是否相等，有节奏流水又可分为等节奏流水施工和异节奏流水施工。

1. 等节奏流水施工

等节奏流水施工（或全等节拍流水施工）是指各施工过程在各个施工段上的流水节拍都相等的一种流水施工方式。等节奏流水一般适用于工程规模较小、建筑结构比较简单、施工过程不多的建筑物或构筑物，常用于组织一个分部工程的流水施工。

例如，某现浇混凝土工程划分为支模、扎筋、浇混凝土三个施工过程，每个施工过程划分为三个施工段，流水节拍均为 3 天，组织等节奏流水施工，其进度计划安排如图 1.13 所示。

施工过程	进度/天														
	1	2	3	4	5	6	7	8	9	10	11	12	13	14	15
扎筋		①			②			③							
支模					①			②			③				
浇混凝土								①			②			③	

图 1.13 某分部工程等节奏流水施工进度安排

(1)等节奏流水施工的主要特征。由图 1.13 可以看出，等节奏流水施工的主要特征为：

①各施工过程在各施工段上的流水节拍都相等，即 $t_i=t$。

②流水步距都相等，且等于流水节拍，即 $K_{j,j+1}=K=t$。

③各专业工作队能够连续施工，施工段之间没有空闲。

④专业工作队数(N_1)等于施工过程数(N)。

(2)等节奏流水施工的组织步骤：

①划分施工过程，将劳动量小的施工过程合并到相邻的施工过程中去。

②确定施工段数。

如每层及层间无技术组织间歇时间，通常采用 $M=N$。

有层间关系或者有施工层时，为保证各施工班组能连续施工，应取 $M\geqslant N$。此时，如果每层的技术与组织间歇时间之和为 $\sum Z_1$，层间技术与组织间歇时间为 Z_2，则每层的施工段数 M 为：

$$M=N+\frac{\max\sum Z_1}{K}+\frac{\max Z_2}{K} \tag{1.11}$$

式中：K——流水步距。

其他符号同前。

在实际施工中，应根据实际情况确定施工段数，使流水施工的组织更加符合实际，因为有时的间歇是必须的。

③确定主导施工过程，根据工作面确定其施工班组人数，并确定其流水节拍。

④确定流水步距，$K_{1,2}=K_{2,3}=\cdots=K_{j,j+1}=\cdots=K=t$。

⑤确定工期。

无层间关系或者无施工层时，工期可按下式计算：

$$T=(M+N-1)\times t(\text{或 }K)+\sum Z-\sum C \tag{1.12}$$

式中：T——流水施工总工期；

M——施工段数；

N——施工过程数；

t——流水节拍；

K——流水步距；

$\sum Z$——技术组织间歇时间之和；

$\sum C$——平行搭接时间之和。

有层间关系或有施工层时，工期可按下式计算：

$$T=(M\times J+N-1)\times t(\text{或 }K)+\sum Z_1+\sum Z_2-\sum C_1 \tag{1.13}$$

式中：J——施工层数；

$\sum Z_1$——同一楼层中技术与组织间歇时间之和；

$\sum Z_2$——层间技术与组织间歇时间之和；

$\sum C_1$——同一楼层中平行搭接时间之和。

其他符号同前。

⑥绘制施工进度计划横道图。

实际上，在建筑施工进度计划的制订过程中，只要正确掌握各施工过程之间的逻辑关系，不必通过计算，便可绘制出正确的进度计划，从而确定工期。计算只是为我们提供了确定工期的理论依据。

工程实例

【实例 5】 某现浇混凝土工程划分为扎筋、支模、浇混凝土三个施工过程，分二层组织流水施工，$M=3$。该分部工程的流水节拍分别为 $t_1=t_2=t_3=3$ 天，第二个和第三个施工过程之间有 1 天组织间歇，层间有 1 天技术间歇。试组织等节奏流水施工。

【实例分析】

(1)确定流水步距：$K=t_1=t_2=t_3=3$(天)。

(2)绘制流水施工进度如图 1.14 所示。

(3)工期：从图上可看出，为 27 天。

通过此例可以看出，进度计划绘制是否正确，关键是掌握施工过程间的逻辑关系(或制约关系)。如某道工序施工，要求只有前道完成才能进行，即两道关系之间无搭接与间歇，那么在绘制施工进度计划时，出现两道工序在工期上的搭接是不允许的，而出现后道工序滞后施工也是不合理的。

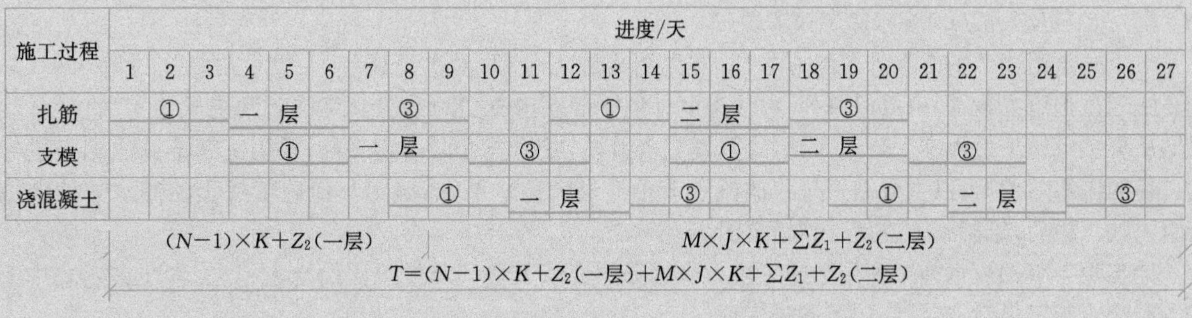

施工过程	进度/天																										
	1	2	3	4	5	6	7	8	9	10	11	12	13	14	15	16	17	18	19	20	21	22	23	24	25	26	27
扎筋		①		一	层			③					①		二	层			③								
支模					①		一	层			③					①		二	层			③					
浇混凝土									①		一	层			③					①		二	层			③	

$(N-1)\times K+Z_2$(一层)　　$M\times J\times K+\sum Z_1+Z_2$(二层)

$T=(N-1)\times K+Z_2$(一层)$+M\times J\times K+\sum Z_1+Z_2$(二层)

(a)　某分部工程流水施工进度计划(水平排列)

图 1.14　水平排列和竖向排列的流水施工进度计划

施工过程		进度/天																										
		1	2	3	4	5	6	7	8	9	10	11	12	13	14	15	16	17	18	19	20	21	22	23	24	25	26	27
第一层	扎筋		①			②			③																			
	支模					①			②			③																
	浇混凝土									①			②			③												
第二层	扎筋													①			②			③								
	支模																①			②			③					
	浇混凝土																				①			②			③	

$(N-1)\times K+Z_2$(一层)　　$M\times J\times K+\sum Z_1+Z_2$(二层)

$T=(N-1)\times K+Z_2$(一层)$+M\times J\times K+\sum Z_1+Z_2$(二层)

(b)某分部工程流水施工进度计划(竖向排列)

图 1.14　水平排列和竖向排列的流水施工进度计划(续)

2. 异节奏流水施工

异节奏流水施工(或异节拍流水施工)是指同一施工过程在各施工段上的流水节拍都相等,不同施工过程之间的流水节拍不一定相等的流水施工方式。根据流水步距是否相等,异节奏流水又可分为异步距异节拍流水施工和等步距异节拍流水施工两种。

(1)异步距异节拍流水施工。例如,某工程划分为 A、B、C、D 四个施工过程,分三个施工段组织施工。已知:各施工过程的流水节拍分别为 $t_A=2$ 天,$t_B=3$ 天,$t_C=4$ 天,$t_D=2$ 天;施工过程 B 完成后有 2 天的技术间歇时间,施工过程 C、D 之间可以有 1 天的平行搭接时间。组织异步距异节拍流水施工,其进度计划安排如图 1.15 所示。

施工过程	进度/天																			
	1	2	3	4	5	6	7	8	9	10	11	12	13	14	15	16	17	18	19	20
A	①		②		③															
B				①			②			③										
C									①				②				③			
D(连续施工)															①		②		③	
D(间断施工)											①				②				③	

图 1.15　某分部工程异步距异节拍流水的施工进度计划

由图 1.15 可以看出,异步距异节拍流水施工的主要特征为同一施工过程流水节拍相等,不同施工过程之间的流水节拍不全相等;流水步距不全相等;工作队(组)在主导施工过程上连续作业,但施工段之间可能有空闲;施工班组数(N_1)等于施工过程数(N)。

组织异步距异节拍流水施工的方法是:首先划分施工过程,并进行调整,注意主导施工过程单列,某些次要施工过程可以合并,也可以单列,以使进度计划既简明清晰、重点突出,又能起到指导施工的作用;然后根据从事主导施工过程施工班组人数,计算其流水节拍,或根据合同规定工期,采用工期推算法确定主导施工过程的流水节拍,再以主导施工过程的流水节拍为最大流水节拍,确定其他施工过程的流水节拍和施工班组人数。最后,绘制施工进度计划横道图。

异步距异节拍流水施工适用于施工段大小相等的分部工程和单位工程的流水施工,它在进度安排上比等步距流水施工灵活,实际应用范围较广泛。

工程实例

【实例 6】 某三层砖混结构主体工程各分项劳动量及各施工班组人数如表 1.2 所示，该主体工程划分为两个施工段组织流水施工。试组织异步距异节拍流水施工，并绘制施工进度计划。

表 1.2　某二层混合结构主体工程劳动量一览表

序号	施工过程	班组人数	劳动量(工日或台班)	序号	施工过程	班组人数	劳动量(工日或台班)
1	立龙门架	4	12	6	浇柱混凝土	6	48
2	扎柱钢筋	8	32	7	扎柱、梁、板、楼梯钢筋	12	96
3	搭设脚手架	8	随砌随搭	8	浇柱、梁、板、楼梯混凝土	12	288
4	墙体砌筑	18	216	9	拆模	18	72
5	支柱、梁、板楼梯模板	8	64	10			

【实例分析】 要组织主体工程的异步距异节拍流水施工，就应保证主导施工过程连续作业。

(1)绑扎柱筋采用一班制施工，则其流水节拍为：

$$t_{扎柱筋}=\frac{32\text{ 工日}/(2\text{ 层}\times 2\text{ 段})}{8\text{ 人}\times 1\text{ 班}}=1\text{ 天}$$

(2)主体墙砌筑采用一班制施工，则其流水节拍为：

$$t_{砌筑}=\frac{216\text{ 工日}/(2\text{ 层}\times 2\text{ 段})}{18\text{ 人}\times 1\text{ 班}}=3\text{ 天}$$

(3)支柱、梁、板模板采用一班制施工，则其流水节拍为：

$$t_{支模}=\frac{64\text{ 工日}/(2\text{ 层}\times 2\text{ 段})}{8\text{ 人}\times 1\text{ 班}}=2\text{ 天}$$

(4)浇柱子混凝土采用二班制施工，则其流水节拍为：

$$t_{支模}=\frac{48\text{ 工日}/(2\text{ 层}\times 2\text{ 段})}{6\text{ 人}\times 2\text{ 班}}=1\text{ 天}$$

(5)梁、板钢筋采用一班制施工，则其流水节拍为：

$$t_{扎梁、板钢筋}=\frac{96\text{ 工日}/(2\text{ 层}\times 2\text{ 段})}{12\text{ 人}\times 1\text{ 班}}=2\text{ 天}$$

(6)梁、板混凝土采用二班制施工，则其流水节拍为：

$$t_{浇梁、板混凝土}=\frac{288\text{ 工日}/(2\text{ 层}\times 2\text{ 段})}{12\text{ 人}\times 2\text{ 班}}=3\text{ 天}$$

(7)拆模采用一班制施工，则其流水节拍为：

$$t_{拆模}=\frac{72\text{ 工日}/(2\text{ 层}\times 2\text{ 段})}{18\text{ 人}\times 1\text{ 班}}=1\text{ 天}$$

该主体工程的施工进度计划如图 1.16 所示。

序号	分部分项工程名称	劳动量（工日）	工人数	工作班次	持续天数	施工进度/天
1	立龙门架	12	4	1	3	
2	绑柱钢筋	32	8	1	4	
3	搭设脚手架（随砌随搭）		8	1		
4	墙体砌筑	216	18	1	12	
5	支柱、梁、板、楼梯模板	64	8	1	8	
6	浇柱混凝土	48	6	2	4	
7	扎梁、板、楼梯钢筋	96	12	1	8	
8	浇梁、板、楼梯混凝土	288	12	2	12	
9	拆模	72	18	1	4	

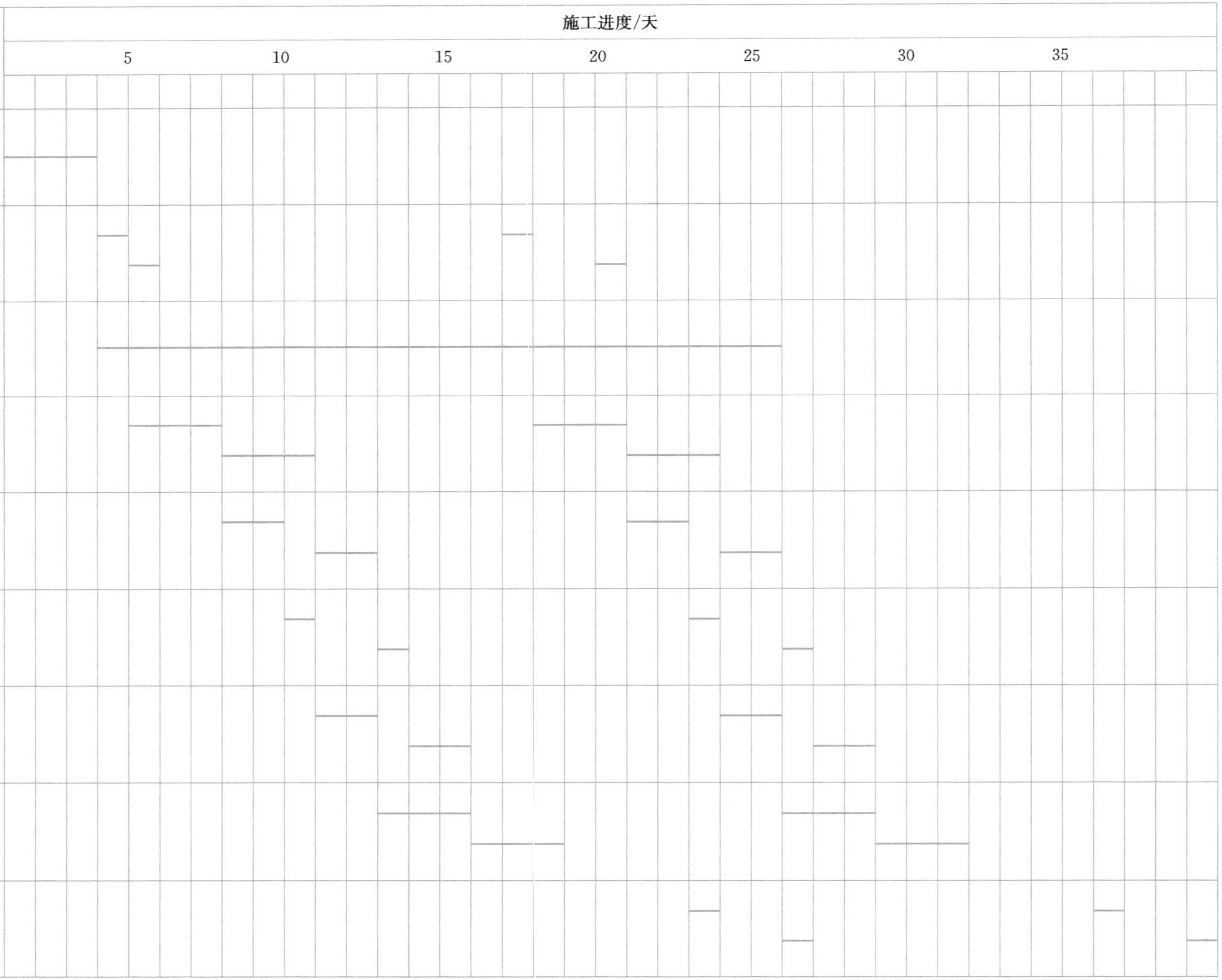

图 1.16　某二层混合结构房屋主体施工进度计划

(2)等步距异节拍流水施工。例如,某分部工程划分为A、B、C三个施工过程,四个施工段组织施工。已知:各施工过程的流水节拍分别为:$t_A=1$天,$t_B=2$天,$t_C=1$天,组织等步距异节拍流水施工,其进度计划安排如图1.17所示。

施工过程	专业工作队	施工进度/天						
		1	2	3	4	5	6	7
A	A1							
B	B1							
	B2							
C	C1							

图1.17　某分部工程等步距异节奏流水施工进度计划

由图1.17可以看出,等步距异节拍流水施工的主要特征为同一施工过程流水节拍相等,不同施工过程流水节拍互为倍数且存在最大公约数;流水步距彼此相等,且等于流水节拍的最大公约数;各专业施工队(组)都能够保证连续作业,施工段没有空闲;施工队组数(N_1)大于施工过程数(N),即$N_1>N$,同一施工过程的工作队(组)在各个施工段上交叉作业。

等步距异节拍流水施工的组织步骤是:

①根据工程对象和施工要求,划分若干个施工过程。

②根据各施工过程的内容、要求及其工程量,计算每个施工段所需的劳动量。

③根据施工队组人数及组成,确定劳动量最少的施工过程的流水节拍;确定其他劳动量较大的施工过程的流水节拍,用调整施工队(组)人数或其他技术组织措施的方法,使它们的节拍值成整数倍关系。

⑤流水步距的确定。流水步距全相等,且等于各道工序流水节拍的最大公约数。

⑥每个施工过程的施工队组数确定。

$$b_i=t_i/K \tag{1.14}$$

式中:b_i——某施工过程所需施工队组数。

$$N_1=\sum b_i \tag{1.15}$$

⑦施工段数目(M)的确定。

- 无层间关系时,可按划分施工段的基本要求确定施工段数目,一般取$M=N_1$。
- 有层间关系时,每层最少施工段数目可按下式确定。

$$M=N_1+\frac{\sum Z_1}{K}+\frac{Z_2}{K} \tag{1.16}$$

⑧确定施工工期。

无层间关系时:

$$T=(M+N_1-1)\times K+\sum Z-\sum C \tag{1.17}$$

式中符号同前。

有层间关系时:

$$T=(M\times J+N_1-1)\times K+\sum Z_1-\sum C_1 \tag{1.18}$$

式中符号同前。

⑨绘制施工进度计划横道图。

工程实例

【实例7】 某分部工程划分为三个施工过程组织施工。已知:各施工过程的流水节拍分别为:$t_{扎筋}=2$天,$t_{支模}=2$天,$t_{浇混凝土}=4$天,该分部工程分二层组织施工,层间技术间歇为2天。试组织等步距异节拍流水施工。

【实例分析】

(1)确定流水步距。

$$K=\{2,2,4\}=2\text{天}$$

(2)确定各施工过程的施工班组数。

$$b_{扎筋}=t_{扎筋}/K=2/2=1(\text{队}),b_{支模}=t_{支模}/K=2/2=1(\text{队})$$

$$b_{浇混凝土}=t_{浇混凝土}/K=4/2=2(\text{队}),N_1=\sum b_i=4(\text{队})。$$

(3)确定施工段数。因为既有层间关系又有技术间歇时间,因此施工段数可按下式确定:

$$M=N_1+\frac{\sum Z_1}{K}+\frac{Z_2}{K}=4+0/2+2/2=5(\text{段})$$

(4)确定工期。

$$T=(M\times J+N_1-1)\times K+\sum Z_1-\sum C_1=(5\times 2+4-1)\times 2+0-0=26(\text{天})$$

工期还可根据绘出的进度计划直接确定。

(5)绘制施工进度图,如图 1.18 所示。

施工过程	施工队数	1	2	3	4	5	6	7	8	9	10	11	12	13	14	15	16	17	18	19	20	21	22	23	24	25	26
扎筋	A1	①		②		③		④		⑤		①		②		③		④		⑤							
支模	B1			①		②		③		④		⑤		①		②		③		④		⑤					
浇混凝土	C1					①				③				⑤				②				④					
	C2							②				④					①			③				⑤			

图 1.18 某分部工程等步距异节奏流水施工进度计划

(图中单线为一层,双线为二层)

等步距异节拍流水施工方式比较适用于线形工程(如道路、管道等)的施工,也适用于房屋建筑施工。

对于同一施工过程在各施工段上的流水节拍相等,不同施工过程在同一施工段上的流水节拍不尽相等的流水方式,如果各施工过程的流水节拍不成倍数,则应组织异步距异节拍流水;如果各施工过程的流水节拍互成倍数,但是劳动力无法增加,即无法做到等步距,为保证专业工作队连续施工,也应按异步距异节拍流水方式组织施工。

1.4.2 无节奏流水施工

无节奏流水施工是指同一施工过程在各个施工段上的流水节拍或各施工过程在同一施工段上的流水节拍无规律性的一种流水施工方式。它是流水施工的普遍形式。

在实际工程中,通常每个施工过程在各个施工段上的工程量彼此不等,各专业施工队组的生产效率相差较大,导致大多数的流水节拍也彼此不相等,因此有节奏流水,尤其是等节奏流水和等步距异节拍流水往往是难以组织的,而无节奏流水则是利用流水施工的基本形式,在保证施工工艺、满足施工顺序要求的前提下,按照一定的计算方法,确定相邻专业施工队组之间的流水步距,使其在开工时间上最大限度地、合理地搭接起来,形成每个专业施工队组都能连续作业的流水施工方式。无节奏流水施工的实质是:各工作队连续作业,流水步距经计算确定,也就是说,组织无节奏流水施工的关键就是正确计算流水步距。

例如,某分部工程划分成三个施工过程,四个施工段组织流水施工,已知:各施工过程在各施工段上的流水节拍如表 1.3 所示,第一个和第二个施工过程之间有 2 天技术间歇,第二个和第三个施工过程之间有 1 天平行搭接,组织无节奏流水施工,其进度计划安排如图 1.19 所示。

1. 无节奏流水施工的主要特征

由图 1.19 可以看出，无节奏流水施工的主要特征为：

(1)每个施工过程在各个施工段上的流水节拍不全相等。

(2)各个施工过程之间的流水步距不全相等。

(3)各施工作业队能够在各施工段上连续作业，但有的施工段可能有空闲。

(4)施工队(组)数(N_1)等于施工过程数(N)。

表 1.3 某分部工程的流水节拍

施工过程	施工段			
	①	②	③	④
A	3	3	3	2
B	2	2	3	3
C	3	2	3	2
D	3	3	3	3

施工过程	进度/天																						
	1	2	3	4	5	6	7	8	9	10	11	12	13	14	15	16	17	18	19	20	21	22	23
A																							
B				7	天																		
C							1	天															
D									3	天													

图 1.19 某分部过程的无节奏流水施工进度安排

2. 无节奏流水施工的组织步骤

(1)划分施工过程。注意主导施工过程单列，次要施工过程可以合并，也可以单列，使进度计划简明清晰、重点突出，起到指导施工的作用。

(2)划分施工段(或施工层)。根据划分施工段的基本原则和工程实际情况确定施工段数，使流水施工的组织更加符合实际，有时的间歇是必须的。

(3)确定流水节拍，见公式(1.5)。

(4)确定流水步距。无节奏流水施工的流水步距通常采用“累加数列错位相减取其最大差”的方法确定。如上例：

$K_{A,B}$：

A	3	6	9	11	
B −		2	4	7	10
	3	4	5	4	−10

$K_{A,B}=5$(天)

$K_{B,C}$：

B	2	4	7	10	
C −		3	5	8	10
	2	1	2	2	−10

$K_{B,C}=2$(天)

$K_{C,D}$：

C	3	5	8	10	
D −		3	6	9	12
	3	2	2	1	−12

$K_{C,D}=3$(天)

(5)确定工期，见公式(1.10)

(6)绘制施工进度计划横道图。

计　划　单

<table>
<tr><td>学习领域</td><td colspan="5">施工组织与进度控制</td></tr>
<tr><td>学习情境一</td><td colspan="3">编制施工进度计划</td><td>学　　时</td><td>24</td></tr>
<tr><td>工作任务 1</td><td colspan="3">编制施工进度计划横道图</td><td>计划学时</td><td>1</td></tr>
<tr><td>计划方式</td><td colspan="5">小组讨论，团队协作共同制订计划</td></tr>
<tr><td>序　　号</td><td colspan="4">计 划 步 骤</td><td>使用资源</td></tr>
<tr><td>1</td><td colspan="4"></td><td></td></tr>
<tr><td>2</td><td colspan="4"></td><td></td></tr>
<tr><td>3</td><td colspan="4"></td><td></td></tr>
<tr><td>4</td><td colspan="4"></td><td></td></tr>
<tr><td>5</td><td colspan="4"></td><td></td></tr>
<tr><td>6</td><td colspan="4"></td><td></td></tr>
<tr><td>7</td><td colspan="4"></td><td></td></tr>
<tr><td>8</td><td colspan="4"></td><td></td></tr>
<tr><td>9</td><td colspan="4"></td><td></td></tr>
<tr><td>制订计划
说明</td><td colspan="5"></td></tr>
<tr><td rowspan="3">计划评价</td><td>班　　级</td><td></td><td>第　　组</td><td>组长签字</td><td></td></tr>
<tr><td>教师签字</td><td colspan="2"></td><td>日　　期</td><td></td></tr>
<tr><td colspan="5">评语：</td></tr>
</table>

决　策　单

<table>
<tr><td>学习领域</td><td colspan="5">施工组织与进度控制</td></tr>
<tr><td>学习情境一</td><td colspan="3">编制施工进度计划</td><td>学　　时</td><td>24</td></tr>
<tr><td>工作任务 1</td><td colspan="3">编制施工进度计划横道图</td><td>决策学时</td><td>1</td></tr>
<tr><td colspan="6">方 案 讨 论</td></tr>
<tr><td rowspan="9">方案对比</td><td>组　　号</td><td>方案的可行性</td><td>方案的先进性</td><td>实施难度</td><td>综合评价</td></tr>
<tr><td>1</td><td></td><td></td><td></td><td></td></tr>
<tr><td>2</td><td></td><td></td><td></td><td></td></tr>
<tr><td>3</td><td></td><td></td><td></td><td></td></tr>
<tr><td>4</td><td></td><td></td><td></td><td></td></tr>
<tr><td>5</td><td></td><td></td><td></td><td></td></tr>
<tr><td>6</td><td></td><td></td><td></td><td></td></tr>
<tr><td>7</td><td></td><td></td><td></td><td></td></tr>
<tr><td>8</td><td></td><td></td><td></td><td></td></tr>
<tr><td rowspan="3">方案评价</td><td>班　　级</td><td></td><td>第　　组</td><td>组长签字</td><td></td></tr>
<tr><td>教师签字</td><td colspan="2"></td><td>日　　期</td><td></td></tr>
<tr><td colspan="5">评语：</td></tr>
</table>

实　施　单

学习领域	施工组织与进度控制		
学习情境一	编制施工进度计划	学　　时	24
工作任务1	编制施工进度计划横道图	实施学时	4
实施方式	小组成员合作共同研讨确定动手实践的实施步骤，每人均填写实施单		
序　　号	实 施 步 骤	使用资源	
实施说明：			

班　　级		第　　组	组长签字	
教师签字		日　　期		
评　　语				

<table>
<tr><td>学习领域</td><td colspan="5">施工组织与进度控制</td></tr>
<tr><td>学习情境一</td><td colspan="3">编制施工进度计划</td><td>学　　时</td><td>24</td></tr>
<tr><td>工作任务 1</td><td colspan="3">编制施工进度计划横道图</td><td>学　　时</td><td>12</td></tr>
<tr><td>实施方式</td><td colspan="5">小组成员进行任务分工后，分别进行动手实践，共同完成施工进度计划横道图的编制</td></tr>
<tr><td colspan="6"></td></tr>
<tr><td rowspan="3">作业评价</td><td>班　　级</td><td></td><td>第　　组</td><td>组长签字</td><td></td></tr>
<tr><td>教师签字</td><td colspan="2"></td><td>日　　期</td><td></td></tr>
<tr><td colspan="5">评语：</td></tr>
</table>

检　查　单

<table>
<tr><td>学习领域</td><td colspan="4">施工组织与进度控制</td></tr>
<tr><td>学习情境一</td><td colspan="2">编制施工进度计划</td><td>学　　时</td><td>24</td></tr>
<tr><td>工作任务 1</td><td colspan="2">编制施工进度计划横道图</td><td>检查学时</td><td>1</td></tr>
<tr><td>序　　号</td><td>检查项目</td><td>检查标准</td><td>组内互检</td><td>教师检查</td></tr>
<tr><td>1</td><td>组织施工方式</td><td>各分部工程施工组织方式选择是否合理</td><td></td><td></td></tr>
<tr><td>2</td><td>流水参数确定</td><td>各项流水参数确定是否合理</td><td></td><td></td></tr>
<tr><td>3</td><td>施工顺序</td><td>施工顺序是否符合施工工艺、质量、安全等要求</td><td></td><td></td></tr>
<tr><td>4</td><td>工序搭接</td><td>工序搭接是否符合施工工艺、质量、安全等要求</td><td></td><td></td></tr>
<tr><td>5</td><td>图面情况</td><td>施工进度安排是否合理,图面是否整洁美观</td><td></td><td></td></tr>
<tr><td rowspan="3">检查评价</td><td>班　　级</td><td></td><td>第　　组</td><td>组长签字</td><td></td></tr>
<tr><td>教师签字</td><td colspan="2"></td><td>日　　期</td><td></td></tr>
<tr><td colspan="5">评语:</td></tr>
</table>

评 价 单

<table>
<tr><td>学习领域</td><td colspan="8">施工组织与进度控制</td></tr>
<tr><td>学习情境一</td><td colspan="5">编制施工进度计划</td><td>学　　时</td><td colspan="2">24</td></tr>
<tr><td>工作任务 1</td><td colspan="5">编制施工进度计划横道图</td><td>评价学时</td><td colspan="2">1</td></tr>
<tr><td>考核项目</td><td colspan="2">考核内容及要求</td><td>分　　值</td><td>学生自评（10%）</td><td>小组评分（20%）</td><td>教师评分（70%）</td><td colspan="2">实 得 分</td></tr>
<tr><td>组织施工方式（10 分）</td><td colspan="2">合理选择各分部工程施工组织方式</td><td>10</td><td></td><td></td><td></td><td colspan="2"></td></tr>
<tr><td>流水参数确定（10 分）</td><td colspan="2">合理确定各项流水参数</td><td>10</td><td></td><td></td><td></td><td colspan="2"></td></tr>
<tr><td>施工顺序（20 分）</td><td colspan="2">施工顺序符合施工工艺、质量、安全等要求</td><td>20</td><td></td><td></td><td></td><td colspan="2"></td></tr>
<tr><td>工序搭接（20 分）</td><td colspan="2">工序搭接符合施工工艺、质量、安全等要求</td><td>20</td><td></td><td></td><td></td><td colspan="2"></td></tr>
<tr><td>图面情况（10 分）</td><td colspan="2">施工进度安排合理，图面整洁美观</td><td>10</td><td></td><td></td><td></td><td colspan="2"></td></tr>
<tr><td>学习态度（10 分）</td><td colspan="2">上课认真听讲，积极参与讨论，认真完成任务</td><td>10</td><td></td><td></td><td></td><td colspan="2"></td></tr>
<tr><td>完成时间（10 分）</td><td colspan="2">能在规定时间内完成任务</td><td>10</td><td></td><td></td><td></td><td colspan="2"></td></tr>
<tr><td>合　作　性（10 分）</td><td colspan="2">积极参与组内各项任务，善于协调与沟通</td><td>10</td><td></td><td></td><td></td><td colspan="2"></td></tr>
<tr><td></td><td colspan="2">总　　计</td><td>100</td><td></td><td></td><td></td><td colspan="2"></td></tr>
<tr><td rowspan="3">评价评语</td><td>班　　级</td><td></td><td>姓　　名</td><td></td><td>学　　号</td><td></td><td>总　评</td><td></td></tr>
<tr><td>教师签字</td><td></td><td>第　　组</td><td>组长签字</td><td colspan="2"></td><td>日　期</td><td></td></tr>
<tr><td colspan="8">评语：</td></tr>
</table>

任务2 编制施工进度计划网络图

<table>
<tr><td>学习领域</td><td colspan="6">施工组织与进度控制</td></tr>
<tr><td>学习情境一</td><td colspan="3">编制施工进度计划</td><td colspan="2">学　　时</td><td>24</td></tr>
<tr><td>工作任务2</td><td colspan="3">编制施工进度计划网络图</td><td colspan="2">学　　时</td><td>12</td></tr>
<tr><td colspan="7">布 置 任 务</td></tr>
<tr><td>工作目标</td><td colspan="6">1. 能够掌握双代号网络图的组成要素
2. 能够掌握双代号网络图的绘制方法
3. 能够掌握双代号网络计划时间参数的计算方法
4. 能够完成施工进度计划网络图的编制
5. 能够在完成任务过程中锻炼职业素质，做到认真严谨、诚实守信</td></tr>
<tr><td>任务描述</td><td colspan="6">为保证拟建工程在满足施工质量要求的前提下，按规定的工期完成施工任务，应在确定的施工方案基础上，根据规定工期和技术物资供应条件，按照合理的施工顺序，编制施工进度计划网络图。其工作如下：
1. 收集资料：包括原始资料、建筑设计资料及施工资料等
2. 绘制施工网络图：根据工程性质、规模、现场条件，考虑施工进度计划的作用，按照编制步骤，合理绘制施工网络图
3. 计算双代号网络计划时间参数：包括节点参数、工作参数及时差
4. 确定网络计划关键线路及总工期</td></tr>
<tr><td rowspan="2">学时安排</td><td>资　　讯</td><td>计　　划</td><td>决　　策</td><td>实　　施</td><td>检　　查</td><td>评　　价</td></tr>
<tr><td>4学时</td><td>1学时</td><td>1学时</td><td>4学时</td><td>1学时</td><td>1学时</td></tr>
<tr><td>提供资料</td><td colspan="6">1. 工程施工资料
2. 建筑施工手册．中国建筑工业出版社，2012
3. 建筑工程施工组织设计实例应用手册．中国建筑工业出版社，2008</td></tr>
<tr><td>对学生的要求</td><td colspan="6">1. 具备常用建筑材料的基本知识
2. 具备工程结构基本知识
3. 具备工程施工技术的基本知识
4. 具备一定的自学能力，一定的沟通协调和语言表达能力
5. 每位同学必须积极参与小组讨论
6. 严格遵守课堂纪律，不迟到，不早退，不旷课
7. 每组需提交施工进度计划网络图</td></tr>
</table>

资 讯 单

<table>
<tr><td>学习领域</td><td colspan="3">施工组织与进度控制</td></tr>
<tr><td>学习情境一</td><td>编制施工进度计划</td><td>学　　时</td><td>24</td></tr>
<tr><td>工作任务 2</td><td>编制施工进度计划网络图</td><td>资讯学时</td><td>4</td></tr>
<tr><td>资讯方式</td><td colspan="3">在参考书、专业杂志、互联网及信息单上查询问题，咨询任课教师</td></tr>
<tr><td rowspan="8">资讯问题</td><td colspan="3">1. 双代号网络图有哪几个基本要素？</td></tr>
<tr><td colspan="3">2. 如何进行节点编号？</td></tr>
<tr><td colspan="3">3. 如何确定关键线路？</td></tr>
<tr><td colspan="3">4. 如何绘制双代号非时标网络图？</td></tr>
<tr><td colspan="3">5. 施工网络图的排列方式有哪几种？</td></tr>
<tr><td colspan="3">6. 如何用图上计算法进行双代号非时标网络计划时间参数计算？</td></tr>
<tr><td colspan="3">7. 如何绘制双代号时标网络图？</td></tr>
<tr><td colspan="3">8. 如何确定双代号时标网络计划的时间参数？</td></tr>
<tr><td>资讯引导</td><td colspan="3">1. 在信息单中查找；
2. 建筑施工手册. 中国建筑工业出版社，2012
3. 建筑工程施工组织设计实例应用手册. 中国建筑工业出版社，2008
4. 建筑施工组织. 哈尔滨工程大学出版，2012</td></tr>
</table>

学习领域	施工组织与进度控制		
学习情境一	编制施工进度计划	学　时	24
工作任务 2	编制施工进度计划网络图	学　时	12

2.1 相关知识

2.1.1 网络计划技术的实施步骤

(1)根据一项计划(或工程)中各项工作的开展顺序及其相互之间的逻辑关系绘制出拟建工程施工进度计划网络图。

(2)对网络图的时间参数进行计算,通过时间参数的计算找出网络计划的关键工作和关键线路。

(3)根据确定的工期、成本或资源等不同的目标,对网络计划进行调整、改善和优化处理,选择最优方案。

(4)在网络计划的执行过程中,对其进行有效的监督与控制,以确保拟建工程施工按网络计划确定的目标和要求顺利完成。

2.1.2 网络图

网络计划的表达形式是网络图。网络图是指由箭线和节点组成的,用来表示工作开展的先后次序及相互制约、相互依赖关系的有向、有序的网状图形。

1. 网络图特点

(1)能全面而明确地表达各施工过程之间的先后顺序和相互制约、相互依赖关系。

(2)能对每个施工过程进行时间参数计算,从计划中找出决定工程施工进度和总工期的关键工作和关键线路,为施工组织者抓主要矛盾、避免盲目抢工、确保工期提供科学的依据。

(3)能从许多可行施工方案中选出较优施工方案,并可按某一目标进行优化处理,从而获得最优施工方案。

(4)在计划的执行过程中,可便捷地推算出由于某一工作因故推迟或提前完成时,对整个计划和总工期的影响程度,从而可以迅速地根据变化后的具体情况及时进行调整,以确保能自始至终地对计划进行有效地监督和控制,并利用计算出的各项工作的机动时间,更好地调配人力、物力,以达到降低成本的目的。

(5)网络计划的编制、计算、调整、优化和绘图等各项工作,都可以用电子计算机来协助完成,这就为电子计算机在建筑施工计划与管理中的广泛应用和计划管理的现代化提供了必要的途径。

2. 网络图表达方式

(1)双代号网络图。以箭线及其两端节点的编号表示工作的网络图称为双代号网络图。即用两个节点一根箭线代表一项工作,工作名称写在箭线上面,工作持续时间写在箭线下面,在箭线前后的衔接处画上节点编上号码,并以节点编号 i 和 j 代表一项工作,如图 2.1 所示。

(2)单代号网络图。以节点及其编号表示工作,以箭线表示工作之间的逻辑关系的网络图称为单代号网络图。即每一个节点表示一项工作,节点所表示的工作名称、持续时间和工作代号等标注在节点内,如图 2.2 所示。

图 2.1 双代号网络图工作表示方法

图 2.2 单代号网络图工作表示方法

2.1.3　网络计划的分类

1. 按网络计划编制的对象和范围分

(1)局部网络计划:是指以拟建工程的某一分部工程为对象编制而成的某一施工阶段网络计划,例如,基础工程、主体工程、屋面工程和装修工程网络计划。

(2)单位工程网络计划:是指以一个单位工程为对象编制而成的网络计划,例如,一栋教学楼、写字楼、住宅楼及单层房屋等单位工程网络计划。

(3)总体网络计划:是指以一个建设项目或一个大型的单项工程为对象编制而成的控制性网络计划,例如,一个建筑群体工程或一座新建工厂等总体网络计划。

2. 按网络计划的性质和作用分

(1)实施性网络计划:是指以分部工程为对象,以分项工程在一个施工段上的施工任务为工作内容编制而成的局部网络计划,或由多个局部网络计划综合搭接而成的单位工程网络计划,或直接以分项工程为工作内容编制而成的单位工程网络计划。它的工作内容划分得较为详细、具体,是用来指导具体施工的计划形式。

(2)控制性网络计划:是指以控制各分部工程(或各单位工程,或整个建设项目)的工期为主要目标编制而成的总体网络计划(或控制性的单位工程网络计划)。它是上级管理机构指导工作、检查与控制施工进度计划的依据,也是编制实施性网络计划的依据。

3. 按网络计划有无时间坐标分

(1)非时标网络计划:网络计划中的各项工作持续时间写在箭线的下面,箭线的长短与工作持续时间无关。

(2)时标网络计划:网络计划以时间作为横坐标,箭线在时间坐标轴上的水平投影长度代表工作持续时间。

4. 按网络计划的图形表达方式分

(1)双代号网络计划:是指用双代号网络图表达的网络计划,如图 2.3 所示。

(2)单代号网络计划:是指用单代号网络图表达的网络计划,如图 2.4 所示。

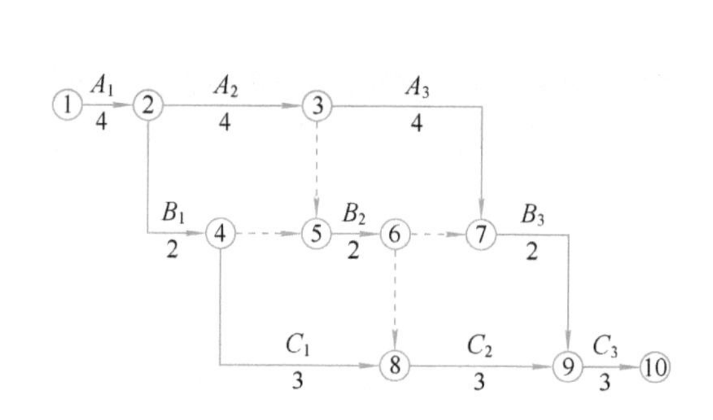

图 2.3　双代号网络计划

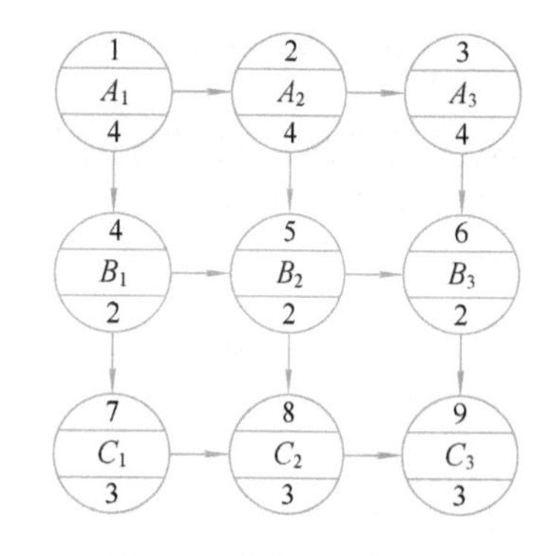

图 2.4　单代号网络计划

5. 按网络计划的目标多少分

(1)单目标网络计划:是指只有一个最终目标的网络计划。

(2)多目标网络计划:是指由若干个独立的最终目标与其相互有关工作组成的网络计划。

2.2　编制双代号网络计划

2.2.1　双代号网络图的组成

双代号网络图是由节点、箭线、线路三个基本要素组成。

1. 节点

双代号网络图中箭线两端带有编号的圆圈就是节点。

在双代号网络图中，用以标识该节点前面一项或若干项工作结束和后面一项或若干项工作开始的时刻。节点不需要消耗时间和资源，具有承上启下的衔接作用。

(1)节点的分类。对于一个网络图来说，节点分为起始(开始)节点、终点(结束)节点和中间节点(图2.5)。箭线出发的节点称为起始(开始)节点，箭线进入的节点称为终点(结束)节点。除整个网络计划的起始节点和终点节点外，其余均为中间节点，中间节点都有双重的含义，既是前面工作的终点节点，也是后面工作的起始节点。

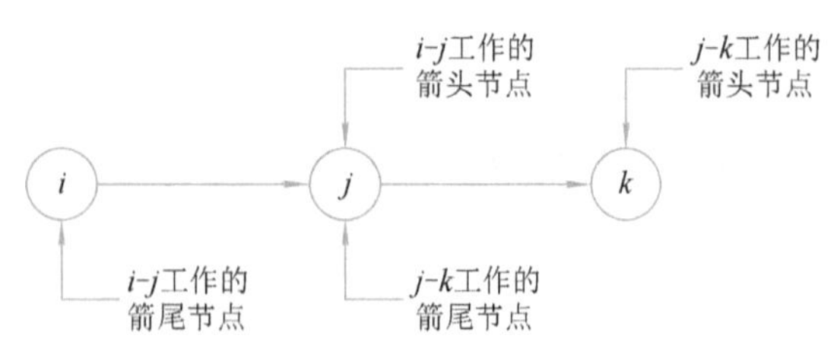

图 2.5　节点示意图

(2)节点编号。

①节点编号的基本规则。箭头节点编号大于箭尾节点编号；在一个网络图中，所有节点不能出现重复编号。编号的号码可以按自然数顺序进行，也可以非连续编号，以便适应网络计划调整中增加工作的需要，使编号留有余地。

②节点编号方法。

• 水平编号法，即从起始节点开始由上到下逐行编号，每行则自左到右根据编号规则的要求进行编号，如图 2.6 所示。

• 垂直编号法，即从起始节点开始自左到右逐列编号，每列则由上到下根据编号规则的要求进行编号，如图 2.7 所示。

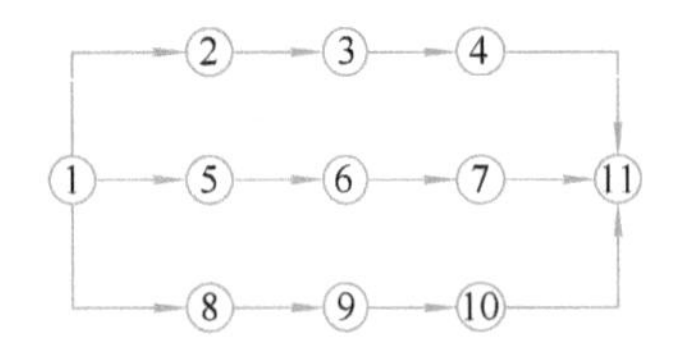

图 2.6　水平编号法

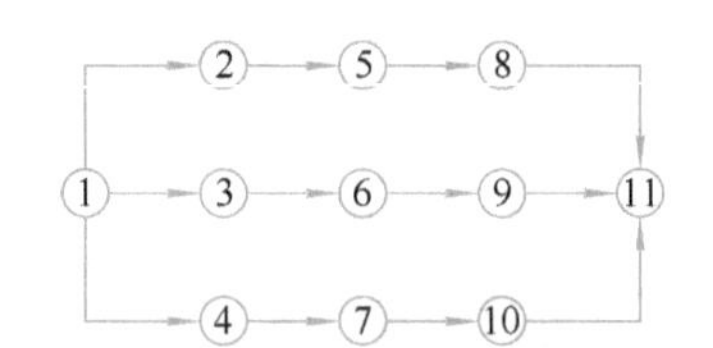

图 2.7　垂直编号法

2. 箭线

(1)箭线特点：

①在双代号网络图中，带有箭头的箭线与其两端的节点表示一项工作或一个施工过程。根据网络计划的性质和作用的不同，工作既可以是一个简单的施工过程，也可以是一项复杂的工程任务。如何确定一项工作的范围取决于所绘制的网络计划的作用。

②箭线的方向表示工作进行的方向和前进的路线，箭尾表示工作的开始，箭头表示工作的结束。箭线可以画成直线、折线或斜线。

(2)工作的分类：

①实工作。指既消耗时间又消耗资源的工作或只消耗时间不消耗资源的工作。实工作的表达方式如图 2.8 所示。

②虚工作。指既不消耗时间又不消耗资源的工作，是为正确表达网络逻辑关系而人为虚设的工作。虚工作的表达方式如图 2.9 所示。

图 2.8　实工作的表达方法　　**图 2.9　虚工作的表达方法**

虚工作在网络计划中起逻辑连接和逻辑断路的作用，逻辑连接是指将有逻辑关系的工作连接上，逻辑断路是指将没有逻辑关系的工作断开。绘制网络图时必须符合施工顺序的制约关系、施工组织的要求及网络逻辑关系。如图 2.10 所示，某装修工程其施工顺序为天棚抹灰→墙面抹灰→地面抹灰→安门窗扇，符合施工工艺的要求。在组织关系上，同工种的工作队由第三施工层转入第二施工层再转入第一施工层，符合要求。但在网络逻辑关系上有不符之处，第一施工层的天棚抹灰（天灰 1）与第三施工段的墙面抹灰（墙灰 3）没有逻辑上的制约关系；第一施工层的墙面抹灰（墙灰 1）与第三施工层的地面抹灰（地灰 3）也没有逻辑上的制约关系；第一施工层的地面抹灰（地灰 1）与第三施工段的安门窗扇（安扇 3）也没有逻辑上的制约关系。但在图 2.10 中都相连起来了，这是网络图中原则性的错误，它将导致一系列计算上的错误。应采用虚箭线在线路上将没有逻辑关系的各项工作隔断，这种方法称为"断路法"。正确的网络图如图 2.11 所示。

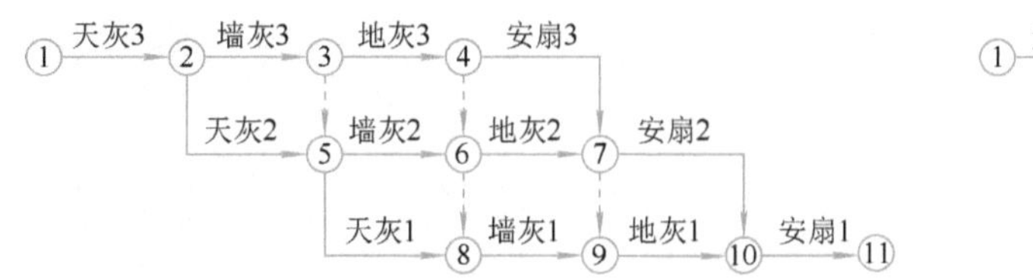

图 2.10　某装修工程错误的流水施工网络图

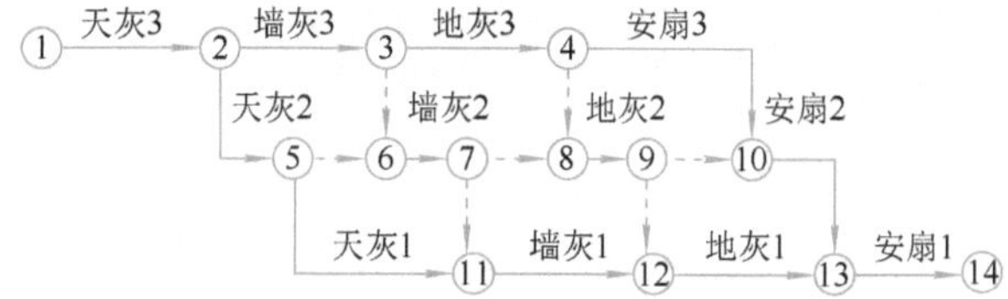

图 2.11　某装修工程正确的流水施工网络图

（3）紧前工作和紧后工作。在网络图中，相对某节点而言，指向某节点的工作称为该节点的紧前工作；从某节点引出的工作称为该节点的紧后工作，如图 2.12 所示。

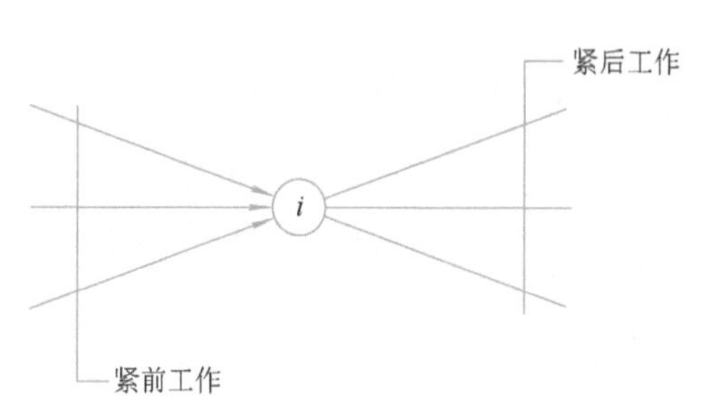

图 2.12　紧前工作和紧后工作示意图

可与本工作同时进行的工作称为本工作的平行工作，如图 2.11 所示，墙灰 3 是天灰 2 的平行工作。

3. 线路

在网络图中，从起始节点开始顺着箭线方向到达终点节点，中间通过的一系列由箭线和节点组成的通道，称为线路。一个网络图一般都存在许多条线路，每条线路都包含若干项工作，这些工作的持续时间之和就是该条线路的总持续时间，称为线路时间。

网络图中线路时间最长的线路称为关键线路，其余线路称为非关键线路。位于关键线路上的工作称为关键工作。在工程施工中，关键工作是必保的，因为其没有机动时间，如果拖延关键线路上工作的持续时间，会造成整个工程工期的拖延。在网络图中关键线路至少有一条。关键线路不是一成不变的，在一定的条件下，关键线路和非关键线路可以相互转化。如采用了一定的技术组织措施，缩短了关键线路上各工作的持续时间，就有可能使关键线路变成非关键线路。

关键线路宜用粗箭线、双箭线或彩色箭线标注，以突出其在网络计划中的重要位置。

位于非关键线路上的工作除关键工作外，其余称为非关键工作，它有机动时间。利用非关键工作的机动时间可以科学合理地调配资源和对网络计划进行优化。非关键线路也不是一成不变的，在一定的条件下，非关键线路也可能转变为关键线路。

2.2.2　绘制双代号网络图

1. 网络逻辑关系

逻辑关系是指网络计划中所表示的各个施工过程在施工中存在的先后顺序关系。这种逻辑关系可划分为两大类：一类是施工工艺方面的关系，称为工艺逻辑关系；另一类是施工组织方面的关系，称为组织逻辑关系。

（1）工艺逻辑关系。是指由施工工艺所决定的各个施工过程之间客观上存在的先后顺序关系。这种关系是受客观规律支配的，一般是不可改变的。例如，某基础工程各施工过程施工的先后顺序为：基槽挖土→混凝土垫层→混凝土基础→基础墙砌筑→回填土。

（2）组织逻辑关系。是指在不违反工艺关系的前提下，在施工组织安排中，考虑劳动力、机具、材料或工期的影响，在各施工过程之间主观上安排的先后顺序关系。这种关系不受施工工艺的限制，不是工程性质本身决定的，而是在保证施工质量、安全和工期等前提下，可以人为安排的关系。组织方式不同，组织逻辑关系也就不同，所以，它不是一成不变的。不同的组织安排，往往会产生不同的组织效果，因此，组织关系能够进行调整优化。例如,某八层建筑砌筑工程的组织安排为:基础墙砌筑→砌暖沟→一层砌筑→二层砌筑→……→八层砌筑→女儿墙砌筑→隔墙砖。如工期较紧,则隔墙砖可在三层外墙砖砌完且楼板安装完成后进行,但在进度上应受楼板安装进度的限制。可见,这两种组织方式是不同的,组织逻辑关系也是不同的。

2. 正确表达网络逻辑关系的方法

常见工序的逻辑关系的正确表示如下:

(1)A、B 两项工作,依次进行,如图 2.13 所示。

(2)A、B、C 三项工作,同时开始施工,如图 2.14 所示。

(3)A、B、C 三项工作,同时结束施工,如图 2.15 所示。

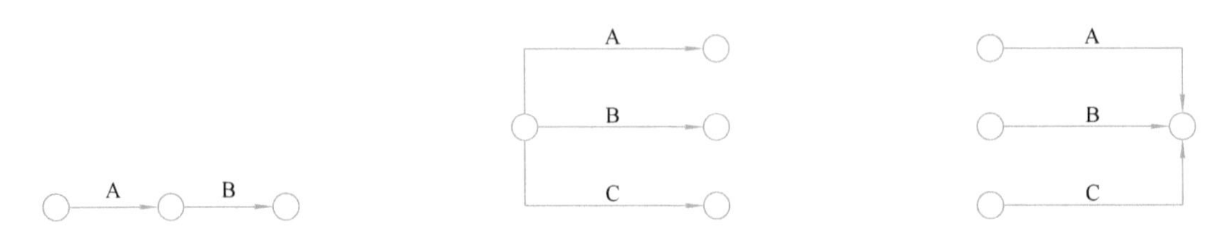

图 2.13 两项工作依次进行　　图 2.14 三项工作同时开始施工　　图 2.15 三项工作同时结束施工

(4)A、B、C 三项工作,只有 A 完成之后,B、C 才能开始,如图 2.16 所示。

(5)A、B、C 三项工作,C 工作只能在 A、B 完成之后开始,如图 2.17 所示。

图 2.16 A 完成之后,B、C 才能开始　　图 2.17 C 只能在 A、B 完成之后开始

(6)A、B、C、D 四项工作,当 A、B 完成之后,C、D 才能开始,如图 2.18 所示。

(7)A、B、C、D 四项工作,A 完成后,C 才能开始;A、B 完成后,D 才能开始,如图 2.19 所示。

图 2.18 A、B 完成之后,C、D 才能开始　　图 2.19 A 完成后,C 才能开始;A、B 完成后,D 才能开始

(8)A、B、C、D、E 五项工作,A、B 完成后,D 才能开始;B、C 完成后,E 才能开始,如图 2.20 所示。

(9)A、B、C、D、E 五项工作,A、B、C 完成后,D 才能开始;B、C 完成后,E 才能开始,如图 2.21 所示。

图 2.20 A、B 完成后,D 才能开始;B、C 完成后,E 才能开始　　图 2.21 A、B、C 完成后,D 才能开始;B、C 完成后,E 才能开始

(10)A、B 两项工作,按三个施工段进行流水施工,如图 2.22 所示。

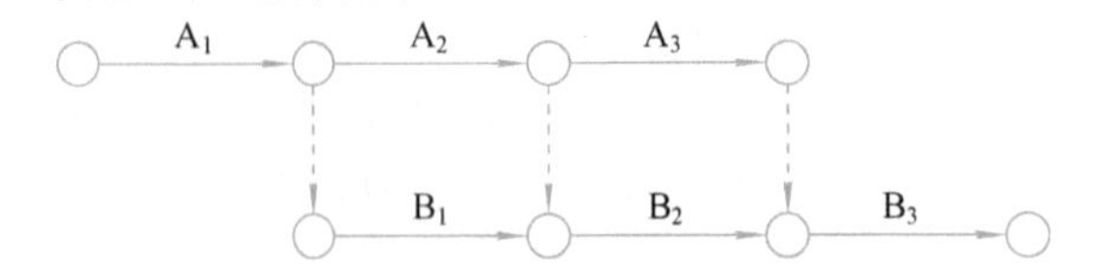

图 2.22 A、B 按三个施工段进行流水施工

3. 网络图绘制的基本规则及其要求

(1)绘制的基本规则。

①在一个单目标网络图中,只允许有一个起始节点和一个终点节点。图 2.23 中,有两个起始节点①、②,两个终点节点⑥、⑧,这是错误的。

②在一个网络图中,不允许出现闭合回路。图 2.24 中,出现了闭合回路②→③→⑤→②,这是错误的。

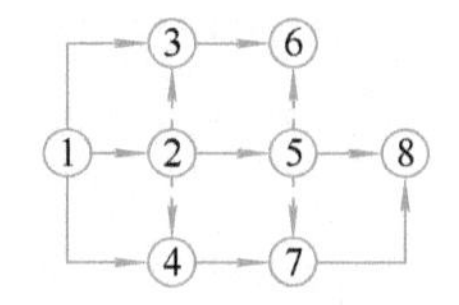

图 2.23　错误网络图 1

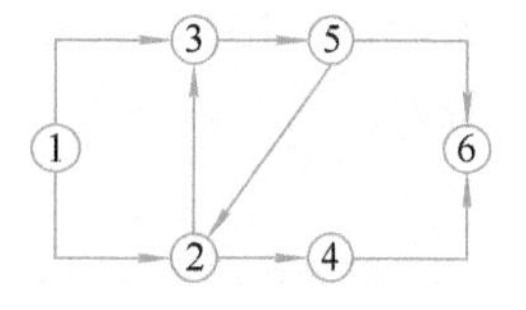

图 2.24　错误网络图 2

③在一个网络图中,不允许出现同样编号的节点或箭线。在图 2.25(a)中,B,C 二项工作的编号相同,在图 2.26(a)中,出现了两个③节点,这是错误的。

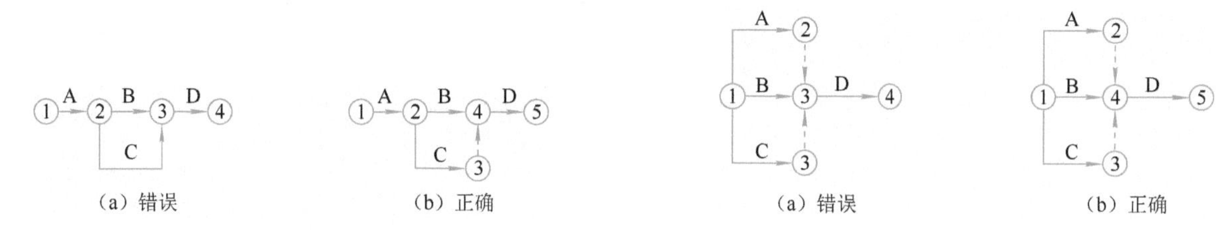

图 2.25　箭线编号　　　　图 2.26　节点编号

④在一个网络图中,不允许用一个代号代表一个施工过程。在图 2.27(a)中,施工过程 B 与 A 的表达是错误的。

⑤在一个网络图中,不允许出现无指向箭杆或双流向箭杆。在图 2.28 中,表示施工过程 D 的箭杆双流向,表示施工过程 B、E 的箭杆无指向,这是错误的。

⑥在一个网络图中,应尽量减少交叉箭杆,当无法避免时,应采用“暗桥”或“断线”等方法来表示,如图 2.29 所示。

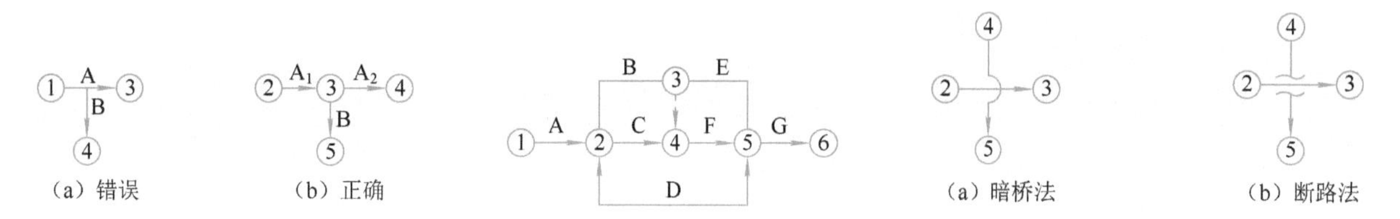

图 2.27　箭线引出　　　　图 2.28　错误网络图 3　　　　图 2.29　暗桥法和断路法

(2)绘制要求:

①通常情况下,网络图中的箭杆最好画成直线,不宜画成斜线。

②在网络图中,应尽量避免“反向箭杆”。

③在网络图中,应尽量减少不必要的虚箭杆。

(3)绘制步骤。网络图的绘制步骤如下:无紧前工作的工作首先画,其紧后工作跟着画至终点,正确使用虚工作,各项工作的顺序关系要合理,最后整理再编号。

【绘图示例】　试根据表 2.1 给出的条件绘制双代号网络图。

表 2.1　某工程各施工过程的关系

施工过程名称	A	B	C	D	E	F	G
紧前施工过程	—	—	A	A	C	B	D,E,F
紧后施工过程	C,D	F	E	G	G	G	—

该网络图的绘制步骤如下：

①从 A 出发绘其紧后施工过程 C,D。

②从 B 出发绘其紧后施工过程 F。

③从 C 出发绘其紧后施工过程 E。

④从 D,E,F 出发绘其紧后施工过程 G。

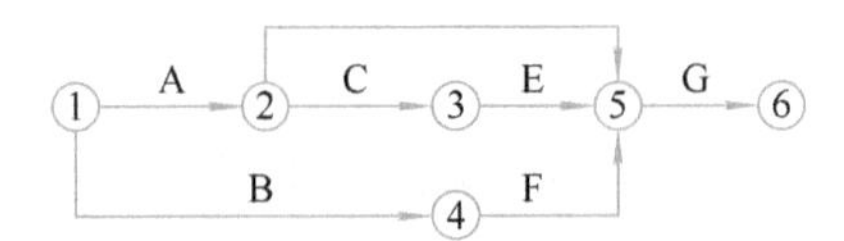

图 2.30 网络图绘制步骤示例

根据以上步骤绘出草图后，再检查各施工过程的紧前施工过程是否与表中给定的一致，如果正确最后绘制成网络图，如图 2.30 所示。

4. 施工网络图的排列方法

(1)按施工过程排列法。这种方法是根据施工顺序把各施工过程按垂直方向排列，施工段按水平方向排列，如图 2.31 所示。

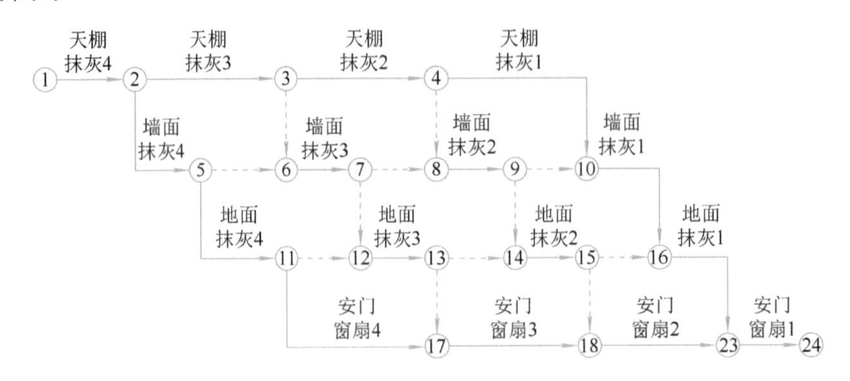

图 2.31 按施工过程排列

(2)按施工段排列法。这种方法是把同一施工段上的有关施工过程按水平方向排列，施工段按垂直方向排列，如图 2.32 所示。

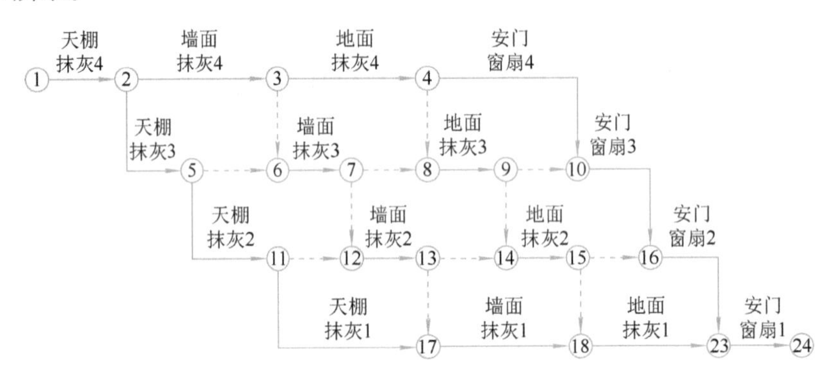

图 2.32 按施工段排列

(3)按工程栋号排列法。这种方法是把同一栋号上的有关施工过程按水平方向排列，如图 2.33 所示。

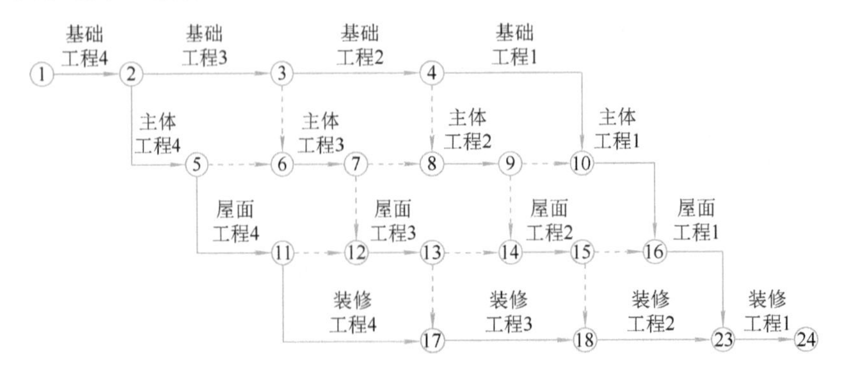

图 2.33 按工程栋号排列

5. 工程实例

网络计划的编制步骤一般是：首先制订施工方案，确定施工顺序，然后确定工作名称及其内容，计算各项工作的工程量、劳动量或机械台班需要量，确定各项工作的持续时间，最后绘制网络计划图，并进行各项网络时间参数的计算和网络计划的优化。

编制单位工程网络计划时，首先要熟悉图样，对工程对象进行分析，摸清建设要求和现场施工条件，选择施工方案，确定合理的施工顺序和主要施工方法，根据各施工过程之间的相互关系，绘制网络图。其次，分析各施工过程在网络图中的地位，通过时间参数的计算，确定关键施工过程、关键线路和各施工过程的机动时间。最后，统筹考虑，调整计划，制订出最优的计划方案。

某宿舍楼工程为五层三单元砖混结构，建筑面积为 2 810 m^2。平面形状为一字形。混凝土条形基础。主体结构为砖墙，层层设置钢筋混凝土圈梁，上铺预制空心楼板。室内地面采用无砂石屑面层。外墙采用 1∶1∶6 混合砂浆抹灰刮大白，内墙、天棚及楼梯间均为混合砂浆刮大白。

本工程的施工安排为：基础划分三个施工段施工，主体结构每层划分三个施工段，外装修自上而下依次完成，内装修按楼层划分施工段、施工自上而下进行。其工程量见表 2.2，该工程的网络计划如图 2.34 所示。

表 2.2　工程量一览表

序号	分部工程名称	工程量		产量定额	工作延续天数	每天工作天数	每班工人数
		单位	数量				
一	基础工程						
1	基础挖土	m^3	450	5.99	9	1	8
2	基础垫层	m^3	31.9	1.63	1.5	1	13
3	基础现浇混凝土	m^3	134.8	1.58	9	1	9
4	砌砖基础	m^3	80.5	1.96	9	1	7
5	基础及地坪回填土	m^3	468	5.3	9	1	10
二	结构工程						
6	立塔吊						
7	砌砖墙	m^3	854	1.04	30	1	
8	圈梁木模板	m^3	224.4	10	7.5	1	28
9	圈梁浇捣	m^3	68.4	1.28	2	1	3
10	安装楼板、楼梯板	m^3	1 025	136	7.5	1	7
11	搭脚手架	m^2	1 924	60	8	1	3
12	拆塔吊、安井架				2	1	4
三	屋面工程						
13	屋面细石混凝土	m^3	720	19.8	1	2	18
14	屋面嵌缝、分仓缝	m^3	521	85	1	1	6
四	装修工程						
15	外墙抹灰	m^2	1 386	8.4	5	1	33
16	安装门窗	m^2	892.1	25	3	1	12
17	天棚抹灰	m^2	2 295.5	8.2	10	1	28
18	内墙抹灰	m^2	6 761	11.4	10	2	29
19	楼地面、楼梯间抹灰	m^2	3 382.4	23.8	10	1	25
20	安装门窗扇	m^2	305.1	10	3	1	9
21	水电安装				3		
22	拆脚手架、拆井架				2		
	工程收尾				10		

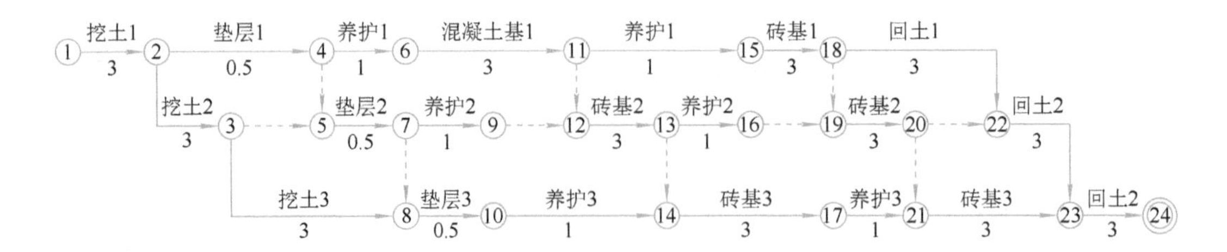

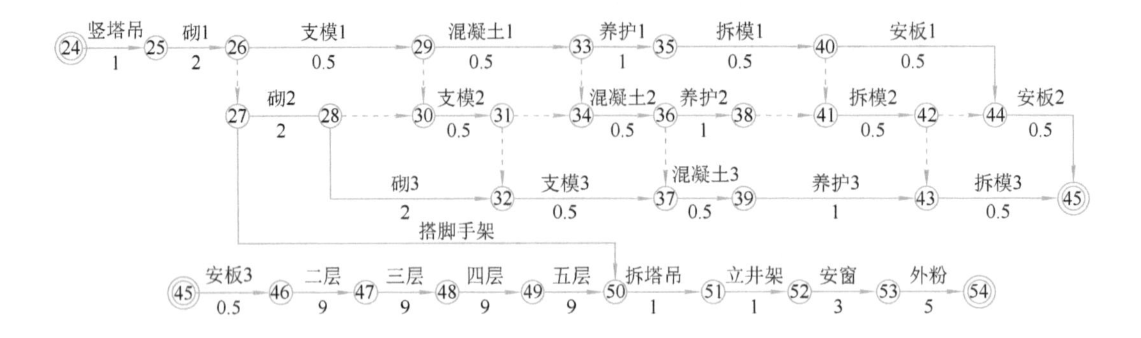

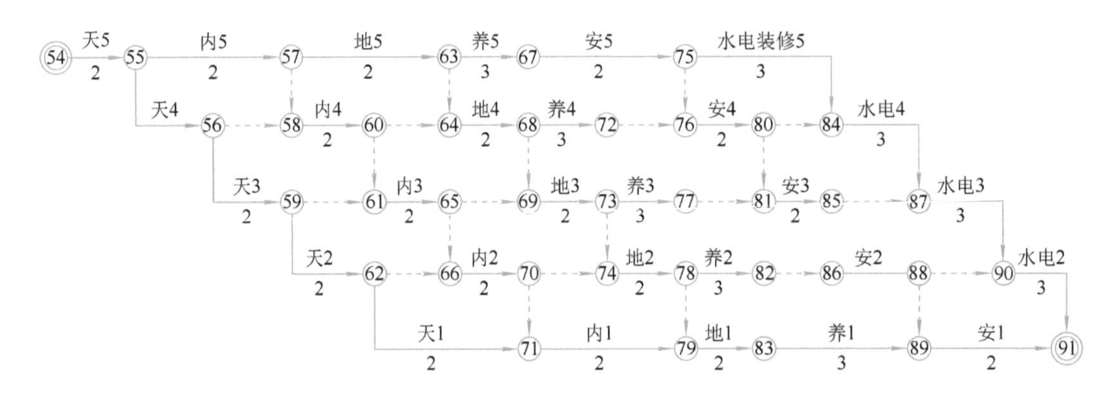

图 2.34　某学院宿舍工程网络计划

2.2.3　计算双代号网络计划时间参数

网络计划时间参数的计算，是确定关键线路和计划工期的基础，它包括节点时间参数、工作时间参数及时差的计算。计算方法通常有图上计算法、表上计算法、矩阵法和电算法等。本节主要介绍图上计算法，这种方法是直接在网络图上进行计算，具有简单直观、应用广泛的特点。

双代号网络计划图上计算法，可采用图 2.35 所示的方法标注各时间参数。各节点的最早可能开始时间和最迟必须开始时间用符号直接标注在节点上方。工作最早可能开始时间和最早可能结束时间、工作最迟必须开始时间和最迟必须结束时间、工作总时差及自由时差用符号分别标注在箭杆上方(或下方)。

图中符号含义：

t_{i-j}——工作 $i-j$ 的延续时间；

TE_i——节点 i 的最早可能开始时间；

TL_i——节点 i 的最迟必须开始时间；

ES_{i-j}——工作 $i-j$ 的最早可能开始时间；

EF_{i-j}——工作 $i-j$ 的最早可能完成时间；

LS_{i-j}——工作 $i-j$ 的最迟必须开始时间；

ES_{i-j}　LS_{i-j}　TF_{i-j}
TE_i　TL_i　EF_{i-j}　LF_{i-j}　FF_{i-j}　TE_j　TL_j
i　t_{i-j}　j

图 2.35　时间参数标注示例

LF_{i-j}——工作 $i-j$ 的最迟必须完成时间；

TF_{i-j}——工作 $i-j$ 的总时差；

FF_{i-j}——工作 $i-j$ 的自由时差。

1. 节点时间参数计算方法

(1)节点最早可能开始时间 TE_i。节点的最早可能开始时间是该节点所有紧前工作最早可能完成，紧后工作最早可能开始的时刻。

①开始节点。网络图中的开始节点一般是以相对时间 0 时刻开始，因此假定网络计划开始节点①的最早开始时间为零，即 $TE_1=0$；

②中间节点。中间节点ⓙ的最早可能开始时间为：

当节点ⓙ只有一个紧前工作时，则：

$$TE_j=TE_i+t_{i-j} \tag{2.1}$$

当节点ⓙ有两个以上紧前工作时，则：

$$TE_j=\max\{TE_i+t_{i-j}\} \tag{2.2}$$

③结束节点。计算方法同中间节点。

计算各个节点的最早可能开始时间应从左到右，依次进行，直至终点节点。计算方法可归纳为：“顺着箭头的方向相加，逢箭头相碰的节点取大值”，或简单地说：“顺向相加数箭头，逢圈取大”。

在图 2.36 所示的网络图中，各节点的最早开始时间计算如下：

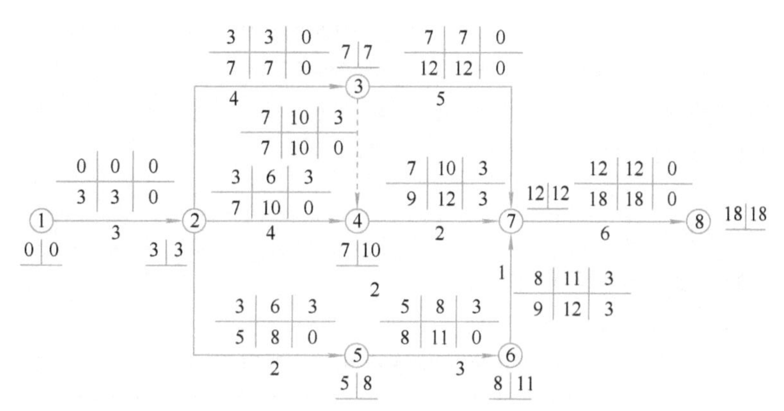

图 2.36 双代号网络图计算方法

$$TE_1=0$$

$$TE_2=TE_1+t_{1-2}=0+3=3$$

$$TE_3=TE_2+t_{2-3}=3+4=7$$

$$TE_4=\max\left\{\begin{array}{l}TE_3+t_{3-4}=7+0=7\\TE_2+t_{2-4}=3+4=7\end{array}\right\}=7$$

$$TE_5=TE_2+t_{2-5}=3+2=5$$

$$TE_6=TE_5+t_{5-6}=5+3=8$$

$$TE_7=\max\left\{\begin{array}{l}TE_3+t_{3-7}=7+5=12\\TE_4+t_{4-7}=7+2=9\\TE_6+t_{6-7}=8+1=9\end{array}\right\}=12$$

$$TE_8=TE_7+t_{7-8}=12+6=18$$

(2)计算节点最迟必须开始时间 TL_i。节点最迟必须开始时间是该节点所有紧前工作最迟必须完成，紧后工作最迟必须开始的时刻。

①结束节点。当网络计划有规定工期时，结束节点的最迟时间等于规定工期。当没有规定工期时，结束节点ⓝ的最迟开始时间等于最早开始时间，即 $TL_n=TE_n$。

②中间节点。中间节点 i 的最迟开始时间为：

当节点①只有一个紧后工作时，则：

$$TL_i = TL_j - t_{i-j} \tag{2.3}$$

当节点①有两个以上紧后工作时，则：

$$TL_i = \min\{TL_j - t_{i-j}\} \tag{2.4}$$

③开始节点。计算方法同中间节点。

计算各个节点的最迟开始时间应从右到左，依次进行，直至起始节点。计算方法可归纳为：“逆着箭杆相减，逢箭尾相碰的节点取最小值”，或简单说：“逆向相减数箭尾，逢圈取小。”

在图 2.36 所示网络图中，各节点的最迟时间计算如下：

$$TL_8 = TE_8 = 18$$

$$TL_7 = TL_8 - t_{7-8} = 18 - 6 = 12$$

$$TL_6 = TL_7 - t_{6-7} = 12 - 1 = 11$$

$$TL_5 = TL_6 - t_{5-6} = 11 - 3 = 8$$

$$TE_4 = TE_7 - t_{4-7} = 12 - 2 = 10$$

$$TL_3 = \min\begin{Bmatrix} TL_7 - t_{3-7} = 12 - 5 = 7 \\ TL_4 - t_{3-4} = 10 - 0 = 10 \end{Bmatrix} = 7$$

$$TL_2 = \min\begin{Bmatrix} TL_3 - t_{2-3} = 7 - 4 = 3 \\ TL_4 - t_{2-4} = 10 - 4 = 6 \\ TL_5 - t_{2-5} = 8 - 2 = 6 \end{Bmatrix} = 3$$

$$TL_1 = TL_2 - t_{1-2} = 3 - 3 = 0$$

2. 工作时间参数计算方法

图 2.37 所示为时间参数关系图。

图中符号含义：

t_{i-j}——工作 $i-j$ 的延续时间；

t_{h-i}——工作 $i-j$ 的紧前工作的延续时间；

t_{j-k}——工作 $i-j$ 的紧后工作的延续时间。

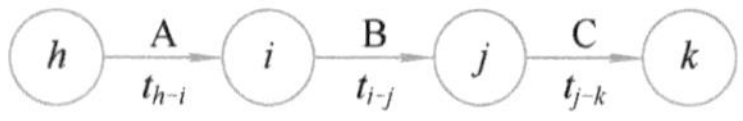

图 2.37 时间参数关系图

设有线路ⓗ→ⓘ→ⓙ→ⓚ，从节点时间参数的概念出发，现以图 2.37 来分析各时间参数之间的关系：工作 B 的最早可能开始时间等于节点ⓘ的最早开始时间，工作 B 的最早可能结束时间等于其最早可能开始时间加上工作 B 的延续时间；而工作 B 的最迟必须完成时间等于节点ⓙ的最迟开始时间，工作 B 的最迟必须开始时间等于其最迟必须完成时间减去工作 B 的延续时间。从上述分析中可得出工作时间参数计算公式为：

(1)工作最早可能开始时间 ES_{i-j} 和最早可能完成时间 EF_{i-j}：

$$ES_{i-j} = TE_i \tag{2.5}$$

$$EF_{i-j} = ES_{i-j} + t_{i-j} \tag{2.6}$$

在图 2.36 所示网络图中，各项工作的最早可能开始时间和最早可能完成时间计算如下：

$ES_{1-2} = TE_1 = 0$　　$EF_{1-2} = ES_{1-2} + t_{1-2} = 0 + 3 = 3$

$ES_{2-3} = TE_2 = 3$　　$EF_{2-3} = ES_{2-3} + t_{2-3} = 3 + 4 = 7$

$ES_{2-4} = TE_2 = 3$　　$EF_{2-4} = ES_{2-4} + t_{2-4} = 3 + 4 = 7$

$ES_{2-5} = TE_2 = 3$　　$EF_{2-5} = ES_{2-5} + t_{2-5} = 3 + 2 = 5$

$ES_{3-4} = TE_3 = 7$　　$EF_{3-4} = ES_{3-4} + t_{3-4} = 7 + 0 = 7$

$ES_{3-7} = TE_3 = 7$　　$EF_{3-7} = ES_{3-7} + t_{3-7} = 7 + 5 = 12$

$ES_{4-7} = TE_4 = 7$　　$EF_{4-7} = ES_{4-7} + t_{4-7} = 7 + 2 = 9$

$ES_{5-6} = TE_5 = 5$　　$EF_{5-6} = ES_{5-6} + t_{5-6} = 5 + 3 = 8$

$ES_{6-7} = TE_6 = 8$　　$EF_{6-7} = ES_{6-7} + t_{6-7} = 8 + 1 = 9$

$ES_{7-8} = TE_7 = 12$　　$EF_{7-8} = ES_{7-8} + t_{7-8} = 12 + 6 = 18$

(2)工作最迟必须完成时间 LF_{i-j} 和最迟必须开始时间 LS_{i-j}：

$$LF_{i-j}=TL_j \tag{2.7}$$

$$LS_{i-j}=LF_{i-j}-t_{i-j} \tag{2.8}$$

在图 2.36 所示网络图中，各项工作的最迟必须开始时间和最迟必须完成时间计算如下：

$LF_{1-2}=TL_2=3$　　$LS_{1-2}=LF_{1-2}-t_{1-2}=3-3=0$

$LF_{2-3}=TL_3=7$　　$LS_{2-3}=LF_{2-3}-t_{2-3}=7-4=3$

$LF_{2-4}=TL_4=10$　　$LS_{2-4}=LF_{2-4}-t_{2-4}=10-4=6$

$LF_{2-5}=TL_5=8$　　$LS_{2-5}=LF_{2-5}-t_{2-5}=8-2=6$

$LF_{3-4}=TL_4=10$　　$LS_{3-4}=LF_{3-4}-t_{3-4}=10-0=10$

$LF_{3-7}=TL_7=12$　　$LS_{3-7}=LF_{3-7}-t_{3-7}=12-5=7$

$LF_{4-7}=TL_7=12$　　$LS_{4-7}=LF_{4-7}-t_{4-7}=12-2=10$

$LF_{5-6}=TL_6=11$　　$LS_{5-6}=LF_{5-6}-t_{5-6}=11-3=8$

$LF_{6-7}=TL_7=12$　　$LS_{6-7}=LF_{6-7}-t_{6-7}=12-1=11$

$LF_{7-8}=TL_8=18$　　$LS_{7-8}=LF_{7-8}-t_{7-8}=18-6=12$

3. 工作时差计算方法

(1)工作总时差 TF_{i-j}。

工作总时差是在不影响紧后工作按最迟必须开始时间开工的前提下，允许该工作推迟其最早可能开始时间或延长其持续时间的幅度。工作的总时差是在不影响计划总工期的前提下，各项工作所具有的机动时间。一项工作可以利用的时间范围是从最早可能开始时间至最迟完成时间，而实际需要的持续时间是 t_{i-j}，扣除 t_{i-j} 后，余下的一段时间就是工作可以利用的机动时间，即为总时差。据此得出总时差的计算公式如下：

$$TF_{i-j}=TL_j-TE_i-t_{i-j}=LF_{i-j}-(ES_{i-j}+t_{i-j})=LF_{i-j}-EF_{i-j} \tag{2.9}$$

或

$$TF_{i-j}=TL_j-TE_i-t_{i-j}=(LF_{i-j}-t_{i-j})-ES_{i-j}=LS_{i-j}-ES_{i-j} \tag{2.10}$$

在图 2.36 所示网络图中，各项工作的总时差计算如下：

$TF_{1-2}=LF_{1-2}-EF_{1-2}=3-3=0$　或　$TF_{1-2}=LS_{1-2}-ES_{1-2}=0-0=0$

$TF_{2-3}=LF_{2-3}-EF_{2-3}=7-7=0$　或　$TF_{2-3}=LS_{2-3}-ES_{2-3}=3-3=0$

$TF_{2-4}=LF_{2-4}-EF_{2-4}=10-7=3$　或　$TF_{2-4}=LS_{2-4}-ES_{2-4}=6-3=3$

$TF_{2-5}=LF_{2-5}-EF_{2-5}=8-5=3$　或　$TF_{2-5}=LS_{2-5}-ES_{2-5}=6-3=3$

$TF_{3-4}=LF_{3-4}-EF_{3-4}=10-7=3$　或　$TF_{3-4}=LS_{3-4}-ES_{3-4}=10-7=3$

$TF_{3-7}=LF_{3-7}-EF_{3-7}=12-12=0$　或　$TF_{3-7}=LS_{3-7}-ES_{3-7}=7-7=0$

$TF_{4-7}=LF_{4-7}-EF_{4-7}=12-9=3$　或　$TF_{4-7}=LS_{4-7}-ES_{4-7}=10-7=3$

$TF_{5-6}=LF_{5-6}-EF_{5-6}=11-8=3$　或　$TF_{5-6}=LS_{5-6}-ES_{5-6}=8-5=3$

$TF_{6-7}=LF_{6-7}-EF_{6-7}=12-9=3$　或　$TF_{6-7}=LS_{6-7}-ES_{6-7}=11-8=3$

$TF_{7-8}=LF_{7-8}-EF_{7-8}=18-18=0$　或　$TF_{7-8}=LS_{7-8}-ES_{7-8}=12-12=0$

通过计算不难看出总时差有如下特性：

①凡是总时差为最小的工作就是关键工作，由关键工作连接构成的线路为关键线路，关键线路上各工作时间之和即为总工期。如图 2.36 所示，工作 1—2、2—3、3—7、7—8 为关键工作，线路 1—2—3—7—8 为关键线路。

②当网络计划的计划工期等于计算工期时，凡总时差大于零的工作为非关键工作，凡是具有非关键工作的线路即为非关键线路。凡是总时差为零的工作就是关键工作，由关键工作连接构成的线路为关键线路。如果一项工作的开始节点和结束节点的时间参数存在下述关系，则此工作为关键工作，关系如下：

$$TL_i=TE_i$$

$$TL_j=TE_j$$

$$TL_j-TE_i-t_{i-j}=0 \tag{2.11}$$

③总时差的使用具有双重性，它既可以被该工作使用，但又属于某非关键线路所共有。当某项工作使用了全部或部分总时差时，则将引起通过该工作的线路上所有工作总时差重新分配。例如图 2.36 中，非关键线路段 1—2—4—7—8 中，$TF_{2-4}=3$ 天，$TF_{4-7}=3$ 天，如果工作 2—4 使用了 3 天机动时间，则工作 4—7 就没有总时差可利用；反之若工作 4—7 使用了 3 天机动时间，则工作 2—4 就没有总时差可以利用了。

(2)计算工作自由时差 FF_{i-j}(局部时差)。

工作自由时差是在不影响紧后工作按最早可能开始时间开工的前提下，允许该工作推迟其最早可能开始时间或延长其持续时间的幅度。利用自由时差，变动其开始时间或增加其工作持续时间均不影响其紧后工作的最早可能开始时间。有自由时差的工作可占用的时间范围是从该工作最早可能开始时间至其紧后工作最早可能开始时间，而实际工作需要的持续时间是 t_{i-j}，扣去 t_{i-j} 后，余下的时间就是工作可自由利用的机动时间，即为自由时差。自由时差的计算公式如下：

$$FF_{i-j}=TE_j-TE_i-t_{i-j}=TE_j-EF_{i-j} \tag{2.12}$$

在图 2.36 所示网络图中，各项工作的总时差计算如下：

$$FF_{1-2}=TE_2-TE_1-t_{1-2}=3-0-3=0$$
$$FF_{2-3}=TE_3-TE_2-t_{2-3}=7-3-4=0$$
$$FF_{2-4}=TE_4-TE_2-t_{2-4}=7-3-4=0$$
$$FF_{2-5}=TE_5-TE_2-t_{2-5}=5-3-2=0$$
$$FF_{3-4}=TE_4-TE_3-t_{3-4}=7-7-0=0$$
$$FF_{3-7}=TE_7-TE_3-t_{3-7}=12-7-5=0$$
$$FF_{4-7}=TE_7-TE_4-t_{4-7}=12-7-2=3$$
$$FF_{5-6}=TE_6-TE_5-t_{5-6}=8-5-3=0$$
$$FF_{6-7}=TE_7-TE_6-t_{6-7}=12-8-1=3$$
$$FF_{7-8}=TE_8-TE_7-t_{7-8}=18-12-6=0$$

通过计算不难看出自由时差有如下特性：

①自由时差为某非关键工作独立使用的机动时间，利用自由时差，不会影响其紧后工作的最早开始时间。例如图 2.36 中，工作 4—7 有 3 天自由时差。如果使用了 3 天机动时间.也不影响紧后工作 7—8 的最早开始时间。

②工作的自由时差必小于或等于其总时差。

从总时差和自由时差的范围来看，总时差包含着自由时差，即 $TF_{i-j}>FF_{i-j}$。总时差为零的工作，其自由时差一定为零；反过来，自由时差为零的工作，其总时差不一定为零。

【计算示例】 用图上计算法计算网络图 2.38 中各项工作的时间参数，并确定关键线路。

经过计算，确定关键线路为 1—2—3—5—6—9—10—12—13—14。总工期为 25 天。

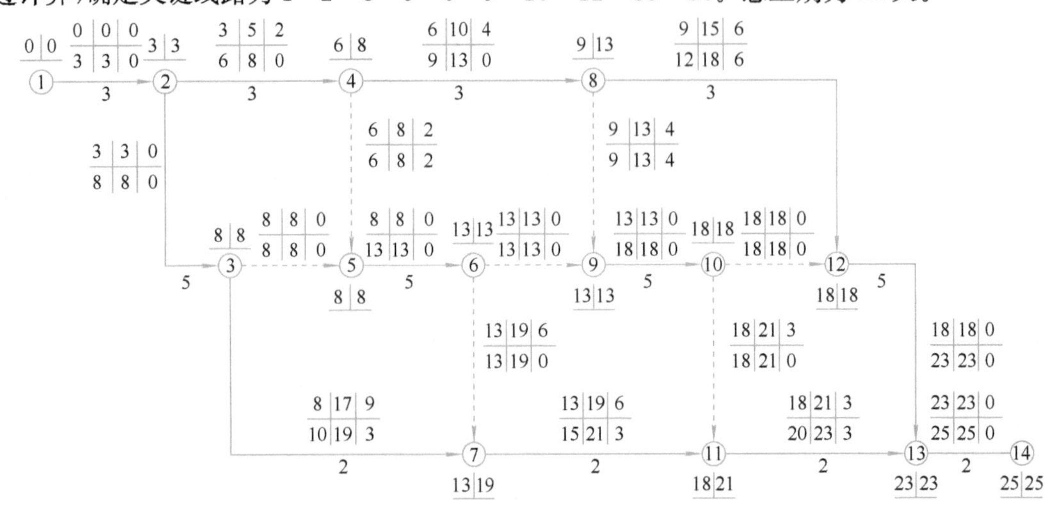

图 2.38 各项工作的时间参数

2.3　编制单代号网络计划

2.3.1　单代号网络图的组成

单代号网络图是用一个圆圈表示一个施工过程，用箭杆表示施工过程间的逻辑关系，各施工过程按一定的逻辑关系从左到右绘成的网状图形。用单代号网络图表示的计划称为单代号网络计划。一个施工过程的单代号表示法如图 2.39 所示。

图 2.39　施工过程的单代号表示法

单代号网络图也是由箭线、节点和线路三个要素组成的，其含义和特征如下：

1. 箭线

单代号网络图中的每条箭线均只表示各施工过程之间先后顺序的逻辑关系，箭头所指的方向表示施工过程进行的方向。在单代号网络图中，逻辑关系箭杆均为实箭杆，没有虚箭杆，箭杆的长短和方向可任意，但为使图形整齐，一般宜将其画成水平方向或垂直方向。同一箭杆的箭尾节点所表示的施工过程为其箭头节点所表示的施工过程的紧前过程。

2. 节点

节点用圆圈表示，一个圆圈代表一个施工过程(或一项工作，一项活动)，其内容、范围等与双代号网络图中的箭杆基本相同，一般在圆圈中应注明其代号、工作名称和工作持续时间。当有两个以上施工过程同时开始或同时结束时，一般要设一个开始节点或一个结束节点，以完善其逻辑关系。

3. 线路

在单代号网络图中，从起始节点到终点节点，沿着箭杆的指向所构成的若干条“通道”即为线路。单代号网络图也有关键线路及非关键线路。

2.3.2　绘制单代号网络图

1. 单代号网络图的绘制规则

(1)单代号网络图必须正确表述已定的逻辑关系。

(2)单代号网络图中，严禁出现循环回路。

(3)单代号网络图中，严禁出现双向箭头或无箭头的连线。

(4)单代号网络图中，严禁出现没有箭尾节点的箭线或没有箭头节点的箭线。

(5)绘制单代号网络图时，箭线不宜交叉，当交叉不可避免时，可采用过桥法或指向法绘制。

(6)单代号网络图只应有一个起始节点和一个终点节点，当网络图中有多项起始节点或多项终点节点时，应在网络图的两端分别设置一个虚拟的起始节点和终点节点。

(7)单代号网络图不允许出现有重复编号的工作，一个编号只能代表一项工作，而且箭头节点编号要大于箭尾节点编号。

2. 单代号网络图的绘制方法

单代号网络图的绘制与双代号网络图的绘制方法基本相同，而且由于单代号网络图逻辑关系容易表达，因此绘制方法更为简便，其绘制步骤如下：

先根据网络图的逻辑关系，绘制出网络图草图，再结合绘图规则进行检查、修改并进行结构调整，最后形成正式网络图。

【绘图示例】　某抹灰工程其施工顺序为天棚抹灰→墙面抹灰→地面抹灰，分三个施工层组织施工，试绘制单代号网络图。

按照单代号网络图绘制规则、施工顺序及组织要求，某抹灰工程单代号网络图如图 2.40 所示。

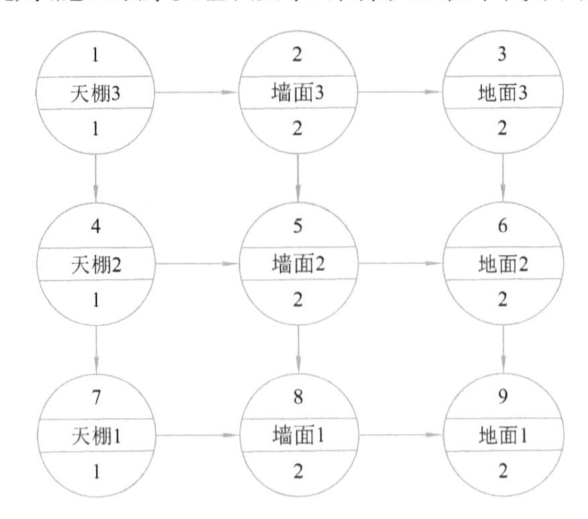

图 2.40　某装修工程单代号网络图

2.3.3　计算单代号网络计划时间参数

单代号网络计划与双代号网络计划只是表现形式不同，它们所表达的内容则完全一样。

单代号网络计划图上计算法，可采用图 2.41 所示的方法标注各时间参数。

图中符号含义：

D_i——工作 i 的延续时间；

ES_i——工作 i 的最早可能开始时间；

EF_i——工作 i 的最早可能完成时间；

LS_i——工作 i 的最迟必须开始时间；

LF_i——工作 i 的最迟必须完成时间；

TF_i——工作 i 的总时差；

FF_i——工作 i 的自由时差；

$LAG_{i,j}$——工作 i 与其紧后工作 j 之间的时间间隔。

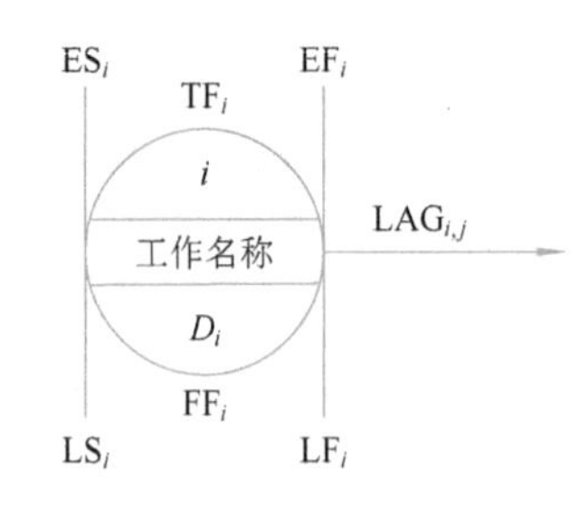

图 2.41　时间参数标注示例

下面以图 2.42 所示单代号网络计划为例，说明其时间参数的计算过程。计算结果如图 2.43 所示。

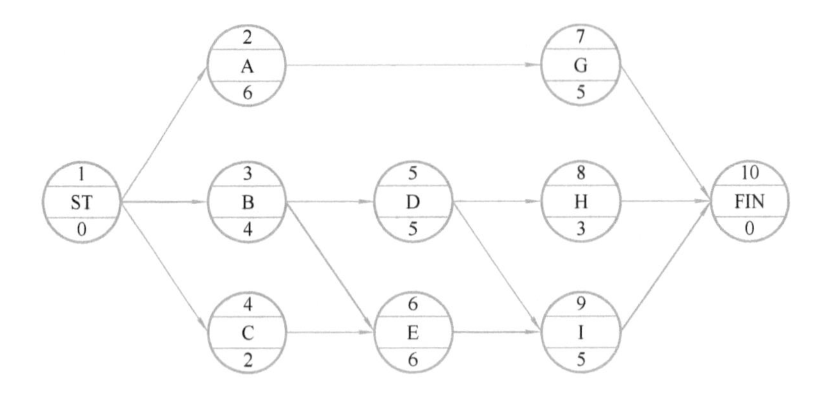

图 2.42　单代号网络计划

1. 计算工作的最早开始时间和最早完成时间

工作的最早开始时间和最早完成时间的计算应从网络计划的起始节点开始，顺着箭线方向按节点编号从小到大的顺序依次进行。其计算步骤如下：

(1)网络计划起始节点所代表的工作，其最早开始时间未规定时取值为零。例如在本例中，起始节点 ST

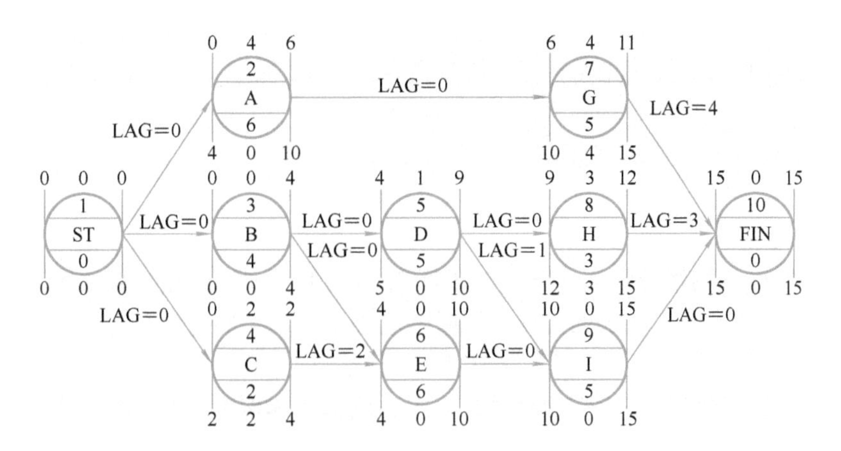

图 2.43　单代号网络计划时间参数计算

所代表的工作(虚拟工作)的最早开始时间为零，即：

$$ES_1 = 0 \qquad (2.13)$$

(2)工作的最早完成时间应等于本工作的最早开始时间与其持续时间之和，即：

$$EF_i = ES_i + D_i \qquad (2.14)$$

式中：EF_i——工作 i 的最早完成时间；

ES_i——工作 i 的最早开始时间；

D_i——工作 i 持续时间。

例如，在本例中，虚拟工作 ST 和工作 A 的最早完成时间分别为：

$$EF_1 = ES_1 + D_1 = 0 + 0 = 0$$

$$EF_2 = ES_2 + D_2 = 0 + 6 = 6$$

(3)其他工作的最早开始时间应等于其紧前工作最早完成时间的最大值，即：

$$ES_j = \max\{EF_i\} \qquad (2.15)$$

式中：ES_j——工作 j 的最早开始时间；

EF_i——工作 j 的紧前工作 i 的最早完成时间。

例如在本例中，工作 E 和工作 G 的最早开始时间分别为：

$$ES_6 = \max\{EF_3, EF_4\} = \max\{4, 2\} = 4$$

$$ES_7 = EF_2 = 6$$

(4)网络计划的计算工期等于其终点节点所代表的工作的最早完成时间。例如，在本例中，其计算工期为：

$$T_c = EF_n = EF_{10} = 15$$

2. 计算相邻两项工作之间的时间间隔

相邻两项工作之间的时间间隔是指其紧后工作的最早开始时间与本工作最早完成时间的差值，即：

$$LAG_{i,j} = ES_j - EF_i \qquad (2.16)$$

式中：$LAG_{i,j}$——工作 i 与其紧后工作 j 之间的时间间隔；

ES_j——工作 i 的紧后工作 j 的最早开始时间；

EF_i——工作 i 的最早完成时间。

例如在本例中，工作 A 与工作 G、工作 C 与工作 E 的时间间隔分别为：

$$LAG_{2,7} = ES_7 - EF_2 = 6 - 6 = 0$$

$$LAG_{4,6} = ES_6 - EF_4 = 4 - 2 = 2$$

3. 确定网络计划的计划工期

计划工期是指根据要求工期和计算工期所确定的作为实施目标的工期，用 T_p 表示。当已经规定了要求工期时，计划工期不应超过要求工期，即：

$$T_p \leqslant T_r \quad (2.17)$$

当未规定要求工期时，可令计划工期等于计算工期，即：

$$T_p = T_c \quad (2.18)$$

在本例中，假设未规定要求工期，则其计划工期等于计算工期，即：

$$T_p = T_c = 15$$

4. 计算工作的总时差

工作总时差的计算应从网络计划的终点节点开始，逆着箭线方向按节点编号从大到小的顺序依次进行。

(1)网络计划的终点节点 n 所代表的工作的总时差应等于计划工期与计算工期之差，即：

$$\mathrm{TF}_n = T_p - T_c \quad (2.19)$$

当计划工期等于计算工期时，该工作的总时差为零。例如在本例中，终点节点⑩所代表的工作 FIN(虚拟工作)的总时差为：

$$\mathrm{TF}_{10} = T_p - T_c = 15 - 15 = 0$$

(2)工作的总时差应等于本工作与其各紧后工作之间的时间间隔加该紧后工作的总时差所得之和的最小值，即：

$$\mathrm{TF}_i = \min\{\mathrm{LAG}_{i,j} + \mathrm{TF}_j\} \quad (2.20)$$

式中：TF_i——工作 i 的总时差；

$\mathrm{LAG}_{i,j}$——工作 i 与其紧后工作 j 之间的时间间隔；

TF_j——工作 i 的紧后工作 j 的总时差。

例如在本例中，工作 D 和工作 H 的总时差分别为：

$$\mathrm{TF}_5 = \min\{\mathrm{LAG}_{5,8} + \mathrm{TF}_8, \mathrm{LAG}_{5,9} + \mathrm{TF}_9\} = \min\{0+3, 1+0\} = 1$$

$$\mathrm{TF}_8 = \mathrm{LAG}_{8,10} + \mathrm{TF}_{10} = 3 + 0 = 3$$

5. 计算工作的自由时差

(1)网络计划终点节点所代表的工作的自由时差等于计划工期与本工作的最早完成时间之差，即：

$$\mathrm{FF}_n = T_p - \mathrm{EF}_n \quad (2.21)$$

式中：FF_n——终点节点所代表的工作的自由时差；

T_p——网络计划的计划工期；

EF_n——终点节点所代表的工作的最早完成时间(即计算工期)。

例如，在本例中，终点节点⑩所代表的工作(虚拟工作)的自由时差为：

$$\mathrm{FF}_{10} = T_p - \mathrm{EF}_{10} = 15 - 15 = 0$$

(2)工作的自由时差等于本工作与其紧后工作之间时间间隔的最小值，即：

$$\mathrm{FF}_i = \min\{\mathrm{LAG}_{i,j}\} \quad (2.22)$$

例如在本例中，工作 D 和工作 G 的自由时差分别为：

$$\mathrm{FF}_5 = \min\{\mathrm{LAG}_{5,8}, \mathrm{LAG}_{5,9}\} = \min\{0, 1\} = 0$$

$$\mathrm{FF}_7 = \min\{\mathrm{LAG}_{7,10}\} = 4$$

6. 计算工作的最迟完成时间和最迟开始时间

工作的最迟完成时间和最迟开始时间的计算可按以下两种方法进行：

(1)根据总时差计算。

①工作 i 的最迟完成时间等于本工作的最早完成时间与其总时差之和，即：

$$\mathrm{LF}_i = \mathrm{EF}_i + \mathrm{TF}_i \quad (2.23)$$

例如，在本例中，工作 D 和工作 G 的最迟完成时间分别为：

$$\mathrm{LF}_5 = \mathrm{EF}_5 + \mathrm{TF}_5 = 9 + 1 = 10$$

$$\mathrm{LF}_7 = \mathrm{EF}_7 + \mathrm{TF}_7 = 11 + 4 = 15$$

②工作的最迟开始时间等于本工作的最早开始时间与其总时差之和，即：

$$\mathrm{LS}_i = \mathrm{ES}_i + \mathrm{TF}_i \quad (2.24)$$

例如，在本例中，工作 D 和工作 G 的最迟开始时间分别为：

$$LS_5 = ES_5 + TF_5 = 4 + 1 = 5$$

$$LS_7 = ES_7 + TF_7 = 6 + 4 = 10$$

(2)根据计划工期计算

工作的最迟完成时间和最迟开始时间的计算应从网络计划的终点节点开始，逆着箭线方向按节点编号从大到小的顺序依次进行。

①网络计划终点节点 n 所代表的工作的最迟完成时间等于该网络计划的计划工期，即：

$$LF_n = T_p \tag{2.25}$$

例如在本例中，终点节点⑩所代表的工作刚(虚拟工作)的最迟完成时间为：

$$LF_{10} = T_p = 15$$

②工作的最迟开始时间等于本工作的最迟完成时间与其持续时间之差，即：

$$LS_i = LF_i - D_i \tag{2.26}$$

例如，在本例中，虚拟工作 FIN 和工作 G 的最迟开始时间分别为：

$$LS_{10} = LF_{10} - D_{10} = 15 - 0 = 15$$

$$LS_7 = LF_7 - D_7 = 15 - 5 = 10$$

③其他工作的最迟完成时间等于该工作各紧后工作最迟开始时间的最小值，即：

$$LF_i = \min\{LS_j\} \tag{2.27}$$

式中：LF_i——工作 i 的最迟完成时间；

LS_j——工作 i 的紧后工作 j 的最迟开始时间。

例如，在本例中，工作 H 和工作 D 的最迟完成时间分别为：

$$LF_8 = LS_{10} = 15$$

$$LF_5 = \min\{LS_8, LS_9\} = \min\{12, 10\} = 10$$

7. 确定网络计划的关键线路

(1)利用关键工作确定关键线路。如前所述，总时差为零的工作称为关键工作，将这些关键工作相连，并保证相邻两项关键工作之间的时间间隔为零而构成的线路就是关键线路。

例如，在本例中，由于工作 B、工作 E 和工作 I 的总时差均为零，故它们为关键工作。网络计划的起点节点①和终点节点⑩在上述三项关键工作组成的线路上，相邻两项工作之间的时间间隔全部为零，故线路①→③→⑥→⑨→⑩为关键线路。

(2)利用相邻两项工作之间的时间间隔确定关键线路

从网络计划的终点节点开始，逆着箭线依次找出相邻两项工作之间时间间隔为零的线路就是关键线路。例如在本例中，逆着箭线方向可以直接找出关键线路①→③→⑥→⑨→⑩，因为在这条线路上，相邻两项工作之间的时间间隔均为零。

在网络计划中，关键线路可以用粗箭线或双箭线标出，也可以用彩色箭线标出。

2.4　编制双代号时标网络计划

双代号时标网络计划是综合应用横道图的时间坐标和网络计划的原理，在横道图的基础上引入网络计划中各项工作之间逻辑关系的一种网络计划表达方法。采用时标网络计划，既解决了横道计划中各项工作不明确，时间参数无法计算的缺点，又解决了网络计划时间不直观，不能看出各工作开始和完成的时间等问题。时标网络计划的特点是：

(1)与普通网络计划不同，在时标网络计划中，箭线的长短与时间有关。

(2)可以直接显示各工作的时间参数和关键线路，不必计算。

(3)由于受到时间坐标的限制，时标网络计划不会产生闭合回路。

(4)可以直接在时标网络图的下方绘出资源动态曲线，便于分析，平衡调度。

(5)由于箭线的长度和位置受时间坐标的限制,因而调整和修改不太方便。

2.4.1 编制双代号时标网络计划的基本要求

(1)双代号时标网络计划必须以水平时间坐标为尺度表示工作时间。时标的时间单位应根据需要在编制网络计划之前确定,可为时、天、周、月或季。

(2)时标网络计划应以实箭线表示实工作,以虚箭线表示虚工作,以波形线表示工作的自由时差。

在时标网络计划中,以实箭线表示实工作,宜用水平箭线或由水平段和垂直段所组成的箭线,不宜用斜箭线,实箭线的水平投影长度表示该工作的持续时间;以虚箭线表示虚工作,由于虚工作的持续时间为零,故虚箭线只能垂直画。

(3)时标网络计划中所有符号在时间坐标上的水平投影位置,都必须与其时间参数相对应,节点中心必须对准相应的时标位置。

2.4.2 绘制双代号时标网络计划

时标网络计划宜按最早时间绘制,可为时差应用带来灵活性,并具有实用价值。

1. 间接绘制法

(1)绘制非时标网络计划图,计算节点最早时间,确定关键工作及关键线路。

(2)根据需要确定时间单位并绘制时间坐标轴。时标可标注在时标网络图的顶部或底部,时标的长度单位必须注明。

(3)根据网络图中各节点的最早时间,从起始节点开始将各节点逐个定位在时间坐标轴上。

(4)根据各项工作开展的相互制约、相互依赖关系,依次连接各节点。如箭线长度不够与该工作的结束节点直接相连,则用波形线从箭线结束处画至该工作的结束节点处。

2. 直接绘制法

(1)根据需要确定时间单位并绘制时间坐标轴。时标可标注在时标网络图的顶部或底部,时标的长度单位必须注明。

(2)将起始节点定位在时间坐标轴的起始位置上。

(3)按工作持续时间在时间坐标轴上绘制起始节点的外向箭线。

(4)除起始节点以外的其他节点必须在其所有内向箭线绘出以后,定位在这些内向箭线中最早完成时间最迟的箭线末端。其他内向箭线的长度不足以到达该节点时,用波形线补足。

(5)用上述方法自左至右依次确定其他节点位置,直至终点节点定位完成。

2.4.3 确定关键线路及总工期

1. 关键线路的确定

自终点节点逆箭线方向朝起点节点观察,自始至终不出现波形线的线路为关键线路。一般用粗线、双箭线或彩色箭线表示。

2. 总工期的确定

时标网络计划的计算工期,应是其终点节点与起点节点所在位置的时标值之差。

2.4.4 计算双代号时标网络计划时间参数

1. 最早时间参数

按最早时间绘制的时标网络计划,每条箭线的箭尾和箭头(如该箭线上有波形线,则为该箭线实线部分末端所对应时标值)所对应的时标值应为该工作的最早开始时间和最早完成时间。

2. 自由时差

波形线的水平投影长度即为该工作的自由时差。

3. 总时差

自右向左进行，其值等于各紧后工作的总时差的最小值与本工作的自由时差之和。即：

$$TF_{i-j}=\min\{TF_{j-k}\}+FF_{i-j} \tag{2.28}$$

4. 最迟时间参数

最迟开始时间和最迟完成时间按下式计算：

$$LS_{i-j}=ES_{i-j}+TF_{i-j} \tag{2.29}$$

$$LF_{i-j}=EF_{i-j}+TF_{i-j} \tag{2.30}$$

如图 2.44 所示的双代号非时标网络计划，若改画为时标网络计划，如图 2.45 所示，其关键线路及各时间参数判读结果及标注如图 2.45 所示。

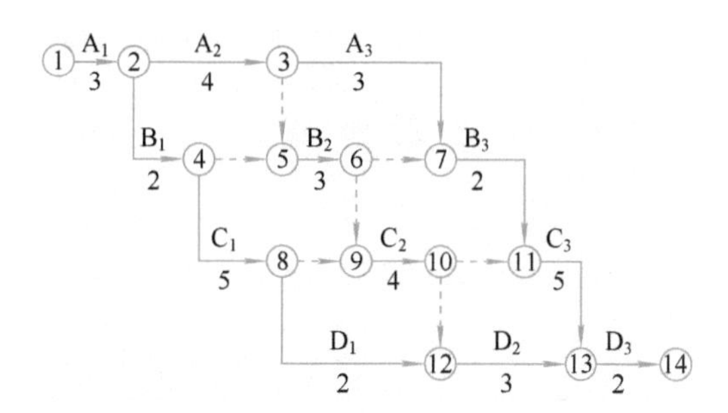

图 2.44　双代号非时标网络计划

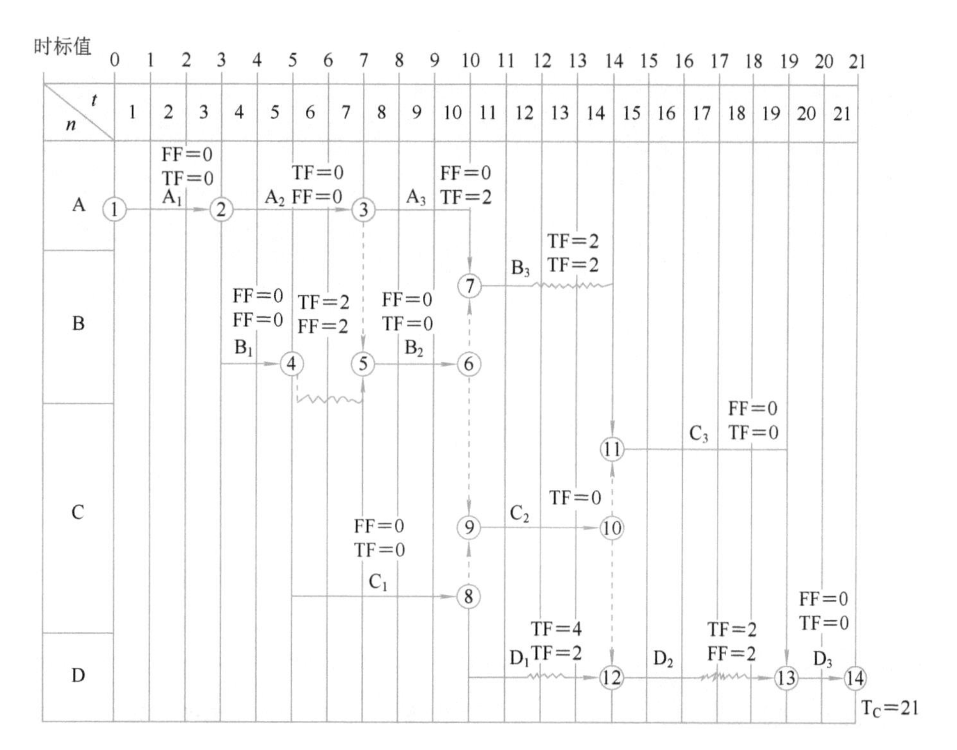

图 2.45　按最早开始时间绘制的双代号时标网络计划

计 划 单

学习领域	施工组织与进度控制				
学习情境一	编制施工进度计划			学　　时	24
工作任务 2	编制施工进度计划网络图			计划学时	1
计划方式	小组讨论，团队协作共同制订计划				
序　　号	计 划 步 骤				使用资源
制订计划说明					
计划评价	班　　级		第　　组	组长签字	
	教师签字			日　　期	
	评语：				

决　策　单

<table>
<tr><td>学习领域</td><td colspan="5">施工组织与进度控制</td></tr>
<tr><td>学习情境一</td><td colspan="3">编制施工进度计划</td><td>学　　时</td><td>24</td></tr>
<tr><td>工作任务 2</td><td colspan="3">编制施工进度计划网络图</td><td>决策学时</td><td>1</td></tr>
<tr><td colspan="6">方 案 讨 论</td></tr>
<tr><td rowspan="9">方案对比</td><td>组　　号</td><td>方案的可行性</td><td>方案的先进性</td><td>实施难度</td><td>综合评价</td></tr>
<tr><td>1</td><td></td><td></td><td></td><td></td></tr>
<tr><td>2</td><td></td><td></td><td></td><td></td></tr>
<tr><td>3</td><td></td><td></td><td></td><td></td></tr>
<tr><td>4</td><td></td><td></td><td></td><td></td></tr>
<tr><td>5</td><td></td><td></td><td></td><td></td></tr>
<tr><td>6</td><td></td><td></td><td></td><td></td></tr>
<tr><td>7</td><td></td><td></td><td></td><td></td></tr>
<tr><td>8</td><td></td><td></td><td></td><td></td></tr>
<tr><td rowspan="3">方案评价</td><td>班　　级</td><td></td><td>第　　组</td><td>组长签字</td><td></td></tr>
<tr><td>教师签字</td><td colspan="2"></td><td>日　　期</td><td></td></tr>
<tr><td colspan="5">评语：</td></tr>
</table>

实施单

<table>
<tr><td>学习领域</td><td colspan="5">施工组织与进度控制</td></tr>
<tr><td>学习情境一</td><td colspan="2">编制施工进度计划</td><td colspan="2">学　时</td><td>24</td></tr>
<tr><td>工作任务2</td><td colspan="2">编制施工进度计划网络图</td><td colspan="2">实施学时</td><td>4</td></tr>
<tr><td>实施方式</td><td colspan="5">小组成员合作共同研讨确定动手实践的实施步骤,每人均填写实施单</td></tr>
<tr><td>序　号</td><td colspan="2">实 施 步 骤</td><td colspan="3">使用资源</td></tr>
<tr><td></td><td colspan="2"></td><td colspan="3"></td></tr>
<tr><td></td><td colspan="2"></td><td colspan="3"></td></tr>
<tr><td></td><td colspan="2"></td><td colspan="3"></td></tr>
<tr><td></td><td colspan="2"></td><td colspan="3"></td></tr>
<tr><td></td><td colspan="2"></td><td colspan="3"></td></tr>
<tr><td></td><td colspan="2"></td><td colspan="3"></td></tr>
<tr><td></td><td colspan="2"></td><td colspan="3"></td></tr>
<tr><td></td><td colspan="2"></td><td colspan="3"></td></tr>
<tr><td></td><td colspan="2"></td><td colspan="3"></td></tr>
<tr><td colspan="6">实施说明:</td></tr>
<tr><td>班　级</td><td></td><td>第　组</td><td colspan="2">组长签字</td><td></td></tr>
<tr><td>教师签字</td><td></td><td>日　期</td><td colspan="3"></td></tr>
<tr><td>评　语</td><td colspan="5"></td></tr>
</table>

作　业　单

<table>
<tr><td>学习领域</td><td colspan="5">施工组织与进度控制</td></tr>
<tr><td>学习情境一</td><td colspan="3">编制施工进度计划</td><td>学　　时</td><td>24</td></tr>
<tr><td>工作任务 2</td><td colspan="3">编制施工进度计划网络图</td><td>学　　时</td><td>12</td></tr>
<tr><td>实施方式</td><td colspan="5">小组成员进行任务分工后，分别进行动手实践，共同完成施工进度计划网络图。</td></tr>
<tr><td colspan="6"></td></tr>
<tr><td rowspan="3">作业评价</td><td>班　　级</td><td></td><td>第　　组</td><td>组长签字</td><td></td></tr>
<tr><td>教师签字</td><td colspan="2"></td><td>日　　期</td><td></td></tr>
<tr><td colspan="5">评语：</td></tr>
</table>

检 查 单

<table>
<tr><td>学习领域</td><td colspan="5">施工组织与进度控制</td></tr>
<tr><td>学习情境一</td><td colspan="3">编制施工进度计划</td><td>学　　时</td><td>24</td></tr>
<tr><td>工作任务 2</td><td colspan="3">编制施工进度计划网络图</td><td>检查学时</td><td>1</td></tr>
<tr><td>序　　号</td><td>检查项目</td><td colspan="2">检查标准</td><td>组内互检</td><td>教师检查</td></tr>
<tr><td>1</td><td>组织施工方式</td><td colspan="2">各分部工程施工组织方式选择是否合理</td><td></td><td></td></tr>
<tr><td>2</td><td>流水参数确定</td><td colspan="2">各项流水参数确定是否合理</td><td></td><td></td></tr>
<tr><td>3</td><td>工作网络逻辑关系</td><td colspan="2">工作间网络逻辑关系是否符合施工工艺、质量、安全等要求</td><td></td><td></td></tr>
<tr><td>4</td><td>网络时间参数计算</td><td colspan="2">网络时间参数计算是否正确</td><td></td><td></td></tr>
<tr><td>5</td><td>图面情况</td><td colspan="2">关键线路标注是否清楚，图面是否整洁美观</td><td></td><td></td></tr>
<tr><td rowspan="3">检查评价</td><td>班　　级</td><td></td><td>第　　组</td><td>组长签字</td><td></td></tr>
<tr><td>教师签字</td><td colspan="2"></td><td>日　　期</td><td></td></tr>
<tr><td colspan="5">评语：</td></tr>
</table>

评　价　单

学习领域	施工组织与进度控制					
学习情境一	编制施工进度计划				学　　时	24
工作任务 2	编制施工进度计划网络图				评价学时	1
考核项目	考核内容及要求	分　值	学生自评（10%）	小组评分（20%）	教师评分（70%）	实 得 分
组织施工方式（5 分）	合理选择各分部工程施工组织方式	5				
流水参数确定（10 分）	合理确定各项流水参数	10				
工作网络逻辑关系（25 分）	工作间网络逻辑关系符合施工工艺、质量、安全等要求	25				
网络时间参数计算（20 分）	网络时间参数计算正确	20				
图面情况（10 分）	关键线路标注清楚，图面整洁美观	10				
学习态度（10 分）	上课认真听讲，积极参与讨论，认真完成任务	10				
完成时间（10 分）	能在规定时间内完成任务	10				
合　作　性（10 分）	积极参与组内各项任务，善于协调与沟通	10				
总　　计		100				

评价评语	班　　级		姓　　名		学　　号		总　　评	
	教师签字		第　　组	组长签字			日　　期	
	评语：							

教学反馈单

学习领域	施工组织与进度控制				
学习情境一	编制施工进度计划		学　　时		24
调查项目	序　　号	调查内容	是	否	备注
	1	计划和决策感到困难吗?			
	2	你认为学习任务对你将来的工作有帮助吗?			
	3	通过本任务的学习,你学会如何确定施工组织方式了吗?			
	4	通过本任务的学习,你学会如何确定流水参数了吗?			
	5	通过本任务的学习,你学会如何确定组织流水施工了吗?			
	6	通过本任务的学习,你学会如何编制施工进度计划横道图了吗?			
	7	通过本任务的学习,你学会如何编制施工进度计划网络图了吗?			
	8	通过几天来的工作和学习,你对自己的表现是否满意?			
	9	你对小组成员之间的合作是否满意?			
你的意见对改进教学非常重要,请写出你的建议和意见。					
调查信息	被调查人签名		调查时间		

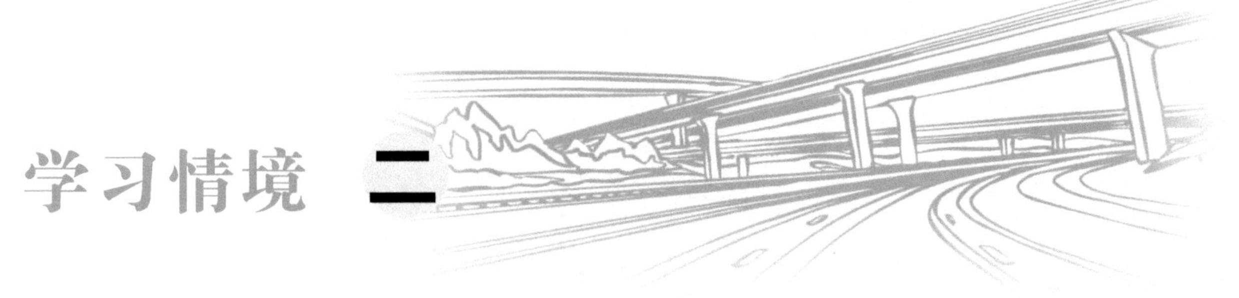

学习情境 二

编制单位工程施工组织设计

学 习 指 南

学习目标

学生在教师的讲解和引导下，明确工作任务的目的和实施中的关键要素，通过学习掌握编制单位工程施工组织设计的基本内容和方法，能够完成“编制单位工程施工方案”“编制单位工程施工进度计划”和“设计单位工程施工平面图”三项工作任务。要求在学习过程中锻炼职业素质，做到“严谨认真、吃苦耐劳、诚实守信”。

工作任务

- 编制单位工程施工方案
- 编制单位工程施工进度计划
- 设计单位工程施工平面图

学习情境描述

根据单位工程施工组织设计的主要内容选取了“编制单位工程施工方案”“编制单位工程施工进度计划”及“设计单位工程施工平面图”等 3 个工作任务作为载体，使学生通过训练掌握单位工程施工组织设计的编制内容和方法。学习内容包括：单位工程施工组织设计相关知识；编制工程概况；编制施工方案；制订各项技术组织措施；编制施工进度计划；编制各项资源需要量计划；编制施工准备工作计划；设计施工平面图。

任务3　编制单位工程施工方案

任　务　单

<table>
<tr><td>学习领域</td><td colspan="6">施工组织与进度控制</td></tr>
<tr><td>学习情境二</td><td colspan="4">编制单位工程施工组织设计</td><td>学　　时</td><td>28</td></tr>
<tr><td>工作任务3</td><td colspan="4">编制单位工程施工方案</td><td>学　　时</td><td>16</td></tr>
<tr><td colspan="7">布 置 任 务</td></tr>
<tr><td>工作目标</td><td colspan="6">1. 能够完成单位工程工程概况的编制
2. 能够完成单位工程施工方案的编制
3. 能够完成单位工程各项技术组织措施的制订
4. 能够在完成任务过程中锻炼职业素质，做到认真严谨、诚实守信</td></tr>
<tr><td>任务描述</td><td colspan="6">为保证拟建工程的施工效率、工程质量、工期和技术经济效果，应在熟悉审查图纸和调查研究的基础上，编制合理的施工方案，制订可行的技术组织措施。其工作如下：
1. 收集资料：包括原始资料、建筑设计资料及施工资料等
2. 编制单位工程工程概况：包括工程特点、地点特征和施工条件等
3. 编制单位工程施工方案：包括确定各分部分项工程的施工顺序、选择施工方法和施工机械及施工的组织等
4. 制订单位工程各项技术组织措施：包括质量措施、安全措施、成品保护措施、保证工期措施、文明施工及环境保护措施、降低成本措施及季节性施工措施等</td></tr>
<tr><td rowspan="2">学时安排</td><td>资　　讯</td><td>计　　划</td><td>决　　策</td><td>实　　施</td><td>检　　查</td><td>评　　价</td></tr>
<tr><td>2学时</td><td>1学时</td><td>1学时</td><td>10学时</td><td>1学时</td><td>1学时</td></tr>
<tr><td>提供资料</td><td colspan="6">1. 工程施工资料
2. 建筑施工手册．中国建筑工业出版社，2012
3. 建筑工程施工组织设计实例应用手册．中国建筑工业出版社，2008</td></tr>
<tr><td>对学生的要求</td><td colspan="6">1. 具备常用建筑材料的基本知识
2. 具备工程结构基本知识
3. 具备工程施工技术的基本知识
4. 具备一定的自学能力，一定的沟通协调和语言表达能力
5. 每位同学必须积极参与小组讨论
6. 严格遵守课堂纪律，不迟到，不早退，不旷课
7. 每组需提交单位工程施工方案</td></tr>
</table>

资 讯 单

学习领域	施工组织与进度控制		
学习情境二	编制单位工程施工组织设计	学　　时	28
工作任务 3	编制单位工程施工方案	资讯学时	2
资讯方式	在参考书、专业杂志、互联网及信息单上查询问题，咨询任课教师		
资讯问题	1. 编制单位工程施工方案需收集哪些资料？		
	2. 单位工程施工方案的编制应包括哪些内容？		
	3. 如何确定各分部分项工程的施工顺序？		
	4. 如何选择施工方法和施工机械？		
	5. 如何对施工方案进行技术经济评价？		
	6. 单位工程各项技术组织措施的制订应包括哪些内容？		
	7. 如何制订质量措施？		
	8. 如何制订安全措施？		
	9. 如何制订季节性施工措施？		
资讯引导	1. 在信息单中查找 2. 建筑施工手册. 中国建筑工业出版社，2012 3. 建筑工程施工组织设计实例应用手册. 中国建筑工业出版社，2008 4. 建筑施工组织. 哈尔滨工程大学出版，2012		

信 息 单

学习领域	施工组织与进度控制		
学习情境二	编制单位工程施工组织设计	学 时	28
工作任务3	编制单位工程施工方案	学 时	16

3.1 相关知识

单位工程施工组织设计是以单位工程为编制对象，用以指导其施工全过程各项施工活动的技术、经济、组织的指导性文件。单位工程施工组织设计一般由施工单位项目经理部的主管工程师负责在工程开工前编制完成，并报该工程监理单位的总监理工程师审批，审批后的单位工程施工组织设计才可实施。单位工程施工组织设计是施工准备工作的重要内容，是施工单位编制季度计划、月度施工作业计划、分部分项工程施工组织设计以及编制资源供应计划的主要依据，是施工企业对单位工程实施科学管理的重要手段，对提高施工企业的施工管理水平和企业的经济效益具有十分重要的意义。

3.1.1 单位工程施工组织设计的编制内容

根据单位工程的性质、规模、结构特点、技术复杂程度、施工条件和施工单位的具体情况等，单位工程施工组织设计的编制内容和深度有所不同，但一般应包括以下内容：

1. 工程概况及施工特点分析

主要包括工程特点、地点特征和施工条件等内容。

2. 施工方案选择

主要包括确定各分部分项工程的施工顺序、选择施工方法和适合的施工机械、技术措施、流水施工的组织等内容。

3. 施工进度计划

主要包括确定各分部分项工程名称、计算工程量、计算劳动量和机械台班量、确定施工班组人数、计算工作延续时间和安排施工进度等内容。施工进度计划常见的有横道图和网络图两种形式。

4. 施工准备工作计划

主要包括技术准备、资源准备、现场准备、季节性施工准备和施工场外准备等工作。

5. 各项资源准备计划

主要包括劳动力、材料、构件、成品、半成品和施工机具等需要量计划。

6. 施工现场平面布置图

主要包括垂直运输机械、搅拌站、加工棚、仓库、材料和预制构件堆场的布置，运输道路的布置，临时设施及供水、供电管线的布置等内容。

7. 主要技术组织措施

主要包括确保工程质量、安全生产、成品保护、工期、文明施工和环境保护、降低成本等的技术组织措施和质量通病的防治措施、季节性施工措施等。

8. 各项技术经济指标

主要包括工期指标、工程质量指标、安全指标、降低成本指标等内容。

如果一个单位工程是建设项目中的一个，则应以整个建设项目的施工组织总设计为指导，针对该单位工程施工的具体内容来编制单位工程的施工组织设计。如果该单位工程是新建或扩建的独立组织施工的单位工程，规模大、工程内容复杂、施工期限较长或采用新结构、新工艺，则编制单位工程施工组织设计时内容应详细一些。对于一般常见的、建筑结构类型和规模不大的单位工程，施工组织设计可以编制得简单一些，其主要内容一般为"一案、一图、一表"，"一案"即施工方案，" 一图"即施工现场平面图，"一表"即施工进度计划表，并辅以简明扼要的文字说明。

3.1.2　编制单位工程施工组织设计应收集的资料

1. 主管部门的批示文件及有关要求

主要有土地申请、施工执照等上级主管部门的批示文件，施工合同中有关施工期限、质量标准、施工要求等方面的规定。

2. 经过会审的施工图

主要有经过会审的单位工程的全套施工图样、图样会审记录和有关的标准图集、材料做法表等，对于较复杂的建筑工程还要有设备图样、设备安装对土建施工的要求和设计单位对新结构、新材料、新技术和新工艺的要求等。

3. 施工组织总设计和施工企业年度施工计划

主要有施工组织总设计和施工企业年度施工计划对该工程的开、竣工时间的规定和工期要求，以及其他项目穿插施工的要求等。

4. 施工所需的资源情况

主要有施工中需要的劳动力、材料、预制构件、成品、半成品的来源、供应和加工能力，以及施工机具的配备情况等。

5. 建设单位对工程施工可能提供的条件

主要有建设单位可能提供的临时房屋数量和供水、供电、供热的情况等。

6. 施工现场勘察资料

主要有施工现场的地形、地貌、地上与地下的障碍物、工程地质和水文地质资料、气象资料、交通运输道路及场地面积等。

7. 工程预算文件及有关定额

主要有上级主管部门颁发的各类预算文件及各类定额，详细的分部分项工程量，必要时应有分段、分层或分部位的工程量，以便组织流水施工，组织资源供应。

8. 有关的规范、规程和标准

主要有《建筑法》《建筑工程施工质量验收统一标准》《建筑工程施工操作规程》等。

9. 有关的参考资料及施工组织设计实例

包括工期、气象及现场各种面积参考资料，以及同类型房屋施工组织设计实例等。

3.1.3　编制单位工程施工组织设计的程序

单位工程施工组织设计的编制程序，是指单位工程施工组织设计的各个组成部分的先后顺序及相互制约关系。单位工程施工组织设计的编制程序如图 3.1 所示。

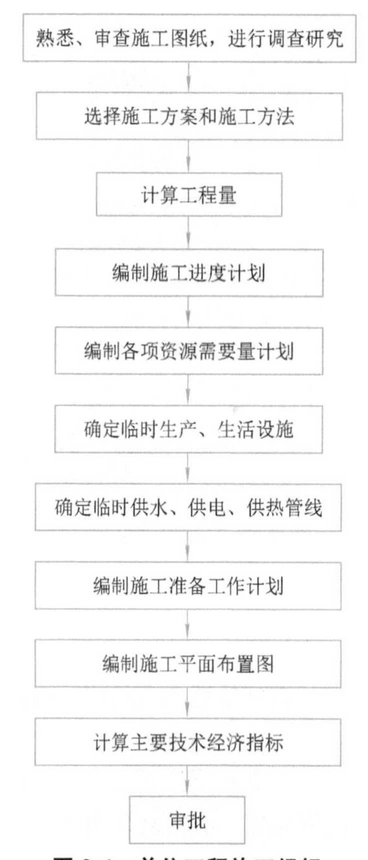

图 3.1　单位工程施工组织设计编制程序

3.2　编制单位工程概况

3.2.1　工程概况的形式

单位工程施工组织设计中的工程概况，是对拟建工程的建设特点、建设地点特征和施工条件等所作的一个简要的、突出重点的文字介绍。对于建筑和结构设计比较简单、规模不大的工程，也可采用工程概况表的形式，如表 3.1 所示。为了弥补文字叙述或表格介绍的不足，一般还需附以拟建工程的平面、立面、剖面简图，图中主要注明轴线尺寸和总长、总宽、总高、层高等主要建筑尺寸；有时为了说明主要工程的任务量，还应附以主要工程量一览表，如表 3.2 所示。

表 3.1 工程概况表

一般情况	工程名称	××工程	建筑面积	9 908.7 m^2
	建设单位	××房地产开发公司	开工日期	××××年×月×日
	设计单位	××设计院	竣工日期	××××年×月×日
	勘察单位	××勘察公司	结构类型	框架结构
	监理单位	××工程建设监理公司	基础类型	桩基础
	施工单位	××建筑工程公司	抗震等级	六级 设防烈度 8 度
	建设地点	××市××区××街××号	层 数	地下一层，地上七层
	建设用途	商住楼	高 度	23.6 m
构造特征	地基与基础	超流态混凝土灌注桩		
	柱、内外墙	柱为 C30、C35 不同等级混凝土，围护墙围陶粒砌块		
	梁、板	梁、板为 C30 混凝土		
	外墙装修	涂料		
	内墙墙装修	涂料		
	楼地面装修	公共场所为现制水磨石		
	屋面构造	隔气层、保温层、找平层、SBS 改性沥青防水卷材、保护层		
	防火设施	各层均设消火栓箱		
	机电系统	照明为直流电源，火灾报警为集中报警装置		
其他				

表 3.2 主要工程量一览表

序号	分部分项工程名称	单位	工程量	备注
1	土方工程	m^3	13 850.63	
2	砌筑工程	m^3	851.32	
3	…			
4				

3.2.2 工程概况的编制内容

主要包括工程的建设概况、设计概况、建设地点特征、工程施工特点分析和施工条件等内容。

1. 工程建设概况

主要介绍拟建工程的工程名称、性质、用途、作用和建设的目的、资金来源及工程投资额、开竣工日期、建设单位、设计单位、施工单位、监理单位、施工图样情况、施工合同、主管部门的有关文件或要求，以及组织施工的指导思想等。

2. 工程设计概况

(1)建筑设计概况。主要介绍拟建工程的总平面布置、建筑面积、平面形状、层数、层高、总高、总宽、总长等尺寸，以及室内外装修的情况等。

(2)结构设计概况。主要介绍基础的类型、埋置深度、设备基础的形式，主体结构的类型，墙、柱、梁、板的材料及截面尺寸，楼梯构造及形式，预制构件的类型及安装位置，工程抗震设防程度等。

3. 工程建设地点特征

主要介绍拟建工程的位置、地形、工程与水文地质条件、不同深度土壤的分析、冻结时间与冻层厚度、地下水位、水质、气温、冬雨季起止时间、主导风向、风力等。

4. 工程施工条件

主要介绍水、电、道路及场地平整的“四通一平”情况，施工现场及周围环境情况，当地的交通运输条件，预制构件生产及供应情况，施工企业机械、设备、劳动力的落实情况，内部承包方式，劳动组织形式及施工管理水平，现场临时设施、供水供电问题的解决等。

5. 工程施工特点分析

主要说明拟建工程施工过程中的关键问题，以便突出重点，抓住主要矛盾，并在组织施工中对其给予充分的重视和研究，确保工程施工顺利进行，从而提高施工企业的管理水平和经济效益。

不同类型的建筑、不同条件下的工程施工，均有其不同的施工特点。例如，现浇钢筋混凝土高层建筑的施工特点是对结构和施工机具设备的稳定性要求较高、钢材加工量大、混凝土浇筑难度大、脚手架搭设要进行设计计算，以及安全问题突出等；混合结构建筑的施工特点是砌筑和抹灰的工程量大、水平和垂直运输量大；单层排架结构工业厂房工程的施工特点是基础工程的土方量和现浇混凝土量大，预制构件多，结构安装工程量大，对土建、设备、电气、管道等工程施工与安装的协作配合要求高。

说明单位工程的施工特点，便于在选择施工方案、组织资源供应、技术力量配备以及在施工准备工作中采取有效措施，使解决关键问题的措施落实于施工之前，保证施工顺利进行，从而提高施工企业的经济效益和管理水平。

3.2.3 工程概况实例

1. 工程建设概况

(1)工程名称：××小区3号楼工程。

(2)建设单位：××开发有限责任公司。

(3)施工单位：××建筑工程有限责任公司。

(4)监理单位：××建设工程监理有限责任公司。

(5)设计单位：××建筑设计研究院。

(6)工程性质：民用建筑。

(7)工程用途：居住。

(8)工程资金来源：自筹与贷款。

(9)工程造价：××万元

(10)工程开工、竣工日期：××××年×月×日开工，××××年×月×日竣工。

(11)工程施工图样情况：全套施工图样已经出齐，且已经进行会审。

(12)施工合同情况：施工合同及补充协议已经签订。

(13)质量要求：工程质量达到××省优质样板工程标准。

2. 工程设计概况

(1)建筑设计概况。

①本工程建筑占地面积874 m^2，建筑面积为6 490 m^2。平面形状为长方形，长63.06 m，宽13.86 m，高度23.6 m。地下一层，地上七层，一至七层层高为2.9 m，八层为跃层；地下一层为浴池，地上一层为小型超市。外窗均为塑钢窗。单元门为对讲电子防盗门，分户门为防盗门，室内均为胶合板木门。

②本工程居室采用混合砂浆抹面、刮大白，厨房和卫生间为初装修，抹水泥砂浆、拉毛。室外墙面贴80 mm厚的苯板保温，以外墙饰面砖为装修材料，地面为水泥砂浆抹面。

③本工程屋面防水等级为二级，设两道防水层，包括一道1.5 mm厚的高分子聚合卷材防水层和一道40 mm厚的细石混凝土防水层。屋面保温采用100 mm厚的苯板，涂配套防水涂料隔气层。

(2)结构设计概况。

①本工程基础形式为复合载体夯扩灌注桩基础，桩长9 m，桩径400 mm，基础埋深5 m。

②本工程外纵墙体为150 mm厚的混凝土剪力墙，柱、梁、板的材料均为混凝土。桩基础的混凝土强度等级为C30，承台、垫层的混凝土强度等级为C15，地下一层梁、板混凝土的强度等级为C30，地上混凝土柱、

墙的混凝土强度等级为C25。

③本工程柱截面尺寸为300 mm×300 mm、400 mm×400 mm；梁截面尺寸为200 mm×500 mm，300 mm×600 mm、800 mm×1000 mm；板厚度为120 mm、180 mm；预制构件为预制门过梁、预制窗过梁，楼梯为梁式楼梯。

3. 工程建设地点特征

(1)工程位置：本工程位于××市××区××路××号。

(2)工程地点的地形：根据本工程《岩土工程勘察报告》介绍，施工现场处于平原区，地形平坦。

(3)工程地点的水文地质情况：场地范围内无不良动力地质现象；季节性冻土，地区标准冻深为2 m；勘探中未发现地下水。

(4)工程地点的气候：属大陆性气候，冬季寒冷且时间较长，夏季炎热且时间较短，秋季多雨。本地区冬季日平均气温为−20℃，夏季日平均气温为29℃；雨季在6月末至9月中旬，最大降雨量为中等，大降雨量较少，雷暴天数较少；夏季多东南风，最大风力6级；土壤冻结期为11月至次年4月，最大冻深2 m。

(5)工程地点的抗震：抗震设防烈度为6度。

4. 施工条件

工程施工现场狭窄，但经过合理的施工现场平面图设计，可达到最好的效果；"四通一平"工作基本完成；现场的平面布置已完成；当地交通运输条件良好；施工所需资源均已落实，能保证按时进场；现场的临时设施已经搭建完毕，能够满足生产和生活的需要。劳动组织形式为三级管理。

5. 工程施工特点分析

由于本工程砌筑量、抹灰量和混凝土量较大，水平及垂直运输量大，因此需使用塔吊和龙门架进行水平与垂直运输；模板及脚手架需要进行计算。

6. 主要工程量

主要工程量如表3.3所示。

表3.3 主要分部分项工程工程量一览表

项次	分部分项工程	单位	数量	备注
1	桩基础	100 m^3	1.1	
2	土方工程	100 m^3	7.8	
3	承台	100 m^3	3.8	
4	砌筑工程	100 m^3	23.2	
5	钢筋工程	t	309	
6	混凝土工程	100 m^3	14.5	
7	屋面工程	100 m^2	8.9	
8	装修工程	100 m^2	123.2	

3.3 编制单位工程施工方案

施工方案的确定是单位工程施工组织设计的核心内容，施工方案合理与否将直接影响工程的施工效率、质量、工期和技术经济效果。因此，必须对各个施工方案进行认真分析和比较，从中选择出一个经济合理的施工方案。

3.3.1 确定各分部分项工程的施工顺序

单位工程各分部分项工程的施工顺序是指工程开工后，各分部分项工程施工的先后次序和相互制约关系。在实际施工中，施工顺序有多种，因此在保证工程质量和施工安全的前提下，必须选择一个既符合客观规律、又经济合理的施工顺序，以达到充分利用工作面、缩短工期的目的。

1. 确定施工顺序和原则

应遵守“先地下，后地上”“ 先主体，后围护”“ 先结构，后装修”和“先土建，后设备”的基本原则。

(1)“先地下，后地上”。主要是指地上工程开始之前，尽量使管道、管线等地下设施、土方和基础等地下工程全部完成或基本完成。在地下工程施工时应遵循“先深后浅”的原则，否则，不能保证地下工程的施工质量。例如，基础工程施工，如果不遵循“先深后浅”的原则，即先施工浅基础后施工深基础，则在深基础施工时必然会造成对浅基础的扰动，进而影响基础工程的施工质量。

(2)“先主体，后围护”。主要是指框架结构或装配式结构的主体结构施工应先于围护工程施工，并在施工进度上尽可能进行合理的搭接，以有效地节约时间。例如，高层框架结构待主体结构施工到一半进度的时候，即可自下而上开始进行围护工程的施工，二者进行搭接施工。

(3)“先结构，后装修”。主要是指主体结构施工应先于装修工程施工，并在施工进度上尽可能进行合理的搭接，以有效地节约时间。例如，混合结构待主体结构施工到三层时，只要一层模板已拆除，即可进行内隔墙的施工，二者进行搭接施工。

(4)“先土建，后设备”。主要是指土建工程施工一般应先于水、暖、电、煤、卫等设备安装工程的施工，实际上，它们之间更多的是穿插配合关系。在装修阶段尤其应注意的是，如果在装修结束后再进行设备工程的施工，将造成对装修工程的破坏。

对于工业建筑的土建工程与设备安装(包括工业管道、工艺生产设备、生产动力设备等)工程之间的顺序，主要取决于工业建筑的种类，一般有以下 3 种情况：

①“封闭式”施工。这种方式是指在土建主体结构完成后，再进行设备安装。封闭式施工方式通常适用于一般机械工业厂房，对于精密仪器厂房，应在装修工程完成后再进行工艺设备安装。

采用这种施工顺序的优点是有利于构件的现场预制、拼装和就位，能够选择各种起重机械进行吊装，以加快主体结构的施工进度；设备基础在室内进行施工，可不受气候影响，还可以减少防雨、防寒等设施费用；有时还可以利用厂房内的桥式吊车为设备基础施工服务。但这种施工顺序也存在一定的缺点，如部分柱基土方的重复挖填和运输道路的重新铺设；设备基础施工受场地限制，不便于采用机械挖土；不能提前为设备安装提供工作面，因而工期较长等。

②“敞开式”施工。这种方式是指设备安装完成后，再进行土建工程施工。敞开式施工方式通常适用于某些重型工业厂房，如冶金车间、发电厂的主厂房、水泥厂的主车间等。其优、缺点与封闭式施工相反。

③设备安装与土建施工同时或交叉进行。这种方式，只有在土建施工为设备安装创造了必要的条件，同时能防止设备被砂浆、垃圾等污染的情况下，才能采用。一般适用于水泥厂等工业厂房的施工。

2. 确定施工顺序的基本要求

(1)必须符合施工工艺的要求。施工工艺在建筑施工中一般是不能违背的，因为它反映了施工中存在的客观规律和相互制约关系。例如，一层的现浇板没有结束，二层的放线和柱扎筋就不能进行；门窗框没立，就不能进行内外墙的抹灰等。

(2)必须与施工方法一致。例如，单层工业厂房吊装工程的施工顺序，若采用综合吊装法，则施工顺序为吊柱→吊梁→吊各节间的屋盖系统构件；如采用节间吊装法，则施工顺序为吊第一节间的柱、梁和屋盖系统构件→吊第二节间的柱、梁和屋盖系统构件→……→吊最后节间的柱、梁和屋盖系统构件。

(3)必须考虑施工组织的要求。例如，室内地坪回填土和室内管沟的施工，可安排在主体施工前完成或与主体工程穿插施工。

(4)必须考虑施工质量的要求。例如，找平层没有干燥，隔气层或防水层就不能施工；抹灰层没有干燥，室内刮大白就不能施工；室内地面没有干燥，安门窗扇就不能进行等。

(5)必须考虑当地气候的影响。例如，冬季到来之前，应先完成室外装修工程，并做好外门窗的封闭，然后做其他装修工程，为保温和养护创造条件，且有利于保证工程的施工质量。

(6)必须考虑安全施工的要求。在进行立体交叉、平行搭接施工时，一定要注意安全问题。例如，进行搭接施工时，现浇钢筋混凝土梁板底模及支架的拆除应采用“隔层拆模”的方法，并按规定保留一定数量的支架；室内装修采用“自下而上”的施工流向时，也要求进行“隔层装修”，以确保安全施工。

3. 多层混合结构民用房屋的施工顺序

多层混合结构民用房屋的施工，一般可划分为基础工程、主体结构工程、屋面及装修工程 3 个阶段。图 3.2 即为混合结构三层民用房屋施工顺序示意图。

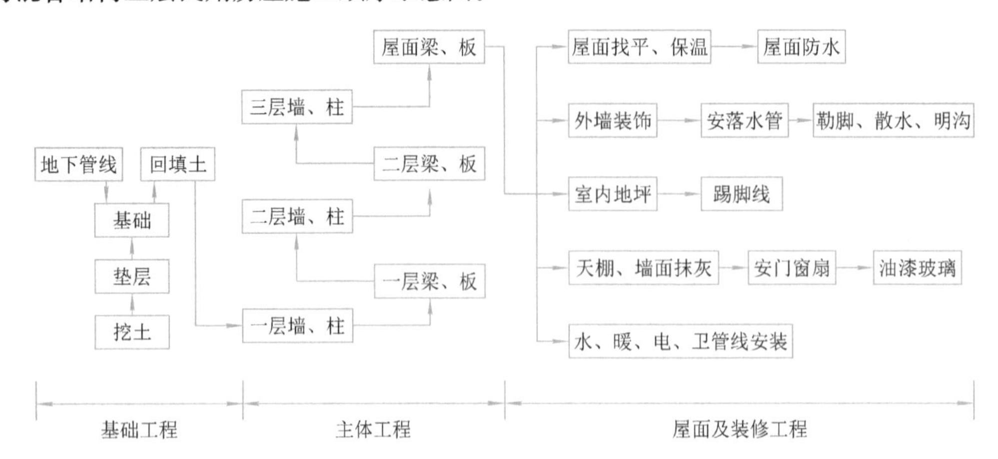

图 3.2 多层混合结构民用房屋施工顺序示意图

(1)基础工程施工顺序。基础工程施工是指室内地坪(±0.00)以下的所有工程的施工。

①钢筋混凝土基础工程的施工顺序。

地下室的平、立面防水采用外贴法施工，则基础工程的施工顺序为：挖土→验槽→地基局部处理→浇混凝土垫层→混凝土垫层养护→在混凝土垫层上砌保护墙→在底板和永久性保护墙上抹水泥砂浆找平层→铺混凝土底板防水层→铺油毡隔离层→浇注细石混凝土保护层→扎基础梁筋和柱筋→支基础模板→浇基础混凝土→扎柱筋→砌基础墙，同时在基础墙和永久性保护墙中间填入水泥砂浆→支柱、梁和楼板模板→浇柱混凝土→扎梁筋和板筋→浇地下室梁、板混凝土→混凝土养护→拆模→剥出临时保护墙上的卷材，拆除临时保护墙→铺贴地下室外墙防水层→抹水泥砂浆保护层→基础回填土(暖沟以下)→做暖沟垫层→砌暖沟墙→地沟盖板→回填上部土方。

地下室的平、立面防水采用内贴法施工，则基础工程的施工顺序为：挖土→验槽→地基局部处理→浇混凝土垫层→混凝土垫层养护→在混凝土垫层上砌永久性保护墙→在底板和永久性保护墙上抹水泥砂浆找平层→铺底板和永久性保护墙的防水层→铺油毡隔离层→浇注细石混凝土保护层→扎基础梁筋和柱筋→支基础模板→浇基础混凝土→扎柱筋→砌基础墙，同时在基础墙和永久性保护墙中间填入水泥砂浆→支柱、梁和楼板模板→浇柱混凝土→扎梁筋和板筋→浇地下室梁和板混凝土→混凝土养护→拆模→基础回填土(暖沟以下)→暖沟垫层→砌暖沟墙→地沟盖板→回填上部土方。

如果基础工程有平、立面防潮层，则防潮层的施工在基础墙的砌筑过程中完成。

②灌注桩基础工程的施工顺序。

挖土→验槽→地基局部处理→灌注桩施工→挖承台及承台梁土方→凿桩头→浇混凝土垫层→扎柱、承台和承台梁筋→浇承台和承台梁混凝土→砌基础墙→支柱、梁和楼板模板→浇柱混凝土→扎梁筋和板筋→浇地下室梁和板混凝土→混凝土养护→拆模→基础回填土(暖沟以下)→暖沟垫层→砌暖沟墙→地沟盖板→回填上部土方。

如果灌注桩基础工程需要做防水，则在承台及承台梁上部 300 mm 厚的混凝土施工完毕后进行平、立面防水的施工，具体施工顺序参照地下室的平、立面防水采用外贴法(或内贴法)施工的基础工程施工顺序。如果有独立柱，则在基础墙施工完毕时，柱混凝土应浇捣完毕。

③在基础工程施工阶段组织施工时，应注意以下几方面：

• 土方施工结束后，应尽快进行垫层施工，以防止雨季基坑被雨水浸泡，降低地基承载力。垫层施工后应注意养护。

• 如果在垫层施工的时候使用塔吊，则立塔吊的工作应在垫层施工前完成。

• 避雷的施工应在基础扎筋的时候开始。

• 浇混凝土结束后，应进行养护和弹线工作。

• 柱、梁和楼板的支模、扎筋、浇混凝土可进行搭接施工。

• 脚手架的搭设随基础墙砌筑进行。

• 各种管沟的挖土、铺设等工程施工，可与基础施工配合，进行搭接施工。

• 室外土方应一次性分层、夯实回填，可与主体结构施工搭接进行；室内回填应在砌内隔墙开始前完成。

(2)主体结构工程的施工顺序。主体结构施工是指室内地坪(±0.00)以上的结构工程的施工。例如，有地下室的多层混合结构，其主体结构工程的施工顺序为：扎柱筋→墙体砌筑→柱、梁、板和楼梯支模板→浇柱混凝土→梁、板和楼梯扎筋→浇梁、板和楼梯混凝土→拆模。

在主体结构工程施工阶段组织施工时，应注意以下几方面：

①脚手架的搭设应随主体墙砌筑进行。

②如果使用龙门架运送墙体砌筑材料，则龙门架应在二层墙体砌筑前搭设完毕。

③一层现浇板施工结束后，应有养护和弹线时间，之后才能转入二层进行墙体砌筑施工。

④梁、板的扎筋和支模板工作可以进行搭接施工，以有效地节约工期。

⑤浇楼梯混凝土最好在上层砌筑前结束。

⑥墙体砌筑与现浇楼板为主导工程。两者在各楼层中交替进行，应注意使它们在施工中保持均衡、连续、有节奏地进行，并以它们为主组织流水施工，其他施工过程则应配合墙体砌筑与现浇楼板组织流水施工。

(3)屋面工程的施工顺序。这个阶段具有施工内容多且繁杂，劳动消耗量大，且手工操作多，需要时间长等特点。因此，应合理安排屋面工程和装修工程的施工顺序，组织立体交叉流水施工，加快工程进度。

屋面工程的施工顺序一般为：清理基层→抹找平层→铺隔气层→铺保温和找坡层→抹找平层→铺贴防水层→抹(或涂刷)保护层。对于刚性防水屋面的现浇钢筋混凝土防水层及分格缝的施工应在主体结构完成后开始，并尽快完成，以便为室内装修创造条件。一般情况下，屋面工程可以和装修工程可进行搭接施工。

在屋面工程施工阶段组织施工时，应注意以下几方面：

①隔气层和防水层施工前，要求找平层至少达到八成干(可通过由傍晚至次日晨或晴天的1～2h内于找平层上铺盖1 m×1 m的卷材，当卷材内侧无结露时，即认为找平层已基本干燥)，以保证隔气层和防水层的施工效果。

②雨期施工保温层应通过气象部门了解施工期间的气候情况，一旦施工完毕，应尽快做好找坡层与找平层，以防止保温层被雨水浸泡，影响保温效果。

③屋面保护层使用涂料施工时，应合理确定屋面保护层与后道工序的关系，最好在拆除吊脚手架后进行保护层的施工，以免屋面上人影响保护层的质量，同时也影响室外装修工程的进度。一般在第二道找平层达到八成干时，即可进行室外装修工程的施工。

(4)装修工程的流向与施工顺序。装修工程可分为室外装修和室内装修。

①室内装修工程的施工流向与施工顺序。根据装修工程的工期、质量和安全要求以及施工条件，室内装修工程的施工流向有“自上而下”“自下而上”以及“自中而下再自上而中”3种。

• “自上而下”的施工流向。通常是指主体结构工程封顶、做好屋面防水层后，从顶层开始，逐层往下进行。“自上而下”的施工流向有水平向下和垂直向下两种情况，如图3.3所示。在组织流水施工时，如采用水平向下的施工流向，可以一层作为一个施工段；若采用垂直向下的施工流向，可以竖向空间划分的施工区段如单元作为一个施工段。这种施工流向的优点是主体结构完成后，有一定的沉降时间，沉降变化趋于稳定，能保证装修工程的质量。同时，各工序之间交叉少，便于组织施工，保证施工安全，而且从上往下清理垃圾也很方便。其缺点是装修工程不能与主体结构施工进行搭接，因而工期较长。

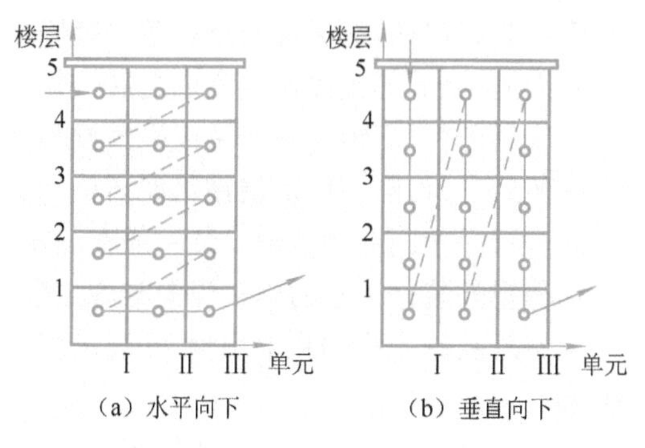

图3.3 “自上而下”的施工流向

• “自下而上”的施工流向。通常是指当主体结构工程施

工到三层，且底层模板拆除后，装修工程即可从一层开始，逐层向上进行。自下而上的施工流向有水平向上和垂直向上两种情况，如图 3.4 所示。在组织流水施工时，若采用水平向上的施工流向，可以一层作为一个施工段；若采用垂直向上的施工流向，可以竖向空间划分的施工区段（如单元）作为一个施工段。这种施工流向的优点是装修工程与主体结构交叉施工，故工期缩短。其缺点是工序之间相互交叉多，需要很好地组织施工，并采取安全措施。

室内装修工程施工一般采用“自上而下”的施工流向。

• 高层建筑室内装修的“分段自上而下”（自中而下，再自上而中）施工流向。其综合了上述两者的优点，克服了缺点，通常是指高层建筑主体结构施工到一半左右的时候，即可“自中而下”进行室内装修工程的施工；当主体结构工程施工结束，且中下部楼层的装修工程结束时，即可“再自上而中”进行内装修工程的施工，如图 3.5 所示。

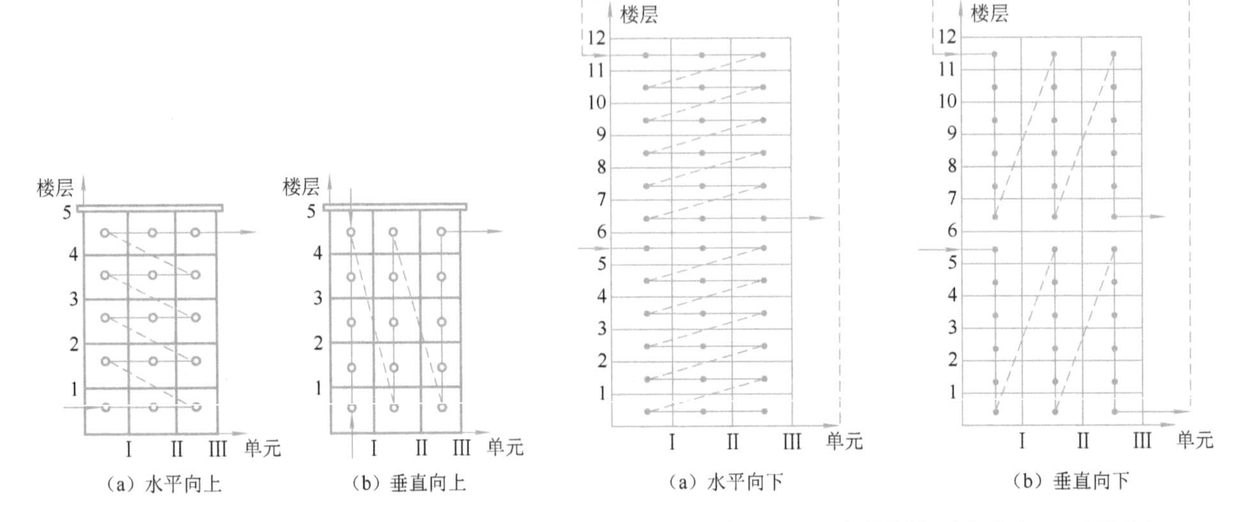

（a）水平向上　（b）垂直向上

图 3.4 “自下而上”的施工流向

（a）水平向下　（b）垂直向下

图 3.5 高层建筑室内装修的"分段自上而下"的流向

在同一个楼层内的天棚、墙面和楼面抹灰的施工顺序有两种，分别为：“先地后墙”和“先墙后地”。“先地后墙”，即楼面抹灰→天棚抹灰→墙面抹灰；“先墙后地”即天棚抹灰→墙面抹灰→楼面抹灰。前一种顺序的优点是便于清理地面，地面质量易于保证，且便于收集墙面和天棚的落地灰，节省材料。但它也有缺点，如由于地面需要养护及采取保护措施，使墙面和天棚的抹灰时间推迟，影响工期。和前一种方式相比，后一种顺序的优点是节约工期。缺点是在做地面前必须将天棚和墙面上的落地灰和渣子清理干净后再做楼面抹灰，否则会影响楼面抹灰质量。施工中，一般采用“先墙后地”的施工顺序。

室内装修工程的施工顺序一般为：砌内隔墙→天棚抹灰→墙面抹灰→楼面抹灰→楼梯间抹灰→安门窗扇→刮大白等。

在室内装修工程施工阶段组织施工时，应注意以下几方面：

内隔墙施工后应有养护时间，以保证后续抹灰工程的施工质量；由于楼梯间墙面和踏步抹灰在施工期间极易受到损坏，故通常安排在各层装修工程基本完成后，自上而下统一组织施工；底层地面抹灰一般多在各层天棚、墙面和楼面抹灰完成之后进行；木门窗框的安装可在砌筑过程中进行；塑钢门窗框的安装可在砌筑完成后进行；门窗扇的安装应视气候和施工条件而定，可以在抹灰之前或之后进行，如无气候影响一般应在抹灰后进行，防止门窗扇被水泥污染；门窗扇的安装一般在楼面抹灰养护后、上人对楼面抹灰没有破坏后才能进行。木门窗的玻璃安装一般在门窗扇油漆之后进行，防止油漆对玻璃的污染。

②室外装修工程的施工流向与施工顺序。室外装修工程的施工流向：为“自上而下”。

室外装修工程的施工顺为：安装吊脚手架→外墙抹灰→台阶、勒角和散水抹灰→安水落管→拆除吊脚手架。

在室外装修工程施工阶段组织施工时，应注意以下几方面：

安装吊脚手架一般在屋面工程的第一道找平层养护达到要求后进行，以保证外墙抹灰能及早进行，节约工期。拆除脚手架一般在屋面保护层施工前进行，防止对保护层造成破坏；安装水落管应在外墙抹灰养护达到要求后进行，防止对外墙抹灰造成破坏。

室内外装修工程的施工顺序通常有“先内后外”“先外后内”和“内外同时进行”3种，具体采用哪种顺序应视施工条件和气候条件而定。通常冬季到来之前，应先完成室外装修工程的施工，即采用“先外后内”的施工顺序。当室内为水磨石楼面，为防止楼面施工时渗漏水对外墙面的影响，应先完成水磨石的施工，即采用“先内后外”的施工顺序。若工期很紧，可采用“内外同时进行”的施工顺序，但此时应注意抹灰工人的数量能否满足施工的需要。

(5)水暖电卫等工程的施工顺序。水、暖、煤、电、卫设备安装工程应与土建工程中有关的分部分项工程进行交叉施工，紧密配合。

①在基础工程施工时，先将相应的上下水管沟和暖气管沟的垫层、管沟墙做好，然后回填土。

②在主体结构施工时，应在砌墙或现浇钢筋混凝土楼板的同时，预留上下水管和暖气立管的孔洞、电线孔槽，以及预埋木砖等。

③各种管道和电气照明用的附墙暗管、接线盒等的安设应在装修工程施工前进行，若电线采用明线，则应在室内粉刷后进行；水暖电卫的设备安装一般在楼地面和墙面抹灰前或后穿插进行。

室外外网工程的施工可以安排在土建工程施工之前或与土建工程施工同时进行。

4. 钢筋混凝土框架结构房屋的施工顺序

钢筋混凝土框架结构房屋的施工，一般也划分为基础工程、主体结构工程、屋面工程和装修工程4个阶段。它的主体结构工程施工顺序与混合结构房屋有所不同，即框架柱、框架梁、板交替施工，也可以采用框架柱、梁、板同时进行施工，其他工程的施工顺序与混合结构房屋基本相同。

现浇柱预制梁板框架结构工程的施工顺序。如采用先浇柱混凝土后安装预制梁板的方法，则施工顺序为：扎柱筋→支柱模→浇柱混凝土至梁底标高→拆柱模→安装预制梁板的就位支托→安装预制梁板→浇梁柱接头及叠合层混凝土；如采用先安装预制梁板后浇柱混凝土的方法(硬架支模)，则施工顺序为：扎柱筋→安装承重钢柱模→安装预制梁板→浇柱及梁柱接头混凝土→浇叠合层混凝土。

5. 装配式钢筋混凝土单层工业厂房的施工顺序

装配式钢筋混凝土单层工业厂房的施工，一般划分为基础工程、预制工程、结构安装工程、围护工程和装修工程五个施工阶段。图3.6所示为单层装配式工业厂房施工顺序示意图。

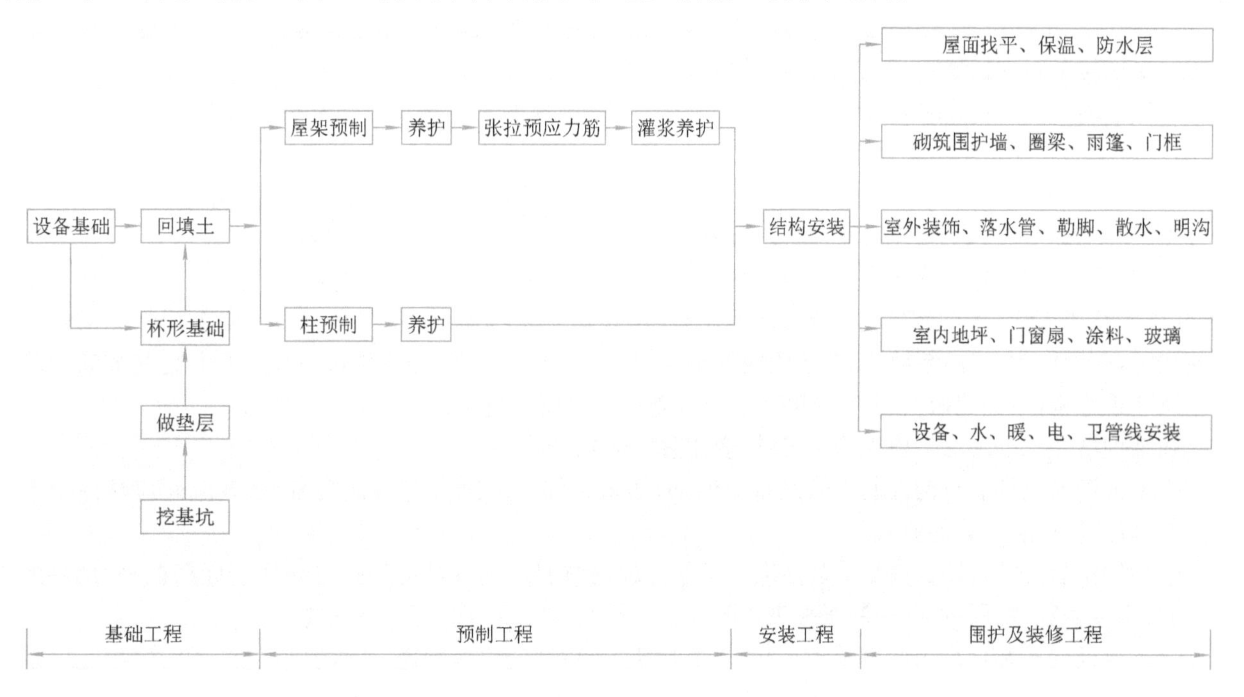

图3.6　单层装配式工业厂房施工顺序示意图

(1)基础工程的施工顺序。装配式单层工业厂房的柱基础大多采用钢筋混凝土杯形基础,其基础工程的施工顺序一般为:挖土→垫层→扎基础筋→支基础模板→浇基础混凝土→拆模→回填土。

在基础工程施工阶段组织施工时,应注意以下几方面:

①若有桩基础工程,则应另列桩基础工程。

②在施工中,挖土、浇混凝土垫层及钢筋混凝土杯形基础,可采取集中力量、分区、分段进行流水施工。但应注意混凝土垫层和钢筋混凝土杯形基础施工后必须有养护时间,待其达到要求的强度后,才能进行下一道工序的施工。

③回填土必须在基础工程完工后及时、一次性地分层对称夯实回填,以保证基础工程质量,并及时提供现场预制构件制作场地。

(2)预制工程的施工顺序。单层工业厂房构件的预制,一般采用加工厂预制和现场预制相结合的方式。通常对于重量较大或运输不便的大型构件,可在拟建车间现场就地预制,如柱、托架梁、屋架、吊车梁等。中小型构件可在加工厂预制,如大型屋面板等标准构件和木制品等宜在专门的加工厂预制。但在具体确定预制方案时,应结合构件技术特征、当地加工的生产能力、工期要求,以及现场施工、运输条件等因素进行技术经济分析之后确定。

一般来说,预制构件的施工顺序与结构吊装方案有关。一般情况下,可按先吊装的构件先预制的原则进行,且需考虑模板的配置数量和周转次数问题。

现场非预应力预制构件制作的施工顺序为:支底模→扎筋→预埋铁件→支侧模→浇混凝土→混凝土养护→拆模。

现场后张法预应力构件制作的施工顺序为:场地平整夯实→支底模(地胎膜或多节脱模)→扎筋→预留孔道→支侧模→浇筑混凝土→养护→拆模→预应力钢筋张拉→锚固→孔道灌浆与养护。

在预制工程施工阶段组织施工时,应注意以下几方面:

①预制构件开始制作的日期、位置、流向和顺序,在很大程度上取决于工作面和后续工程的要求。一般来说,只要基础回填土、场地平整完成一部分之后,结构吊装方案一经确定,构件制作即可开始,制作流向(制作进行的方向)应与基础工程的施工流向(施工进行的方向)一致,这样既能使构件制作早日开始,又能为结构吊装尽早进行创造条件。

②当采用分件吊装法时,预制构件的制作有两种方案:若场地狭窄而工期又允许时,构件制作可分批进行,首先制作柱子和吊车梁,待柱子和吊车梁吊装完后再进行屋架制作;若场地宽敞,可考虑柱子和吊车梁等构件在拟建车间内部预制,屋架在拟建车间外进行制作。

③当采用综合吊装法时,预制构件需一次制作,应视场地的具体情况确定构件是全部在拟建车间内部制作,还是一部分在拟建车间外制作。

(3)结构吊装工程的施工顺序。结构吊装工程是装配式单层工业厂房施工中的主导施工过程,其施工内容为:柱、基础梁、吊车梁、连系梁、屋架、天窗架、屋面板等构件的吊装、校正和固定。

结构吊装工程的施工顺序取决于构件的吊装方法。当采用综合吊装法时,其顺序为:第一次开行吊装柱,并进行其校正和固定;第二次开行吊装吊车梁、连系梁和基础梁;第三次开行吊装屋盖构件。采用节间吊装法时,其顺序为:先吊装第一、二节间的四至六根柱,并迅速进行校正和临时固定,再安装该节间内的吊车梁及屋盖等构件,如此依次逐个节间安装,直至整个厂房安装完毕。

在结构吊装工程施工阶段组织施工时,应注意以下几方面:

①吊装流向通常应与构件制作的流向一致,但如果车间为多跨且有高低跨时,吊装流向应从高低跨柱列开始,以适应吊装工艺的要求。

②构件吊装开始日期取决于吊装前准备工作完成的情况。当柱基杯口弹线和杯底标高抄平、构件的弹线、吊装强度验算、加固设施、吊装机械进场等准备工作完成之后,就可以开始吊装。

③抗风柱的吊装可采用两种顺序:一是在吊装柱的同时,先安装同跨一端的抗风柱,另一端则在屋盖吊装完毕后进行;二是全部抗风柱的吊装均待屋盖吊装完毕后进行。在进行屋盖节间综合吊装之前,先在地面上做好屋架、天窗架及大型屋面板的拼接和加固等准备工作。

(4)围护、屋面、装修和设备安装工程的施工顺序。这个阶段分部工程之间的施工顺序是:围护工程→屋面工程→装修工程→设备安装工程,但有时也可以互相交叉、平行搭接施工。

①围护工程的顺序为:搭设垂直运输机具(龙门架或井架)→内外墙体砌筑→现浇门框、雨篷等。其中脚手架的搭设应配合砌筑工程的施工进行。

②在屋盖构件安装完毕或安装完一部分区段的屋盖构件、垂直运输机具搭好后,就可安排屋面工程的施工。屋面工程的施工顺序同混合结构民用房屋的屋面工程施工顺序。

③装修工程的施工也分为室内装修(地面的整平、垫层、面层,门窗扇安装、玻璃安装、油漆、刷白等)和室外装修(外墙勾缝或抹灰、勒脚抹灰及散水坡抹灰等)。

一般单层厂房的装修工程可与其他施工过程穿插进行。室内地面应在设备基础、地下管沟、给排水管道和地下电缆等各项前期工序完成之后才能开始施工;塑钢门窗框和木门窗框的安装顺序同混合结构居住房屋内装修工程的施工顺序;门窗扇的安装可在内墙刷白后进行;室内刷白应在墙面干燥和大型屋面板灌缝后进行;墙面刷白之后再涂刷各种油漆。

室外装修和室内装修的施工顺序同混合结构民用房屋的室内外装修工程的施工顺序。

(5)设备安装工程的施工顺序。包括水、暖、煤、卫、电的安装,其施工顺序与前述多层混合结构民用房屋基本相同。对于生产设备的安装,由于专业性强、技术要求高等,一般由专业公司承担,承建单位应根据设备特点、工艺要求等,独立编制施工组织设计,并按照专门规定的程序与土建施工协调配合。

上面所述的施工顺序,仅适用于一般情况。建筑施工是一个复杂的过程,建筑结构、现场条件、施工环境不同,均会对施工过程和施工顺序的安排产生不同的影响,因此,对每一个单位工程,必须根据其施工特点和具体情况,合理地确定施工顺序,最大限度地利用空间,争取时间,组织立体交叉平行流水作业,以期达到时间和空间的充分利用。

3.3.2　选择施工方法和施工机械

1. 选择施工方法的依据

选择施工方法和施工机械是制订施工方案的关键,它直接影响施工进度、施工质量、施工安全以及工程成本。编制施工组织设计时,必须根据工程的建筑结构特点、抗震要求、工程量的大小、工期长短、资源供应条件、施工现场的条件和周围环境、施工单位的技术水平和管理水平等,制订出可行方案,并进行技术经济比较,最终确定最优方案。

2. 择施工方法和施工机械的基本要求

选择施工方法和施工机械,应从施工的全局出发,着重考虑影响整个单位工程施工的主导分部分项工程的基本要求,而对于按照常规做法、工人熟悉的和对施工全局和工期影响不大的分部分项工程,只需提出应注意的问题和要求即可。

主导分部分项工程一般是指工程量大、施工工期长的工程和施工技术复杂或采用新技术、新工艺、新结构、新材料,以及对工程质量起关键作用的工程。

(1)选择施工方法的基本要求。应考虑主导分部分项工程的要求;应符合施工组织总设计的要求;应满足施工技术的要求;应考虑如何符合提高工厂化、机械化程度的要求;应符合先进、合理、可行、安全和经济的要求;应满足工期、质量、成本和安全的要求;如果进行冬季或雨季施工,应考虑冬季或雨期对其施工的影响。

(2)选择施工机械的基本要求。应首先根据工程特点选择适宜的主导工程的施工机械。例如,在选择装配式单层工业厂房结构安装用的起重机类型时,当工程量较大而集中时,可以采用生产率较高的塔式起重机;但当工程量较小或工程量虽较大却相当分散时,则采用无轨自行式起重机较经济。在选择起重机型号时,应使起重机在起重臂外伸长度一定的条件下能适应起重量及安装高度的要求。

各种辅助机械或运输工具应与主导施工机械的生产能力协调配套,以充分发挥主导机械的效率。例如,土方工程采用汽车运土时,汽车的载重量应为挖土机斗容量的整数倍,汽车的数量应保证挖土机连续工作。

在同一工地上,应力求施工机械的种类和型号尽可能少一些,以利于机械管理。因此,当工程量大且分散时，宜采用多用途机械施工。

施工机械的选择应考虑充分发挥施工单位现有机械的能力。当本单位的机械能力不能满足工程需要时，则应购置或租赁所需要新型的机械或多用途机械。

3. 择施工方法和施工机械的内容

(1)土石方工程。

①地形比较复杂的场地平整，需要进行土方平衡计算，并绘制土石方平衡调配方案。

②井点降水的方法；井点的平面布置或高程布置；降水设备的型号和数量。明沟排水的集水井数量、位置、做法及排水工具的类别和数量。

③根据土石方工程量，确定土石方开挖或爆破方法，并选择土石方的施工机械。如果采用人工挖土，应确定组织施工的方式、工作班次，并确定施工队(组)的人数；如果采用机械挖土，应确定机械的型号、工作班次、数量、土方开挖的方向等。石方爆破开挖应确定石方爆破的方法、爆破所使用的机具和材料。

④土方放坡开挖的放坡坡度，不放坡开挖采用的支护类型和施工方法。

⑤土方运输方式，运输机械、类型、型号和数量，以及城市环保规定的土方运输允许时间。

⑥验槽和地基处理方法。

⑦土方回填方法、填土压实要求和压实机具的选择。

(2)基础工程。

①浅基础。选择施工机械的类型、型号和数量；浅基础中混凝土垫层和钢筋混凝土基础施工的技术要求等。

②桩基础。桩的类型和直径；施工机械的类型、型号和数量；施工工艺流程；钢筋笼的制作与安放要求；混凝土搅拌、运输及浇注的要求；桩顶的处理方法等。

③水下灌注混凝土。施工机械的类型、型号和数量；混凝土灌注的方法和施工工艺流程；混凝土的组成材料和配合比要求；混凝土施工的技术要求等。

④大体积混凝土。钢筋的连接方法和支架设置；模板的计算和确保模板底标高相同的控制措施；混凝土材料组成和配合比的要求；防止大体积混凝土产生温度裂缝的技术措施；后浇带的形式、混凝土种类、设置要求；混凝土搅拌和输送要求；混凝土的浇注、振捣、养护和温度监测要求；混凝土浇注后的泌水及表面处理；混凝土的养护方法和养护时间；温度监测仪器的使用等。

⑤地下工程防水。防水的种类；施工机具的类型、型号和数量；防水施工工艺要求；防水的细部做法等。

(3)砌筑工程。

①砌体的组砌形式、砌法。

②施工工艺流程和质量要求。

③技术要求。

(4)模板工程。

①模板及支撑系统的类型。

②模板安装方法(现场安装或预组合拼装)及安装的工艺流程。

③绘制复杂模板的放样图。

④模板安装的技术要求。

⑤模板拆除的要求。

(5)钢筋工程。

①钢筋的进场检验和二次复试要求。

②钢筋的存放要求。

③钢筋连接方法及施工机具的类型、型号和数量，技术要求。

④钢筋的加工方式和所需施工机具的类型、型号和数量。

⑤钢筋代换方法及代换要求。

(6)混凝土工程。

①混凝土施工工艺流程。

②混凝土的搅拌要求。

③混凝土的运输要求。

④混凝土浇注的技术要求。

(7)预应力混凝土工程。

①施工方法和施工工艺流程。

②张拉机具的类型、型号和数量。

③预应力筋的包装、运输和堆放要求。

④预应力筋的进场验收要求。

⑤预应力混凝土施工技术要求。

(8)泵送混凝土。

①混凝土泵送设备的类型、型号和数量，输送管管径。

②混凝土泵送设备和输送管的布置。

③施工工艺流程。

④泵送混凝土的原材料和混凝土配合比要求。

⑤混凝土泵送的施工准备。

⑥混凝土泵送的技术要求及注意事项。

(9)结构安装工程。

①确定结构安装方法和起重机械。

②确定构件运输及堆放要求。

③绘制预制构件的现场平面布置图。

(10)屋面防水工程。

①屋面防水的形式。

②屋面防水层的施工方法、施工工艺流程。

③施工机具的类型、型号和数量。

④屋面防水的原材料要求。

⑤屋面防水材料的运输方式。

⑥屋面防水各个分项工程施工的操作要求。

(11)装修工程。

①施工机具的类型、型号和数量。

②施工工艺流程。

③装修样板间的要求。

④选择材料运输方式。

⑤材料的储存要求。

⑥装修各个分项工程施工的操作要求。

(12)现场垂直运输、水平运输机具。

①机具的类型、型号和数量方式。

②机具布置位置、开行路线。

③机具的抗倾覆做法。

(13)脚手架工程。

①脚手架的类型。

②脚手架的搭设要求。

③脚手架安全网的挂设要求和方法。

(14)特殊项目

①采用四新(新结构、新工艺、新材料、新技术)的项目及高耸、大跨、重型构件，水下、深基坑、软弱地基，

冬期施工等项目，均应单独编制施工方案，内容应包括：施工方法，工艺流程、平立剖示意图、技术要求、质量安全注意事项、施工进度、劳动组织、材料构件及机械设备需要量。

②对于大型土石方、打桩、构件吊装等项目，一般均需单独提出施工方法和技术组织措施。

3.3.3 选择组织施工方式

详见任务1。

3.3.4 施工方案的技术经济评价

对施工方案进行技术经济评价是选择最优施工方案的重要环节之一。因为任何一个分部(分项)工程，都有几个可行的施工方案，而施工方案的技术经济评价的目的就是选出一个工期短、质量好、材料省、劳动力安排合理、工程成本低的最优方案。

施工方案的技术经济评价涉及的因素多而复杂，一般只需对一些主要分部工程的施工方案进行技术经济比较，当然有时也需对一些重大工程项目的总体施工方案进行全面的技术经济评价。

一般来说，施工方案的技术经济评价有定性分析评价和定量分析评价两种。

1. 定性分析评价

施工方案的定性分析评价是结合施工实际经验，对若干施工方案的优缺点进行分析比较，如技术上是否可行、施工复杂程度和安全可靠性如何、劳动力和机械设备能否满足需要、是否能充分发挥现有机械的作用、保证质量的措施是否完善可靠、对冬季施工带来的困难有多大等。

2. 定量分析评价

施工方案的定量分析评价是通过计算各方案的几个主要技术经济指标，进行综合比较分析，从中选择技术经济指标较佳的方案。

定量分析的指标通常有：

①工期。选择施工方案就要在确保质量、安全和成本较低的条件下，优先考虑缩短工期。

②单位面积劳动消耗量。同等条件下，单位面积劳动消耗量越小，则机械化程度和劳动生产率越高。

$$\text{单位面积劳动消耗量}=\frac{\text{完成该工程的总劳动量}}{\text{建筑面积}}(\text{工日}/m^2)$$

③材料消耗量。指主要材料的消耗量。

④施工机械化程度。提高施工机械化程度是提高劳动生产率、降低工人劳动强度的有效措施，所以，施工机械化程度的高低是衡量施工方案优劣的指标之一。

$$\text{施工机械化程度}=\frac{\text{机械完成的实物工程量}}{\text{全部实物工程量}}\times 100\%$$

⑤降低成本指标。采用不同的施工方案施工，产生不同的经济效果，可用降低成本额和降低成本率来表示。

$$\text{降低成本额}=\text{预算成本}-\text{计划成本}$$

$$\text{降低成本率}=\frac{\text{降低成本额}}{\text{预算成本}}\times 100\%$$

3.3.5 施工方案实例(钢筋工程)

1. 各分部分项工程施工顺序

(1)基础工程施工顺序：

抄平、放线→挖土→灌注桩施工→挖承台土→浇承台混凝土垫层→扎基础钢筋→支基础模板→浇基础混凝土

(2)主体结构工程施工顺序：

扎柱钢筋→砌基础墙→支柱、梁、板、楼梯模板→浇柱混凝土→扎梁、板、楼梯钢筋→支梁、板、楼梯模板→浇梁、板、楼梯混凝土→拆地下室模板→外墙做垂直防潮层→回填土。

(3)内装修在一个楼层施工顺序：

砌内隔墙→天棚抹灰→墙面抹灰→地面抹灰→楼梯间抹灰→安装门窗扇→刮大白。

(4)外装修施工顺序：

安吊篮→粘贴外墙保温苯板→外墙贴面砖→安装水落管→做散水与台阶。

(5)屋面工程施工顺序：

清理基层→抹找平层→铺隔气层→做保温和找坡层→抹找平层→做防水层→做保护层。

2. 各分部分项工程的施工流向

(1)土方工程施工流向：考虑机械施工的方便，土方水平方向沿着建筑物的长向施工。

(2)土方回填施工流向：按“先深后浅”及“先室外、后房心”的顺序，从场地最低部位开始，由一端向另一端“自下而上”分层铺填。

(3)室外装修工程施工流向：“自上而下”。

(4)室内装修工程施工流向：“自下而上”。

(5)内、外装修工程施工顺序：“先外后内”。

3. 流水施工的组织

(1)基础工程的挖土与垫层不分段，其他施工过程划分为两个施工段组织流水施工。

(2)主体结构划分为两个施工段组织流水施工。

(3)屋面工程和室外装修工程不分段。

(4)室内装修工程按楼层划分施工段。

4. 钢筋工程施工方案

(1)钢筋加工和连接方法。

本工程的钢筋采用机械加工的方法，钢筋的连接采用人工绑扎和焊接连接的方法，直径大于等于22 mm的钢筋采用焊接连接，直径小于 22 mm 的钢筋采用绑扎连接。

(2)钢筋工程施工工艺流程。

①柱子钢筋施工工艺流程：

套柱箍筋→焊接竖向钢筋→画箍筋间距线→绑扎箍筋→绑扎支撑筋(控制垫层厚度)等。

②混凝土剪力墙钢筋施工工艺流程：

修理预留搭接筋→绑立筋、横筋→绑拉筋或支撑筋(控制垫层厚度)等。

③梁钢筋施工工艺流程：

在梁位置处画出箍筋间距→放置箍筋→穿主梁下层纵筋→穿次梁下层钢筋→穿主梁上层钢筋，并按箍筋间距绑扎→穿次梁上层钢筋，并按箍筋间距绑扎→安放垫块(控制垫层厚度)等。

④板钢筋施工工艺流程：

清理模板→在模板上画钢筋位置线→绑扎板下受力筋→绑扎板负弯矩钢筋→安放垫块(控制垫层厚度)等。

⑤楼梯钢筋施工工艺流程：

清理模板→在模板上画钢筋位置→绑扎楼梯主筋→绑扎楼梯分布钢筋→绑扎楼梯踏步钢筋→安放垫块(控制垫层厚度)等。

(3)钢筋绑扎。

①柱子钢筋绑扎。柱每边钢筋数量小于等于 4 根时，接头可在同一截面；柱每边钢筋数量大于 4 根时，同一截面钢筋接头的数量不大于柱钢筋总数的 50%。

在柱子的主筋上做好每段柱所用的箍筋数量标记，然后按档绑扎。在柱子主筋搭接长度内，钢筋绑扎不得少于 3 道，绑扎口应向内。

②剪力墙钢筋绑扎。剪力墙筋为双向受力钢筋，所有钢筋交叉应逐点绑扎，其搭接长度及位置要符合设计图样及施工规定的要求。

剪力墙钢筋应逐点绑扎，双排钢筋之间应绑拉筋或支撑筋，以固定钢筋间距。支撑或拉筋可用 $\phi6$ 或 $\phi8$

的钢筋制作，其纵横间距不大于600 mm。在钢筋外皮绑扎垫块或用塑料卡，以控制保护层厚度。为保持两排钢筋的相对距离，宜采用绑扎定位用的梯形支撑筋，其间距为1 000～1 200 mm。剪力墙底部加强部位的拉筋宜适当加密。

剪力墙内应设置竖向分布钢筋，一级抗震的剪力墙所用竖向分布钢筋的部位和二级抗震剪力墙的加强部位相同，钢筋接头的位置应错开，同一截面有接头的钢筋截面面积不大于钢筋总数的50%。其他剪力墙的钢筋可在同一位置搭接，搭接长度应符合设计要求。

剪力墙的水平钢筋在端部的锚固应符合设计要求。

剪力墙的洞口周围应绑扎补强钢筋，其锚固长度应符合设计要求。

③板钢筋绑扎。板钢筋绑扎时，靠近外围两行的相交点每点都绑扎，中间部分的相交点可相隔交错绑扎，双向受力钢筋必须将钢筋交叉点全部绑扎。若采用一面顺扣应交错变换方向绑扎，也可采用八字扣，但必须保证钢筋不位移。

摆放底板混凝土保护层用砂浆垫块时，应使垫块厚度等于保护层厚度，每1 m左右的距离按梅花型摆放。如基础底板较厚或基础梁及底板用钢量较大，垫块摆放距离可缩小。

板采用双层钢筋时，绑完下层钢筋后，应摆放钢筋马凳或钢筋支架（间距以1 m左右一个为宜），在马凳上摆放纵横两个方向的定位钢筋，钢筋上、下次序及绑扣方法同底板下层的钢筋。

由于板及梁受力的特殊性，上下弹好的墙、柱位置线，进入板的深度应符合设计要求。钢筋甩出的长度不宜过长，其上端应采取措施，保证甩筋垂直、不歪斜、不倾倒及变位。

(4)钢筋连接接头数量。

①对于钢筋的绑扎连接，搭接长度的末端距钢筋弯曲处的距离不应小于钢筋直径的10倍，且接头不宜位于构件最大弯矩处，接头位置应相互错开。从任意绑扎接头中心至搭接长度的1.3倍区段范围内，有绑扎接头的受力钢筋截面面积占受力钢筋总截面面积为受拉区不得超过25%，受压区不得超过50%。

②对于钢筋的焊接连接，在受力钢筋直径35倍、且不小于500 mm的区段范围内，同一钢筋不得有两个接头，在该区段内有接头的受力钢筋截面面积占受力钢筋总截面面积的百分比，非预应力筋在受拉区的不宜超过50%，受压区和装配式构件的连接不受限制；预应力筋在受拉区的不宜超过25%。

(5)受力钢筋的混凝土保护层厚度。

墙与板为15 mm，梁与柱为25 mm，且不小于钢筋的直径。

(6)钢筋工程施工的技术措施。

①钢筋应按设计规定的型号和数量认真配置，在绑扎前应调直。钢筋的锚固长度应按规范或设计要求确定。各连接点的抗震构造钢筋及锚固长度，均应按设计要求进行绑扎。

②当钢筋需要代换时，应征得设计单位的同意，并应符合设计要求或施工规范的规定。钢筋施工前，应提供钢筋大样图与下料单，并应按钢筋大样图与下料单准确下料。绑扎钢筋前应复核构件的轴线尺寸。

③梁、板钢筋绑扎施工时，应先扎主梁筋、后扎次梁筋、再扎板筋。

④钢筋弯钩的朝向应正确。

⑤箍筋数量、弯钩角度和箍筋平直段长度，应符合设计要求和施工规范的规定。

3.4 制订各项技术组织措施

3.4.1 保证工程质量的技术组织措施

保证工程质量的关键是明确质量目标，建立质量保证体系，对工程对象经常发生的质量通病制订防治措施。

1. 技术措施

(1)确保工程定位、放线、标高测量等准确无误的措施。

(2)确保地基承载力及各种基础、地下结构、地下防水、土方回填施工质量的措施。

(3)确保主体承重结构各主要施工过程质量的措施。

(4)确保屋面、装修工程,尤其是卫生间、洗浴室和屋面防水工程施工质量的措施。

(5)确保水下及冬雨期施工质量的措施。

(6)确保各种材料质量的措施。

(7)试块、试样管理的措施。

(8)解决质量通病的措施。

2. 组织措施

(1)建立各级技术责任制、完善内部质保体系,明确质量目标及各级技术人员的职责范围,做到职责明确、各负其责。

(2)加强人员培训工作,贯彻《建筑工程施工质量验收统一标准》和相关专业工程的施工质量验收系列规范。对采用"四新"项目的质量要求或质量通病,应进行分析讲解,以提高施工操作人员的质量意识和工作质量,从而确保工程质量。

(3)建立质量检查验收制度,完善质量检查体系,定期进行质量检查活动,并召开质量分析会议。

(4)推行全面质量管理活动,开展质量竞赛,制订奖优罚劣措施。

(5)对影响质量的风险因素(如工程质量不合格导致的损失,包括质量事故引起的直接经济损失,以及修复和补救等措施发生的费用,以及第三者责任损失等)有识别管理办法和防范对策。

3.4.2　保证安全生产的技术组织措施

1. 技术措施

(1)施工准备阶段的安全技术措施:

①技术准备中要了解工程设计对安全施工的要求,调查工程的自然环境对施工安全,以及施工对周围环境安全的影响等。

②物资准备时要及时供应质量合格的安全防护用品,以满足施工需要。

③施工现场准备中,各种临时设施、库房、易燃易爆品的存放都必须符合安全规定。

④施工队伍准备中,总包、分包单位都应持有《建筑业企业安全资格证》。

(2)施工阶段的安全技术措施:

①针对拟建工程地形、地貌、环境、自然气候、气象等情况,提出可能突然发生自然灾害时有关施工安全方面的措施,以减少损失,避免伤亡。

②提出易燃、易爆品严格管理、安全使用的措施。

③防火、消防措施,有毒、有尘、有害气体环境下的安全措施。

④土方、深基坑施工、高空作业、结构吊装、上下垂直平行施工时的安全措施。

⑤各种施工机具的安全操作要求,外用电梯、井架及塔吊等垂直运输机具的安拆要求、安全装置和防倒塌措施,以及交通车辆的安全管理。

⑥各种电气设备防短路、防触电的安全措施。

⑦季节性施工的安全措施。夏季作业有防暑降温措施,雨季作业有防雷电、防触电、防沉陷坍塌、防台风、防洪排水措施,冬季作业有防风、防火、防冻、防滑、防煤气中毒措施。狂风、暴雨、雷电等各种特殊天气发生前后的安全检查措施及安全维护制度。

⑧脚手架、吊篮、安全网的设置,各类洞口、临边防止作业人员坠落的措施。现场周围的通行道路及居民的保护隔离措施。

⑨各施工部位要有明显的安全警示牌。操作者严格遵照安全操作规程,实行标准化作业。

⑩基坑支护、临时用电、模板搭拆、脚手架搭拆要编写专项施工方案。针对新工艺、新技术、新材料、新结构,制订专门的施工安全技术措施。

2. 组织措施

(1)明确安全目标,建立安全保证体系。

(2)执行国家、行业、地区安全法规、标准、规范,以此制订本工程的安全管理制度,以及各专业的工作安全技术操作规程。

(3)建立各级安全生产责任制,明确各级施工人员的安全职责。

(4)制订安全施工宣传、教育的具体措施,进行安全思想,纪律、知识、技能、法制的教育,加强安全交底工作;施工班组要坚持每天开好班前会,针对施工中的安全问题及时提示;在工人进场上岗前,必须进行安全教育和安全操作培训。

(5)定期进行安全检查活动和召开安全生产分析会议,对不安全因素及时进行整改。

(6)需要持证上岗的工种必须持证上岗。

(7)对影响安全的风险因素(如在施工活动中,由于操作者失误、操作对象的缺陷以及环境因素等导致的人身伤亡、财产损失和第三者责任等损失)有识别管理办法和防范对策。

3.4.3 成品保护的技术组织措施

1. 技术措施

制订钢筋工程、混凝土工程、砌体工程、室内砖墙及混凝土墙抹灰工程、室内涂料成品、贴面工程、室外贴面墙、吊顶工程、地面与楼面工程、玻璃安装、楼梯铁艺扶手等的成品保护措施。

2. 组织措施

设专人检查成品的保护情况,发现问题及时处理。

3.4.4 保证工期的技术组织措施

1. 技术措施

(1)采取加快施工进度的施工技术方法。

(2)规范操作程序,使施工操作能紧张而有序的进行,避免返工和浪费,以加快施工进度。

(3)采取网络计划技术及其他科学适用的计划方法,并结合电子计算机的应用,对进度实施动态控制。在发生进度延误问题时,能适时调整工作间的逻辑关系,保证进度目标实现。

2. 组织措施

(1)建立进度控制目标体系和进度控制组织系统,落实各层次进度控制人员和工作责任。

(2)建立进度控制工作制度,如检查时间、方法、协调会议时间、参加人员等。定期召开工程例会,分析研究解决各种问题。

(3)建立图样审查、工程变更与设计变更管理制度。

(4)建立对影响进度的因素分析和预测的管理制度,对影响工期的风险因素有识别管理手法和防范对策。

(5)组织劳动竞赛,调动职工积极性,保证进度目标实现。

(6)组织流水作业。

(7)季节性施工项目的合理排序。

3.4.5 文明施工及环境保护的技术组织措施

1. 文明施工措施

(1)建立现场文明施工责任制等管理制度,做到随做随清、谁做谁清。

(2)定期进行检查活动,针对薄弱环节,不断总结提高。

(3)施工现场围栏与标牌设置规范,出入口交通安全,道路畅通,场地平整,安全与消防设施齐全。

(4)临时设施规划整洁,办公室、宿舍、更衣室、食堂、厕所清洁卫生。

(5)各种材料、半成品、构件进场有序,避免盲目进场或后用先进等情况,现场材料应堆放整齐,分类管理。

(6)做好成品保护及施工机械修养工作。

2. 环境保护措施

(1)项目经理部应根据环境管理系列标准建立项目环境监控体系，不断反馈监控信息，采取整改措施。

(2)施工现场泥浆和污水未经处理不得直接排入城市排水设施和河流、湖泊、池塘。

(3)除有符合规定的装置外，不得在施工现场熔化沥青和焚烧油毡、油漆，亦不得焚烧其他可产生有毒有害烟尘和恶臭气味的废弃物，禁止将有毒有害废弃物作土方回填。

(4)建筑垃圾、渣土应在指定地点堆放，每日进行清理。高空施工的垃圾及废弃物应采用密闭式串筒或其他措施清理搬运。装载建筑材料、垃圾或渣土的车辆，应采取防止尘土飞扬、洒落或流溢的有效措施。施工现场应根据需要设置机动车辆冲洗设施。

(5)在居民和单位密集区域进行爆破、打桩等施工作业前，项目经理部应按规定申请批准，还应将作业计划、影响范围、程度及有关措施等情况，向受影响范围的居民和单位通报说明，取得协作和配合；对施工机械的噪声与振动扰民，应采取相应措施予以控制。

(6)经过施工现场的地下管线，应由发包人在施工前通知承包人，标出位置，加以保护。施工时发现文物、古迹、爆炸物、电缆等，应当停止施工保护好现场，及时向有关部门报告，按照有关规定处理后方可继续施工。

(7)施工中需要停水、停电、封路或影响环境时，必须经有关部门批准，事先告知。在行人、车辆通行的地方施工，沟、井、坎、穴应设置覆盖物和标志。

(8)施工现场在温暖季节应绿化。

3.4.6 降低工程成本的技术组织措施

制订降低工程成本的措施要依据三个原则，即全面控制原则、动态控制原则、创收与节约相结合的原则。具体可采用如下措施：

(1)建立成本控制体系及成本目标责任制，实行全员全过程成本控制，搞好变更、索赔工作，加快工程款回收。

(2)临时设施尽量利用已有的各项设施，或利用已建工程作临时设施，或采用工具式活动工棚等，以减少临时设施费用。

(3)劳动组织合理，提高劳动效率，减少总用工数。

(4)增强物资管理的计划性，从采购、运输、现场管理、材料回收等方面，最大限度地降低材料成本。

(5)综合利用吊装机械，提高机械利用率，减少吊次，以节约台班费。缩短大型机械进出场时间，避免多次重复进场使用。

(6)增收节支，减少施工管理费的支出。

(7)保证工程质量，减少返工损失。

(8)保证安全生产，降低事故频率，避免意外工伤事故带来的损失。

(9)合理进行土石方平衡，以节约土方运输及人工费用。

(10)提高模板精度，采用工具模板、工具式脚手架，加速模板等材料的周转，以节约模板和脚手架费用。

(11)采用先进的钢筋连接技术，以节约钢筋。

(12)混凝土中掺外加剂或掺合料(粉煤灰等)，以节约水泥用量。

(13)编制工程预算时，应“以支定收”，保证预算收入；在施工过程中，要“以收定支”，控制资源消耗和费用支出。

(14)强经常性的分部分项工程成本核算分析及月度成本核算分析，及时反馈，以纠正成本的不利偏差。

(15)对费用超支风险因素(如价格、汇率和利率的变化，或资金使用安排不当等风险事件引起的实际费用超出计划费用)有识别管理办法和防范对策。

3.4.7 质量通病的防治措施

质量通病主要包括：屋面渗漏，顶层天棚结露，地面起砂、空鼓、裂缝、接缝不平，面层起泡、开花、有抹纹、结露，涂料霉变，卫生间地面渗漏，混凝土墙、柱“断条”、“烂根”、周边结露，现浇钢筋混凝土通长挑檐及雨蓬产生垂直于建筑物墙面的不规则裂缝，现浇钢筋混凝土楼板底标高超差、倾斜，首层地面开裂、下沉、填土不符合要求，现浇混凝土板出现裂缝，窗现浇过梁支座处无钢筋保护层，钢筋表面锈蚀、箍筋不规范、钢筋骨架变形、同截面钢筋接头过多、箍筋间距不一致、钢筋保护层不准及负弯矩筋位置偏下，梁模板底不平直、梁支撑底部不平与下挠，混凝土梁、板连接处的模板嵌入梁的混凝土内，砌筑砂浆和易性差及砂浆沉底结硬、基础防潮层失效、砖缝砂浆不饱满及砂浆与砖黏结不良，混凝土拆模后，出现麻面、蜂窝、露筋及缺棱掉角的现象，铝塑窗、高级平开木门质量及安装质量不符合要求，周边结露严重。根据不同的通病制订不同的防治措施。

3.4.8 季节性施工措施

1. 雨期施工

雨期施工项目主要为主体后期和装修工程。

(1)组织措施：

①由项目经理全面负责，组织项目各部门实施，由工长进行雨期施工技术安全与环保交底。质量员和安全员检查雨期施工技术安全环保和防汛抢险预案的落实情况、工程质量和施工安全环保情况。

②为减少雨期施工对工程质量、施工安全、职工健康财产安全和环境保护等方面的影响，成立项目经理领导的防汛抢险小组。

③应急程序：首先发现汛情及紧急情况，应立即向公司防汛抢险办公室报告，然后通告本项目部所有人员到位，按小组分工各负其责进行应急抢险。

(2)准备工作：

①雨季前完成现场平整和排水。

②电工在雨季前完成施工现场电线及开关电器的检查，发现问题立即维修。对所有接地进行复测，总配电箱处接地电阻不大于 4 Ω，重复接地电阻不大于 10 Ω。

③项目材料员在雨季前完成材料的分类、整垛及材料堆放地的平整工作。

④将塔基四周清理干净，并向四周做排水坡，防止雨水流入塔基内，塔基上部用脚手架或木板满铺，并覆盖厚塑料布，防雨水进入，并在塔基内设集水坑一个。

⑤钢筋加工场及堆放场按现场情况做排水坡。

⑥钢筋、模板加工机械由工长安排使用人在使用前检查维修。

⑦技术安全交底时要有针对性的防雨措施。

⑧有防水、防潮要求的装修、防水、保温、焊条、焊剂等小型材料要堆放在库房内，堆放时要垫高防潮。加气混凝土块、水泥等大宗材料在现场堆放，堆放时下部垫离地面，上部覆盖篷布或塑料布防雨，四周作好挡水、排水措施。

⑨对办公室、库房、加工棚等临时设施做一次全面检查，要保证屋面不漏雨、室内不潮湿、通风良好、周围不积水。

(3)技术措施：

①钢筋工程。冷拉后的钢筋禁止水泡，应垫高或尽快加工使用。钢筋禁止雨天露天焊接，4 级以上风力时应用挡板挡风。钢筋表面有水或潮湿时，应排除积水或晾干后再施焊。

②模板工程。模板堆放应坚实平整，不积水，堆放时应平放，且堆放整齐，无可靠支挡措施时禁止立放，防止大风时吹倒模板伤人及损坏。风力超过 5 级时禁止吊墙模板，风力超过 6 级时禁止吊装作业。

③砌筑工程。雨天或雨后拌制砂浆前，要测定砂石含水率，调整砂浆内砂子或石的含量，雨天施工时的砂浆稠度应适当减少。砂浆要随拌随用，当施工期间最高气温超过 30 ℃时，水泥砂浆和水泥混合砂浆必须分别在拌成后的 2h 和 3h 内使用完毕。超过规定时间的砂浆，不得使用，也不得重新拌合后再使用。加气混凝土砌块禁止淋雨，要覆盖防雨棚布，地面不得积水。砌筑外墙时，每日收工时墙顶摆一层干砖，避免雨水冲刷砂浆。

④装修工程。室内抹灰受雨季影响较小，主要是在顶棚抹灰时，一定要将顶板的预留洞口、预留管道口等进行封闭，防止顶板漏水污染抹灰部分。外墙暴露在室外，受雨淋、日晒影响大，室外抹灰、镶贴面砖施工时要听天气预报，了解一至两天的天气情况，避开雨天室外作业。外墙在烈日下抹灰时，抹完后要挂麻袋片或编织袋洒水遮挡养护。

2. 冬期施工

(1)安排专人收看天气预报，有大风降温时调整作业计划。

(2)混凝工程采用综合蓄热法施工。搅拌用水加热，必要时砂子加热，调整上料顺序，后加水泥，使混凝土入模温度控制在100 ℃以上。门窗口封闭。混凝土中掺用外加剂，初冬、初春掺减水引气早强剂，严冬时掺减水抗冻剂。严冬时混凝土采用短时加热法养护。混凝土板顶用塑料薄膜和保温材料覆盖保温。

(3)塔吊料斗和泵管用岩棉毡包裹保温。

(4)由技术人员进行热工计算，验算混凝土的出机温度、入模温度、保温层厚度和降温时间。安排专人按时测温。

(5)采用成熟度法计算混凝土达到抗冻临界强度的时间，留置同条件养护试块，按试压结果决定混凝土的拆模时间。

(6)砌筑砂浆用普通水泥拌制。砂子不得含有冻块，温度较低时用热水拌制砂浆。砂浆稠度适当加大。

(7)黏土砖表面粉尘、霜雪应清除干净，负温时砖不应浇水。每天砌筑高度不应超过1.2 m，下班时顶面覆盖保温材料保温。

3.4.9 各项技术组织措施实例(钢筋工程)

1. 确保钢筋工程施工质量的技术组织措施

(1)技术措施：

①进场钢筋必须具有出厂合格证，合格证由供方提供，上面盖有红色检验印章。进场钢筋须由具有相应资质的试验室进行二次复试合格后方可使用。

②进场检验合格后的钢筋和加工好的钢筋应按规格、型号分批堆放在由红砖砌成的30 cm高、间距2 m的地垄墙上，以避免污染。钢筋使用前应除去带有颗粒状或片状的铁锈，经除锈后仍有麻点的钢筋，严禁按原规格使用。

③钢筋加工过程中，如发现脆断、焊接性能不良等不合格现象，应将其退场。

④梁箍筋、板筋绑扎前应在梁主筋及模板上画出箍筋、板筋位置线，以保证箍筋和板筋位置的正确、间距准确。

⑤为保证柱筋位置准确，在柱顶部设ϕ12的加强箍，加强箍与柱主筋、梁板筋点焊。

⑥下层板筋搭接接头位置留在支座处，上层板筋搭接接头位置留在跨中。遇到300 mm以内的洞口，钢筋应绕过、不能切断。

⑦为保证钢筋与混凝土的有效结合，防止钢筋污染，在混凝土浇筑后立即清理钢筋上的灰浆，避免其凝固后难以清除。

⑧通过垫块保证钢筋保护的厚度；通过钢筋卡具控制钢筋排距和纵、横间距。

现浇梁、板、柱、墙钢筋安装位置的允许偏差及检验方法见表3.4和表3.5。

表3.4 现浇梁、板、柱钢筋安装位置允许偏差及检验方法

项目		允许偏差/mm	检验方法
绑扎钢筋网	长、宽	±10	钢尺检查：连续量三档，取其最大值
	网眼尺寸	±20	
骨架宽度、高度		±5	尺量检查
骨架长度		±10	尺量检查
绑扎箍筋、横向钢筋间距		±20	钢尺检查：连续量三档，取其最大值

续上表

项　　目		允许偏差/mm	检验方法
受力钢筋	间距	±10	尺量两端、中间各一点，取其最大值
	排距	±5	
受力钢筋保护层	基础	±10	尺量检查
	梁、柱	±5	
	墙、板	±3	

表 3.5　混凝土剪力墙钢筋安装位置允许偏差及检验方法

项目		允许偏差/mm	检验方法
钢筋网的长度、宽度		±10	尺量检查
网眼尺寸	焊接	±10	钢尺检查：连续量三档，取其最大值
	绑扎	±20	
受力钢筋	间距	±10	尺量两端、中间各一点，取其最大值
	排距	±5	
箍筋、构造筋间距	焊接	±10	钢尺检查：连续量三档，取其最大值
	绑扎	±20	
受力钢筋保护层	梁、柱	±5	尺量检查
	墙、板	±3	

(2)组织措施：

①钢筋绑扎后，经质量检查员、监理员验收合格后方可进行下道工序的施工。

②浇注混凝土时，应有专人负责看筋，随时校正倒、歪的钢筋。

2. 确保钢筋工程施工安全的组织措施

(1)进入施工现场必须正确使用“三保”用品，遵守安全操作规程，严禁违章作业、酒后作业、带病作业。

(2)钢筋加工场地要平整，工作台要牢固。

(3)钢筋调直机现场 1 m 区域以内禁止有行人。

(4)使用切断机断料时，钢筋应放在刀口底部，刀片要根据磨损情况及时更换。连续切断钢筋时要适当间歇，以免刀具过热而损坏。

(5)运送钢筋要照顾前后左右施工人员，并保持一定距离，以免钢筋碰伤他人。

(6)钢筋机械设备应指定专人操作，其他人严禁使用。不使用时应拉闸断电，并将电闸箱锁好。

(7)钢筋工施工时要和周围施工人员作好穿插作业，发现有不安全隐患应及时解决。

(8)对同钢筋工一起绑扎下料的力工，应先做好安全交底后上岗作业。

(9)施工人员到操作点作业，一定要走安全通道，严禁施工人员爬模板或乘坐起重吊盘。使用弯曲机时手不允许放在两轴之间，以防止伤手。

(10)钢筋设备应按规范安装，使用前应认真检查，严禁带病运行。

计　划　单

<table>
<tr><td>学习领域</td><td colspan="5">施工组织与进度控制</td></tr>
<tr><td>学习情境二</td><td colspan="3">编制单位工程施工组织设计</td><td>学　　时</td><td>28</td></tr>
<tr><td>工作任务 3</td><td colspan="3">编制单位工程施工方案</td><td>计划学时</td><td>1</td></tr>
<tr><td>计划方式</td><td colspan="5">小组讨论，团队协作共同制订计划</td></tr>
<tr><td>序　　号</td><td colspan="4">实 施 步 骤</td><td>使用资源</td></tr>
<tr><td></td><td colspan="4"></td><td></td></tr>
<tr><td></td><td colspan="4"></td><td></td></tr>
<tr><td></td><td colspan="4"></td><td></td></tr>
<tr><td></td><td colspan="4"></td><td></td></tr>
<tr><td></td><td colspan="4"></td><td></td></tr>
<tr><td></td><td colspan="4"></td><td></td></tr>
<tr><td></td><td colspan="4"></td><td></td></tr>
<tr><td></td><td colspan="4"></td><td></td></tr>
<tr><td></td><td colspan="4"></td><td></td></tr>
<tr><td>制订计划
说明</td><td colspan="5"></td></tr>
<tr><td rowspan="3">计划评价</td><td>班　　级</td><td></td><td>第　　组</td><td>组长签字</td><td></td></tr>
<tr><td>教师签字</td><td colspan="2"></td><td>日　　期</td><td></td></tr>
<tr><td colspan="5">评语：</td></tr>
</table>

决 策 单

<table>
<tr><td>学习领域</td><td colspan="5">施工组织与进度控制</td></tr>
<tr><td>学习情境二</td><td colspan="3">编制单位工程施工组织设计</td><td>学　　时</td><td>28</td></tr>
<tr><td>工作任务3</td><td colspan="3">编制单位工程施工方案</td><td>决策学时</td><td>1</td></tr>
<tr><td colspan="6">方 案 讨 论</td></tr>
<tr><td rowspan="9">方案对比</td><td>组　　号</td><td>方案的可行性</td><td>方案的先进性</td><td>实施难度</td><td>综合评价</td></tr>
<tr><td>1</td><td></td><td></td><td></td><td></td></tr>
<tr><td>2</td><td></td><td></td><td></td><td></td></tr>
<tr><td>3</td><td></td><td></td><td></td><td></td></tr>
<tr><td>4</td><td></td><td></td><td></td><td></td></tr>
<tr><td>5</td><td></td><td></td><td></td><td></td></tr>
<tr><td>6</td><td></td><td></td><td></td><td></td></tr>
<tr><td>7</td><td></td><td></td><td></td><td></td></tr>
<tr><td>8</td><td></td><td></td><td></td><td></td></tr>
<tr><td rowspan="3">方案评价</td><td>班　　级</td><td></td><td>第　　组</td><td>组长签字</td><td></td></tr>
<tr><td>教师签字</td><td colspan="2"></td><td>日　　期</td><td></td></tr>
<tr><td colspan="5">评语：</td></tr>
</table>

实 施 单

<table>
<tr><td>学习领域</td><td colspan="4">施工组织与进度控制</td></tr>
<tr><td>学习情境二</td><td colspan="2">编制单位工程施工组织设计</td><td>学　　时</td><td>28</td></tr>
<tr><td>工作任务 3</td><td colspan="2">编制单位工程施工方案</td><td>实施学时</td><td>10</td></tr>
<tr><td>实施方式</td><td colspan="4">小组成员合作共同研讨确定动手实践的实施步骤，每人均填写实施单</td></tr>
<tr><td>序　　号</td><td colspan="2">实 施 步 骤</td><td colspan="2">使用资源</td></tr>
<tr><td></td><td colspan="2"></td><td colspan="2"></td></tr>
<tr><td></td><td colspan="2"></td><td colspan="2"></td></tr>
<tr><td></td><td colspan="2"></td><td colspan="2"></td></tr>
<tr><td></td><td colspan="2"></td><td colspan="2"></td></tr>
<tr><td></td><td colspan="2"></td><td colspan="2"></td></tr>
<tr><td></td><td colspan="2"></td><td colspan="2"></td></tr>
<tr><td></td><td colspan="2"></td><td colspan="2"></td></tr>
<tr><td></td><td colspan="2"></td><td colspan="2"></td></tr>
<tr><td></td><td colspan="2"></td><td colspan="2"></td></tr>
<tr><td colspan="5">实施说明：</td></tr>
<tr><td>班　　级</td><td></td><td>第　　组</td><td>组长签字</td><td></td></tr>
<tr><td>教师签字</td><td></td><td>日　　期</td><td colspan="2"></td></tr>
<tr><td>评　　语</td><td colspan="4"></td></tr>
</table>

作 业 单

<table>
<tr><td>学习领域</td><td colspan="3">施工组织与进度控制</td></tr>
<tr><td>学习情境二</td><td>编制单位工程施工组织设计</td><td>学　　时</td><td>28</td></tr>
<tr><td>工作任务 3</td><td>编制单位工程施工方案</td><td>实施学时</td><td>16</td></tr>
<tr><td>实施方式</td><td colspan="3">小组成员进行任务分工后，分别进行动手实践，共同完成单位工程施工方案编制</td></tr>
<tr><td colspan="4"></td></tr>
</table>

<table>
<tr><td rowspan="3">作业评价</td><td>班　　级</td><td></td><td>第　　组</td><td>组长签字</td><td></td></tr>
<tr><td>教师签字</td><td colspan="2"></td><td>日　　期</td><td></td></tr>
<tr><td colspan="5">评语：</td></tr>
</table>

检 查 单

<table>
<tr><td>学习领域</td><td colspan="5">施工组织与进度控制</td></tr>
<tr><td>学习情境二</td><td colspan="3">编制单位工程施工组织设计</td><td>学 时</td><td>28</td></tr>
<tr><td>工作任务 3</td><td colspan="3">编制单位工程施工方案</td><td>检查学时</td><td>1</td></tr>
<tr><td>序 号</td><td>检查项目</td><td colspan="2">检查标准</td><td>组内互检</td><td>教师检查</td></tr>
<tr><td>1</td><td>工程概况编制内容</td><td colspan="2">工程概况编制内容是否完整</td><td></td><td></td></tr>
<tr><td>2</td><td>施工方案编制内容</td><td colspan="2">施工方案编制内容是否完整</td><td></td><td></td></tr>
<tr><td>3</td><td>施工组织方式选择</td><td colspan="2">施工组织方式选择是否合理</td><td></td><td></td></tr>
<tr><td>4</td><td>施工顺序确定</td><td colspan="2">施工顺序是否符合施工工艺、施工质量及安全等要求</td><td></td><td></td></tr>
<tr><td>5</td><td>施工方法和机械选择</td><td colspan="2">施工方法和机械选择是否合理、可行</td><td></td><td></td></tr>
<tr><td>6</td><td>各项技术组织措施制定</td><td colspan="2">各项技术组织措施是否合理、可行</td><td></td><td></td></tr>
<tr><td rowspan="3">检查评价</td><td>班 级</td><td></td><td>第 组</td><td>组长签字</td><td></td></tr>
<tr><td>教师签字</td><td colspan="2"></td><td>日 期</td><td></td></tr>
<tr><td colspan="5">评语：</td></tr>
</table>

评 价 单

<table>
<tr><td>学习领域</td><td colspan="8">施工组织与进度控制</td></tr>
<tr><td>学习情境二</td><td colspan="5">编制单位工程施工组织设计</td><td>学 时</td><td colspan="2">28</td></tr>
<tr><td>工作任务3</td><td colspan="5">编制单位工程施工方案</td><td>评价学时</td><td colspan="2">1</td></tr>
<tr><td>考核项目</td><td colspan="2">考核内容及要求</td><td>分 值</td><td>学生自评
（10%）</td><td>小组评分
（20%）</td><td>教师评分
（70%）</td><td colspan="2">实 得 分</td></tr>
<tr><td>单位工程工程概况编制（10分）</td><td colspan="2">工程概况内容完整</td><td>10</td><td></td><td></td><td></td><td colspan="2"></td></tr>
<tr><td rowspan="3">施工方案编制
（30分）</td><td colspan="2">合理选择施工组织方式</td><td>10</td><td></td><td></td><td></td><td colspan="2"></td></tr>
<tr><td colspan="2">合理选择施工方法和施工机械</td><td>10</td><td></td><td></td><td></td><td colspan="2"></td></tr>
<tr><td colspan="2">合理确定施工顺序</td><td>10</td><td></td><td></td><td></td><td colspan="2"></td></tr>
<tr><td rowspan="6">制订各项技术组织措施
（30分）</td><td colspan="2">合理制订保证质量的技术组织措施</td><td>10</td><td></td><td></td><td></td><td colspan="2"></td></tr>
<tr><td colspan="2">合理制订保证安全生产的技术组织措施</td><td>10</td><td></td><td></td><td></td><td colspan="2"></td></tr>
<tr><td colspan="2">合理制订成品保护的技术组织措施</td><td>2</td><td></td><td></td><td></td><td colspan="2"></td></tr>
<tr><td colspan="2">合理制订保证工期的技术组织措施</td><td>2</td><td></td><td></td><td></td><td colspan="2"></td></tr>
<tr><td colspan="2">合理制订质量通病的防治措施</td><td>3</td><td></td><td></td><td></td><td colspan="2"></td></tr>
<tr><td colspan="2">合理制订保季节性施工措施</td><td>3</td><td></td><td></td><td></td><td colspan="2"></td></tr>
<tr><td>学习态度
（10分）</td><td colspan="2">上课认真听讲，积极参与讨论，认真完成任务</td><td>10</td><td></td><td></td><td></td><td colspan="2"></td></tr>
<tr><td>完成时间
（10分）</td><td colspan="2">能在规定时间内完成任务</td><td>10</td><td></td><td></td><td></td><td colspan="2"></td></tr>
<tr><td>合 作 性
（10分）</td><td colspan="2">积极参与组内各项任务，善于协调与沟通</td><td>10</td><td></td><td></td><td></td><td colspan="2"></td></tr>
<tr><td></td><td colspan="2">总 计</td><td>100</td><td></td><td></td><td></td><td colspan="2"></td></tr>
<tr><td rowspan="3">评价评语</td><td>班 级</td><td></td><td>姓 名</td><td></td><td>学 号</td><td></td><td>总 评</td><td></td></tr>
<tr><td>教师签字</td><td></td><td>第 组</td><td>组长签字</td><td colspan="2"></td><td>日 期</td><td></td></tr>
<tr><td colspan="8">评语：</td></tr>
</table>

任务4　编制单位工程施工进度计划

任　务　单

<table>
<tr><td>学习领域</td><td colspan="6">施工组织与进度控制</td></tr>
<tr><td>学习情境二</td><td colspan="3">编制单位工程施工组织设计</td><td colspan="2">学　　时</td><td>28</td></tr>
<tr><td>工作任务 4</td><td colspan="3">编制单位工程施工进度计划</td><td colspan="2">学　　时</td><td>6</td></tr>
<tr><td colspan="7">布 置 任 务</td></tr>
<tr><td>工作目标</td><td colspan="6">1. 掌握单位工程施工进度计划的编制内容和方法
2. 能够完成单位工程施工进度计划的编制
3. 能够完成各项资源需要量计划的编制
4. 能够完成单位工程施工准备工作计划的编制
5. 能够在完成任务过程中锻炼职业素质，做到认真严谨、诚实守信</td></tr>
<tr><td>任务描述</td><td colspan="6">为保证拟建工程在满足施工质量要求的前提下，按规定的工期完成施工任务，应在确定的施工方案基础上，根据规定工期和技术物资供应条件，按照合理的施工顺序，编制施工进度计划、各项资源需要量计划及施工准备工作计划。其工作如下：
1. 收集资料：包括原始资料、建筑设计资料及施工资料等
2. 编制单位工程施工进度计划：根据工程性质、规模、现场条件，考虑单位工程施工进度计划的作用，按照编制步骤，合理编制单位工程施工进度计划
3. 编制各项资源需要量计划：包括劳动力需要量计划、主要材料需要量计划、构件和半成品需要量计划、施工机具需要量计划及运输计划等
4. 编制施工准备工作计划：包括调查研究与搜集资料、技术资料准备、资源准备、施工现场准备及季节施工准备等</td></tr>
<tr><td rowspan="2">学时安排</td><td>资　讯</td><td>计　划</td><td>决　策</td><td>实　施</td><td>检　查</td><td>评　价</td></tr>
<tr><td>1 学时</td><td>0.5 学时</td><td>0.5 学时</td><td>3 学时</td><td>0.5 学时</td><td>0.5 学时</td></tr>
<tr><td>提供资料</td><td colspan="6">1. 工程施工资料
2. 建筑施工手册．中国建筑工业出版社，2012
3. 建筑工程施工组织设计实例应用手册．中国建筑工业出版社，2008</td></tr>
<tr><td>对学生的要求</td><td colspan="6">1. 具备常用建筑材料的基本知识
2. 具备工程结构基本知识
3. 具备工程施工技术的基本知识
4. 具备一定的自学能力，一定的沟通协调和语言表达能力
5. 每位同学必须积极参与小组讨论
6. 严格遵守课堂纪律，不迟到，不早退，不旷课
7. 每组需提交单位工程施工进度计划</td></tr>
</table>

资　讯　单

学习领域	施工组织与进度控制		
学习情境二	编制单位工程施工组织设计	学　　时	28
工作任务 4	编制单位工程施工进度计划	资讯学时	1
资讯方式	在参考书、专业杂志、互联网及信息单上查询问题，咨询任课教师		
资讯问题	1. 编制单位工程施工进度计划需收集哪些资料？		
	2. 如何编制单位工程施工进度计划？		
	3. 如何划分施工过程？		
	4. 如何确定工程量？		
	5. 确定各分部分项工程施工延续时间有哪几种方法？		
	6. 编制单位工程施工进度计划初始方案应注意哪些问题？		
	7. 单位工程施工进度计划的检查和调整应从哪些方面入手？如何调整？		
	8. 如何编制单位工程各项资源需要量计划？		
	9. 如何编制单位工程施工准备工作计划？		
资讯引导	1. 在信息单中查找 2. 建筑施工手册. 中国建筑工业出版社，2012 3. 建筑工程施工组织设计实例应用手册. 中国建筑工业出版社，2008 4. 建筑施工组织. 哈尔滨工程大学出版，2012		

信　息　单

学习领域	施工组织与进度控制		
学习情境二	编制单位工程施工组织设计	学　　时	28
工作任务4	编制单位工程施工进度计划	学　　时	6

单位工程施工进度计划是在确定的施工方案的基础上，根据规定工期和技术物资供应条件，按照施工过程的合理施工顺序，用图表形式表示的各分部分项工程在时间和空间上的安排、相互搭接关系及工程开、竣工时间的一种计划安排。

4.1　编制单位工程施工进度计划应收集的资料

(1)建筑总平面图、施工图、工艺设计图、设备及基础图、各种相关的标准图集及技术资料。

(2)施工组织总设计对本单位工程的有关规定和要求，施工合同对本单位工程施工工期和开、竣工日期的规定。

(3)施工条件及施工资源的供应条件。

(4)分包单位的情况。

(5)确定的施工方案。

(6)劳动定额及机械台班定额。

(7)其他有关要求和资料。

4.2　单位工程施工进度计划的表示方式

单位工程施工进度计划通常用横道图(横道进度计划)和网络图(网络进度计划)表示。

一般来说，对于横道进度计划，控制性的单位工程施工进度计划一格可表示5～10天，指导性的单位工程施工进度计划一格可表示1～2天，有时在其下面汇总每天的资源需要量，有时还要绘出资源需要量的动态曲线。

4.3　单位工程施工进度计划的编制步骤和要点

4.3.1　施工横道进度计划编制步骤

(1)熟悉审查施工图样，研究原始资料。

(2)确定施工起点流向，划分施工段和施工层。

(3)分解施工过程，确定施工顺序和工程项目名称。

(4)选择施工方法和施工机械，确定施工方案。

(5)计算工程量，确定劳动量或机械台班数量。

(6)计算工程项目持续时间，确定各项流水参数。

(7)绘制施工横道图。

(8)按照项目进度控制目标要求，调整和优化施工横道计划。

4.3.2　施工网络进度计划编制步骤

(1)熟悉审查施工图样，研究原始资料。

(2)确定施工起点流向,划分施工段和施工层。
(3)分解施工过程,确定施工顺序和工作名称。
(4)选择施工方法和施工机械,确定施工方案。
(5)计算工程量,确定劳动量或机械台班数量。
(6)计算各项工作持续时间。
(7)绘制施工网络图。
(8)计算网络图各项时间参数。
(9)按照项目进度控制目标要求,调整和优化施工网络计划。

4.3.3 施工进度计划编制要点

1. 划分施工过程

施工过程是施工进度计划的基本组成单元。在划分施工过程时,应注意以下几个方面:

(1)划分施工过程的数量及粗细程度。施工过程划分的数量及粗细程度应根据施工进度计划的性质和工程规模、特点等确定。

(2)水、暖、煤、电、卫等设备安装工程及各种机电设备的安装工程通常由专业施工队伍负责施工,因此,在横道施工进度计划中可列出两项,而不必细分,每项分别用一道进度线表示,但要反映出这些项目与土建工程的配合关系。

(3)所有施工过程应大致按施工顺序先后排列,所采用的施工项目名称可参考现行定额手册上的名称。

2. 计算工程量

工程量应根据施工图样和有关技术资料、工程量计算规则和相应的施工方法进行计算。一般可以直接采用施工图预算的数据,但应注意有些项目的工程量应按实际情况作适当调整。工程量计算应注意以下几个问题:

(1)注意工程量的计算单位。各分部分项工程的工程量计算单位应与现行定额手册中所规定单位相一致,以避免计算劳动力、材料和机械数量时进行换算,产生错误。

(2)结合选定的施工方法和施工组织要求计算工程量。计算工程量时,要与采用的施工方法一致,以便计算所得的工程量与实际情况相符合。

(3)正确取用预算文件中的工程量。如果编制单位工程施工进度计划时已编制出预算文件,工程量可按施工过程的划分情况将预算文件中有关项目的工程量汇总。

(4)套用施工定额。施工过程及其工程量确定以后,即可套用施工定额,以确定劳动量和机械台班量。

(5)有些采用新技术、新材料、新工艺或特殊施工方法的施工过程,定额中尚未编入,这时可参考类似项目的定额或经验资料,按实际情况确定。

3. 确定分项工程劳动量或机械台班数量

$$P_i = \frac{Q_i}{S_i} = Q_i \cdot H_i$$

式中:P_i ——某分项工程劳动量或机械台班数量;

Q_i ——某分项工程的工程量;

S_i ——某分项工程的计划产量定额;

H_i——某分项工程的计划时间定额。

(1)对于“其他工程”项目所需劳动量,可根据其内容和数量,结合工地的具体情况,以其占总劳动量的百分比(一般为 10%~20%)计算。

(2)水、暖、煤、电、卫及设备安装等工程项目,一般不计算劳动量和机械台班需要量,仅安排与一般土建工程配合施工的进度。

4. 确定各分部分项工程的施工延续时间

计算方法有定额计算法、经验估算法和倒排工期法。定额计算法计算公式如下:

$$t_i = \frac{P_i}{R_i N_i}$$

式中：t_i ——某分项工程持续时间；

P_i ——某分项工程劳动量或机械台班数量；

R_i ——某分项工程人工数或机械台班数；

N_i ——某分项工程工作班次。

5. 编制单位工程施工进度计划的初始方案

上面所述各项内容完成之后，应检查是否有遗漏、错误，待检查修正后，便可进行施工进度计划的初始方案的编制。其编制方法为：

(1)根据施工经验直接安排。这种方法就是根据经验及有关计算，直接在进度表上画出进度线。这种方法简单实用，但当施工项目多时，不一定能达到最优方案。其编制步骤是：首先安排主导施工过程的施工进度，使其尽可能连续施工，其他穿插施工过程尽可能与主导施工过程配合、穿插、搭接或平行作业，使其相互联系，形成施工进度计划的初始方案。

(2)按工艺组合组织流水施工。这种方法就是分别组织各分部工程内部的流水施工，然后将各分部工程的流水最大限度地合理地搭接起来。

6. 施工进度计划的检查与调整

施工进度计划的初始方案编制完成后，应根据建设单位和有关部门的要求、合同对工期的要求，以及施工条件等进行检查与调整，直至满足要求，形成正式的施工进度计划。

(1)施工进度计划的检查与调整主要从以下几个方面入手：

①各施工过程的施工顺序、平行搭接时间、技术和组织间歇时间是否合理。

②初始方案的总工期是否满足规定工期的要求。

③主导施工过程是否满足连续、均衡施工的要求。

④主要资源是否被均衡、充分地利用。

(2)施工进度计划的调整方法：

①工期调整的方法。工期调整的方法一般有：增加或缩短某些主导施工过程的施工时间；在施工顺序允许的情况下，将某些施工过程的施工时间向前或向后移动；必要时，还可以通过改变施工方法或施工组织进行工期的调整。

②资源消耗均衡性的检查调整方法。施工进度计划的各项资源均应尽量做到均衡使用、避免过分集中，以利于施工的顺利进行和企业经济效益的不断提高。

7. 编制正式的施工进度计划

由于建筑施工是一个复杂的生产过程，受到周围很多客观条件的影响，因此，在编制施工进度计划时要认真了解施工的客观条件，预见施工可能出现的问题，使进度计划符合客观情况，达到既先进合理、又留有余地。在计划执行过程中，往往因某些原因而使实际施工进度提前或拖后，因此，修改与调整后的施工进度计划不是一成不变的，应随时掌握施工动态，经常检查，根据客观变化不断地调整计划。

4.4 编制各项资源需要量计划

4.4.1 编制劳动力需用量计划

劳动力需用量计划主要反映单位工程施工中所需要的各种技工人数、普工人数，一般要求按月分旬编制计划，是安排劳动力和衡量劳动力耗用指标、安排生活福利设施的依据。其编制方法是将施工进度计划表内所列各施工过程每天(或旬、月)所需工人人数按工种汇总而得。其表格形式如表 4.1 所示。

表 4.1 劳动力需用量计划

序号	工种名称	需用总工日数	需用人数及进场日期							备注
			4 月	5 月	6 月	7 月	8 月	9 月	10 月	
1	钢筋工	2 600	10	20	20	20				
2	…									

4.4.2 编制主要材料计划

主要材料需要量计划是备料、供料和确定仓库、堆场面积及组织运输的依据，其编制方法是根据施工预算、材料消耗定额和施工进度计划，将施工进度计划表中各施工过程的工程量，按材料品种、规格、数量和使用时间计算汇总而得。其表格形式如表 4.2 所示。

表 4.2 主要材料计划

序号	名称	规格	需用量		供应起止日期	备 注
			单位	数量		
1	钢筋	HPB300 HRB335	t	1 800	××××年×月×日	
2	…					

4.4.3 编制成品、半成品、构配件加工计划

成品、半成品、构配件加工计划主要用于落实加工订货单位，并按照所需规格、数量、时间，组织加工、运输和确定仓库或堆场，可根据施工图和施工进度计划编制，其表格形式如表 4.3 所示。

表 4.3 成品、半成品、构配件加工计划

序号	名称	设计代号	标准图及型号	规格(mm)	单位	数量	备注
1	防盗门	××	××	200×2 000	樘	110	
2	…						

4.4.4 编制主要机具设备计划

主要施工机具设备计划主要用于确定施工机具的类型、数量、进场时间，可据此落实施工机具来源，并组织进场。其编制方法是根据施工图、施工方案及施工进度计划的要求，将单位工程施工进度表中的每一个施工过程每天所需的机具类型、数量和施工日期进行汇总，即得施工机械需要量计划。其格式如表 4.4 所示。

表 4.4 主要机具设备计划

序号	名称	规格	需用数量		使用起止日期	备注
			单 位	数量		
1	插入式振捣器	HZ6X—50	台	20	××××年×月×日～ ××××年×月×日	
2	…					

4.5 编制施工准备工作计划

施工准备工作是为保证工程顺利完成、达到预期目标而必须事先要做的工作，它不仅存在于开工之前，而且贯穿在整个工程建设的全过程。

建筑施工是一项错综复杂的生产活动，它不但需要耗用大量的材料、动用大批的机具设备、组织安排成百成千的各类专业工人进行施工操作，而且还要处理各种复杂的技术问题，协调内部与外部的各种关系，可谓涉及面广、情况复杂、千头万绪。如果事先没有统筹安排或准备得不充分，就势必会使某些施工过程出现停工待料、延长施工时间、施工秩序混乱的情况，致使工程施工无法正常进行。因此，事先全面细致地做好施工准备工作，对调动各方面的积极因素，合理组织人力、物力，加快施工进度，实现企业预期的工期、质量、成本目标，取得更好的经济效益，都将起着重要作用。施工准备工作的基本任务是为拟建工程的施工建立必要的技术、物质和组织条件，统筹安排施工力量和布置施工现场，确保拟建工程按时开工和持续施工。实践经验证明，严格遵守施工程序，按照客观规律组织施工，及时做好各项施工准备工作，是工程施工能够顺利进行和圆满完成施工任务的重要保证。

4.5.1 施工准备工作的分类

1. 按准备工作的范围不同划分

(1)全场性的施工准备工作。它是以一个建设项目为对象而进行的各项施工准备工作，即为全场性的施工服务，同时也兼顾单位工程施工条件的准备。其作用是保证整个建设项目的顺利完成。

(2)单位(单项)工程的施工条件准备工作。它是以一个建筑物为对象而进行的施工准备工作，即为单位(单项)工程施工服务，同时也兼顾分部分项工程施工作业条件的准备。其作用是保证单位(单项)工程的顺利完成。

(3)分部(分项)工程的作业条件准备工作。它是以一个分部分项工程或冬、雨期施工工程为对象而进行的作业条件准备。其作用是保证分部(分项)工程的顺利完成。

2. 按工程所处施工阶段的不同划分

(1)开工前的施工准备工作。它既包括全场性的施工准备工作，又包括单位(单项)工程施工条件的准备工作，是在拟建工程正式开工之前所进行的各项施工准备工作。这种准备工作具有综合性和总体性，其作用是保证工程的顺利开工。

(2)各阶段施工前的施工准备工作(或开工后的施工准备工作)。它是在拟建工程开工后的某个施工阶段正式开始之前所进行的各项施工准备工作。这种准备工作具有局部性和经常性，其作用是保证分部工程的顺利开工。如一个砖混结构的住宅工程施工，可以按照分部工程划分为基础工程、主体结构工程、屋面工程、装修工程等施工阶段，每个施工阶段的施工内容不同，相应的施工方法、技术措施和施工现场的平面布置等方面也就有所不同，因此，在每个施工阶段开始之前，都必须做好相应的施工准备工作。

4.5.2 施工准备工作计划的编制要求

1. 施工准备工作应分阶段、有步骤、有组织、有计划地进行

(1)施工准备工作不仅要在开工前集中进行，而且要贯穿在整个施工过程中，具有整体性与阶段性的统一，且体现出连续性。如一个砖混结构的住宅工程，其施工准备工作可按照具体情况划分为开工前、开工后的地基基础工程、主体结构工程、屋面工程、装修工程等时间段，分阶段地、有步骤地进行。

(2)应建立施工准备工作的组织机构，配备相应的管理人员。

(3)为保证施工准备工作的按时完成，应编制施工准备工作计划，明确其完成时间、内容要求及责任人员，使其纳入到单位工程施工组织设计和年度、季度及月度施工计划中去，并认真贯彻执行。

2. 施工准备工作应建立责任制和检查制度

为了确保施工准备工作的有效实施，应按施工准备工作计划将责任落实到有关部门和个人，同时明确

各级技术负责人在施工准备工作中应负的责任。除此之外，施工准备工作不但要有计划、有分工，而且要有布置、有检查，以利于经常督促，发现薄弱环节，不断改进工作。

3. 坚持按基本建设程序办事，严格执行开工报告制度。

(1)国家计委关于基本建设大中型项目开工条件的规定：

①项目法人已经设立。项目组织管理机构和规章制度健全，项目经理和管理机构成员已经到位，项目经理已经过培训，具备承担项目施工工作的资质条件。

②项目初步设计及总概算已经批复。若项目总概算批复时间至项目申请开工时间超过两年以上(含两年)，或自批复至开工时间，动态因素变化大，总投资超出原批概算10%以上的，须重新核定项目的总概算。

③项目资本金和其他建设资金已经落实，资金来源符合国家有关规定，承诺手续完备，并经审计部门认可。

④项目施工组织设计大纲(或标前施工组织设计)已经编制完成。

⑤项目主体工程(或控制性工程)的施工单位已经通过招标选定，施工承包合同已经签订。

⑥项目法人与项目设计单位已签订设计图纸交付协议。项目主体工程(或控制性工程)的施工图纸至少可以满足连续三个月施工的需要。

⑦项目施工监理单位已通过招标选定。

⑧项目征地、拆迁的施工场地的“四通一平”(即水通、电通、道路通、通讯通和场地平整)工作已经完成，有关外部配套生产的条件已签订协议。项目主体工程(或控制性工程)的施工准备工作已经做好，具备连续施工的条件。

⑨项目建设需要的主要设备和材料已经订货，项目所需建筑材料已落实来源和运输条件，并已备好连续施工三个月的材料用量。需要进行招标采购设备、材料的，其招标组织机构已落实，采购计划与工程进度相衔接。

国务院各主管部门负责对本行业中央项目的开工条件进行检查。各省(自治区、直辖市)的计划部门负责对本地区地方项目的开工条件进行检查。凡上报国家计委申请开工的项目，必须附有国务院有关部门或地方计划部门的开工条件检查意见。国家计委按照本规定对申请开工的项目进行审核，其中大中型项目批准开工前，国家计委将派人去现场检查落实开工条件。凡未达到开工条件的，不予批准开工。

小型项目的开工条件，各地区、各部门可参照本规定制订具体的管理办法。

(2)单位工程应具备的开工条件的规定。依据《建设工程监理规范》，工程项目开工前，单位工程在做好各项施工准备工作，具备了开工条件时，施工单位应向监理单位报送单位工程的开工报审表及开工报告、证明文件等，由总监理工程师签发，并报建设单位。单位工程应具备的开工条件的如下：

①施工合同已经签订，施工许可证已获政府主管部门的批准。

②征地拆迁工作能满足工程进度的需要。

③施工图纸已经会审并有记录。

④单位工程施工组织设计已获总监理工程师批准并已进行交底。

⑤施工图预算已编制并审定。

⑥施工单位现场管理人员已到位。

⑦现场障碍物已清除，“四通一平”工作已完成，能满足施工需要。

⑧施工所需资源能够满足需要。

⑨各种临时设施已经搭设，能满足施工和生活的需要。

⑩施工现场七牌一图(项目组织机构牌，工程概况牌，施工现场重大危险源公示牌，施工安全文明措施牌，施工消防保卫措施牌，施工环境保护措施牌，施工安全责任牌，施工现场平面布置图)已建立，安全、防火的必要设施已具备。

工程开工/复工报审表、开工报告见表4.5和表4.6，施工组织设计审批表见表4.7。

表 4.5 工程开工/复工报审表

工程名称	××办公楼	编号	×××

致：××工程建设监理公司（监理单位）

我方承担的××办公楼工程，已完成了以下各项工作，具备了开工/复工条件，特此申请施工，请核查并签发开工/复工指令。

附：1. 开工报告

2. 证明文件：

(1)施工合同；

(2)企业资质证书；

(3)营业执照；

(4)图纸会审记录；

(5)施工组织设计（方案）审批表；

(6)材料报验表；

(7)管理人员资质证书

(8)上岗操作证。

施工单位名称：××建筑工程公司　　项目经理（签字）：×××　　××××年×月×日

审查意见：

经检查，××办公楼工程已具备单位工程开工的各项条件。

监理工程师（签字）：×××　　××××年×月×日

审批意见：同意

监理单位名称：××工程建设监理公司　　总监理工程师（签字）：×××　　××××年×月×日

表 4.6 开 工 报 告

工程名称	××办公楼	建设单位	××房地产开发公司	设计单位	××设计院	施工单位	××建筑工程公司
工程地点	××市××区××路××号	结构类型	框架结构	建筑面积	6740.8 m^2	层　数	四层

工程批准文号	××××	施工准备工作情况	施工许可证办理情况	已办理
预算造价	1 038.79 万元		施工图纸会审情况	已会审
计划开工日期	××××年×月×日		主要物资准备情况	已准备
计划竣工日期	××××年×月×日		施工组织设计编审情况	已编审
实际开工日期	××××年×月×日		“四通一平”情况	已具备
合同工期	×××天		工程预算编审情况	已编制
合同编号	××××		施工队伍进场情况	已落实

审核意见	建设单位	监理单位	施工企业	施工单位
	同意 负责人×××（公章） ××××年×月×日	同意 负责人×××（公章） ××××年×月×日	同意 负责人×××（公章） ××××年×月×日	同意 负责人×××（公章） ××××年×月×日

表 4.7 施工组织设计审批表

工程名称	××办公楼	编制人	×××
部　门	审批意见		责任人
项目经理部审批	已审批		项目负责人：××× ××××年×月×日
	已审批		技术负责人：××× ××××年×月×日
	已审批		质量负责人：××× ××××年×月×日
	已审批		安全负责人：××× ××××年×月×日
公司级审批	已审批		技术部门负责人：××× （公章） ××××年×月×日
	已审批		质量部门负责人：××× （公章） ××××年×月×日
	已审批		安全部门负责人：××× （公章） ××××年×月×日
	已审批		生产部门负责人：××× （公章） ××××年×月×日
	已审批		总工程师：××× （公章） ××××年×月×日
监理（建设）单位审批	同意按此方案施工		监理工程师：××× （公章） ××××年×月×日
	同意按此方案施工		总监理工程师（建设单位项目负责人）：××× （公章） ××××年×月×日

4. 施工准备工作应做好几个结合

由于施工准备工作涉及面广，因此，除了施工单位自身努力做好外，还要取得协作单位、相关单位（银行、行政主管部门、交通运输单位、建设单位、监理单位、设计单位、供应单位等）的大力支持，在施工中密切配合，争取早日开工，早日竣工。为保证整个施工过程的顺利进行，应注重做好以下几个结合工作：

（1）施工与设计相结合。施工任务一旦确定后，施工单位应尽早与设计单位结合，着重在总体规划、平面布局、结构选型、构件选择、新材料、新技术的采用和出图顺序等方面与设计单位取得一致意见，以利于日后施工。大型工程尽可能在初步设计阶段插入，一般工程可在施工图阶段插入。

（2）室内与室外准备工作相结合。室内准备工作主要是指各种技术经济资料的编制和汇集，如熟悉图纸、编制施工组织设计等。室外准备工作主要是指施工的现场准备及物资准备。室内准备对室外准备起着指导作用，而室外准备则是室内准备的具体落实。

(3)土建工程与配套工程相结合。在施工准备工作中，土建工程与配套工程应相互配合。总包单位（一般为土建施工单位）在明确施工任务，拟定出施工准备工作的初步规划以后，应及时告知各协作的配套工程单位，使各单位都能心中有数，各自及早做好必要的准备工作。

(4)前期准备与后期准备相结合。由于施工准备工作周期长，有一些是开工前做的，有一些是在开工后交叉进行的。因此，既要立足于前期的准备工作，又要着眼于后期的准备工作。要统筹安排好前、后期的准备工作，把握时机，及时做好近期的施工准备工作。

4.5.3　施工准备工作计划的编制内容和要点

1. 调查研究与收集资料

建筑工程施工涉及的单位多、内容广、情况多变、问题复杂。编制施工组织设计的人员对建设地区的技术经济条件、场地特征和社会情况等，往往不太熟悉。建筑工程的施工在很大程度上要受当地技术经济条件的影响和约束。因此，为了编制出一个符合实际情况、切实可行、质量较高的施工组织设计，就必须做好原始资料的调查和参考资料的收集工作，以了解实际情况，熟悉当地条件，掌握充分的信息，特别是定额信息及与建设单位、设计单位、施工单位有关的信息。

(1)原始资料的调查。原始资料的调查工作是施工准备工作的一项重要内容，也是编制施工组织设计的重要依据。原始资料的调查工作应有计划、有目的地进行，事先要拟订明确的、详细的调查提纲。调查的范围、内容、要求等，应根据拟建工程的规模、性质、复杂程度、工期以及对当地熟悉了解程度而定。到新的不熟悉的地区去施工，调查了解、收集资料应全面、细致一些；反之，可以简略一些。

原始资料的调查一般包括对建设单位和设计单位的调查、对自然条件的调查，见表4.8和表4.9。

表4.8　对建设单位与设计单位调查的内容和目的

序号	调查单位	调查内容	调查目的
1	建设单位	1. 建设项目的设计任务书、有关文件 2. 建设项目性质、规模、生产能力 3. 生产工艺流程、主要工艺设备名称及来源、供应时间、分批和全部到货的时间 4. 建设期限、开工时间、交工先后顺序、竣工投产时间 5. 总概算投资计划、年度建设计划 6. 施工准备工作的内容、安排、工作进度表	1. 施工依据 2. 项目建设部署 3. 制订主要工程施工方案 4. 规划施工总进度 5. 安排年度施工计划 6. 规划施工总平面 7. 确定占地范围
2	设计单位	1. 建设项目总平面规划 2. 工程地质勘察资料 3. 水文勘察资料 4. 项目建筑规模，建筑、结构、装修概况，总建筑面积、占地面积 5. 单项（单位）工程个数 6. 设计进度安排 7. 生产工艺设计、特点 8. 地形测量图	1. 规划施工总平面图 2. 规划生产施工区、生活区 3. 安排大型临建工程 4. 规划施工总进度 5. 计算平整场地土石方量 6. 确定地基、基础的施工方案

表4.9　自然条件调查的内容和目的

序号	项　目	调　查　内　容	调　查　目　的
1		气　象　资　料	
(1)	气温	1. 全年各月平均温度 2. 最高温度、月份，最低温度、月份 3. 冬天、夏季室外计算温度 4. 霜、冻、冰雹期 5. 小于-3℃、0℃、5℃的天数及起止日期	1. 防暑降温 2. 全年正常施工天数 3. 冬期施工措施 4. 估计混凝土、砂浆强度增长

续上表

序号	项目	调查内容	调查目的
1		气象资料	
(2)	降雨	1. 雨季起止时间 2. 全年降水量、一日最大降水量 3. 全年雷暴天数、时间 4. 全年各月平均降水量	1. 雨期施工措施 2. 现场排水、防洪 3. 防雷 4. 雨天天数估计
(3)	风	1. 主导风向及频率(风玫瑰图) 2. 大于或等于8级风的全年天数、时间	1. 布置临时设施 2. 高空作业及吊装措施
2		工程地形与地貌、地质、地震	
(1)	地形与地貌	1. 区域地形图 2. 工程位置地形图 3. 工程建设地区的城市规划 4. 施工控制桩和水准点的位置 5. 地形、地貌的特征 6. 勘察文件、资料等	1. 选择施工用地 2. 合理布置施工总平面图 3. 计算现场平整土方量 4. 障碍物及数量 5. 拆迁和清理施工现场
(2)	工程地质	1. 钻孔布置图 2. 地质剖面图(各层土的特征、厚度) 3. 土质稳定性:滑坡、流砂、冲沟 4. 地基土强度的结论,各项物理力学指标;天然含水量、孔隙比、渗透性、压缩性指标、塑性指数 5. 地基承载力 6. 软弱土、膨胀土、湿陷性黄土分布情况;最大冻结深度 7. 防空洞、枯井、土坑、古墓、洞穴,地基土破坏情况 8. 地下沟渠管网、地下构筑物	1. 土方施工方法的选择 2. 地基处理方法 3. 基础、地下结构施工措施 4. 障碍物拆除计划 5. 基坑开挖方案设计
(3)	地震	地震级别	对地基、结构影响,施工注意事项
3		工程水文地质	
(1)	地下水	1. 最高、最低水位及时间 2. 流向、流速、流量 3. 水质分析 4. 抽水试验、测定水量	1. 土方施工基础施工方案的选择 2. 降低地下水位方法、措施 3. 判定侵蚀性质及施工注意事项 4. 使用、饮用地下水的可能性
(2)	地面水(地面河流)	1. 临近的江河、湖泊及距离 2. 洪水、平水、枯水时期,其水位、流量、流速、航道深度,通航可能性 3. 水质分析	1. 临时给水 2. 航运组织 3. 水工工程
4	周围环境及障碍物	1. 施工区域现有建筑物、构筑物、沟渠、水流、树木、土堆、高压输变电线路等 2. 临近建筑坚固程度及其中人员工作、生活、健康状况	1. 及时拆迁、拆除 2. 保护工作 3. 合理布置施工平面图 4. 合理安排施工进度

(2)收集相关的资料与信息。

①技术经济条件的调查。技术经济资料的调查包括供水、供电及供气条件调查,交通运输条件调查,主要材料、特殊材料及主要设备调查,见表4.10～表4.12。

表4.10 供水、供电及供气条件调查的内容和目的

序号	项目	调查内容	调查目的
1	供排水	1. 工地用水与当地现有水源连接的可能性、可供水量、接管地点、管径、材料、埋深、水压、水质及水费;至工地距离,沿途地形、地物状况 2. 自选临时江河水源的水质、水量、取水方式、至工地距离,沿途地形、地物状况,自选临时水井的位置、深度、管径、出水量和水质 3. 利用永久性排水设施的可能性,施工排水的去向、距离和坡度,有无洪水影响,防洪设施状况	1. 确定施工及生活供水方案 2. 确定工地排水方案和防洪设施 3. 拟定供排水设施的施工进度计划

续上表

序号	项目	调查内容	调查目的
2	供电与电讯	1. 当地电源位置，引入的可能性，可供电的容量、电源、导线截面和电费，引入方向，接线地点及其至工地距离，沿途地形、地物的状况 2. 建设单位和施工单位自有的发、变电设备的型号、台数和容量 3. 利用邻近电讯设施的可能性，电话、电信局等至工地的距离，可能增设电讯设备、线路的情况	1. 确定施工供电方案 2. 确定施工通信方案 3. 拟定供电、通信设施的施工进度
	蒸汽等	1. 蒸汽来源，可供蒸汽量、接管地点，管径、埋深、至工地距离，沿途地形地物状况、蒸汽价格 2. 建设、施工单位自有锅炉的型号、台效和能力。所需燃料和水质标准 3. 当地或建设单位可能提供的压缩空气、氧气的能力，至工地距离	1. 确定施工及生活用气的方案 2. 确定压缩空气、氧气的供应计划

表 4.11　交通运输条件调查的内容和目的

序号	项目	调查内容	调查目的
1	铁路	1. 临近铁路运输专用线、车站至工地的距离及沿途运输条件 2. 站场卸货线长度、起重能力和存储能力 3. 装载单个货物的最大尺寸和重量的限制 4. 运载、装载费和装卸力量	1. 选择施工运输方式 2. 拟定施工运输计划
2	公路	1. 主要材料产地至工地的公路等级，路面构造宽度及完好情况；允许最大载重量 2. 途径桥涵等级，允许最大载重量 3. 当地专业运输机构及附近村镇能提供的装卸和运输能力，汽车、畜力、人力车的数量和运输效率、运费和装载费 4. 当地有无汽车修配厂、修配能力和运至工地的距离	
3	航运	1. 货源、工地至临近河流、码头渡口的距离和道路情况 2. 洪水、平水、枯水期时，通航的最大船只及吨位，取得船只的可能性 3. 码头装载能力，最大起重量，增设码头的可能性 4. 渡口的渡船能力，同时可载汽车、马车数，每日次数，能为施工提供的能力 5. 运费、渡口费和装卸费	

表 4.12　主要材料、特殊材料及主要设备调查的内容和目的

序号	项目	调查内容	调查目的
1	主要材料	1. 钢材订货的规格、牌号、强度等级、数量和到货时间 2. 水泥订货的品种、强度等级、数量和到货时间	1. 确定临时设施和堆放场地 2. 确定水泥储存方式
2	特殊材料	1. 需要的品种、规格、数量 2. 试制、加工和供应情况 3. 进口材料和新材料	1. 制订供应计划 2. 确定储存方式
3	主要设备	1. 主要工艺设备的名称、规格、数量和供货单位 2. 分批和全部到货时间	1. 确定临时设施和堆放场地 2. 拟定防雨措施

建设地区的供水、供电及供气条件的资料可向当地城建、电力和建设单位等进行调查；交通运输条件资料可向当地铁路、交通运输和民航等管理局的业务部门进行调查；主要材料、特殊材料及主要设备资料一般向当地计划、经济等部门进行调查；材料、成品、半成品的价格资料一般向当地物资供应部门、价格管理部门调查；地方资源、地方建筑材料和构件生产企业的资料一般向当地计划、经济及建筑等管理部门进行调查。

由于我国建筑市场的情况，建筑材料、成品及半成品的价格是多种多样的，因此，要始终注意经济信息，掌握平价、议价的价格差别，及时掌握国家材料差价的变化。

②社会资料调查。社会资料调查内容主要包括对社会劳动力及生活设施的调查、对参加施工各单位情况的调查,见表 4.13 和表 4.14。

表 4.13 社会劳动力及生活设施调查的内容和目的

序号	项 目	调 查 内 容	调 查 目 的
1	社会劳动力	1. 少数民族地区的风俗习惯 2. 当地能提供的劳动力人数、技术水平、工资费用和来源 3. 上述人员的生活安排	1. 拟定劳动力计划 2. 安排临时设施
2	房屋设施	1. 必须在工地居住的单身人数和户数 2. 能作为施工用的现有的房屋栋数、每栋面积、结构特征、总面积、位置、水、暖、电、卫、设备状况 3. 上述建筑物的适宜用途,用作宿舍、食堂、办公室的可能性	1. 确定现有房屋为施工服务的可能性 2. 安排临时设施
3	周围环境	1. 主副食品供应,日用品供应,文化教育,消防治安等机构能为施工提供的支援能力 2. 邻近医疗单位至工地的距离,可能就医情况 3. 当地公共汽车、邮电服务情况 4. 周围是否存在有害气体、污染情况,有无地方病	安排职工生活基地,解除后顾之忧

表 4.14 参加施工各单位情况调查的内容和目的

序号	项 目	调 查 内 容	调 查 目 的
1	工人	1. 工人数量、分工种人数,能投入本工程施工的人数 2. 专业分工及一专多能的情况、工人队组形式 3. 定额完成情况、工人技术水平、技术等级构成	1. 了解总、分包单位的技术、管理水平 2. 选择分包单位 3. 为编制施工组织设计提供依据
2	管理人员	1. 管理人员总数,所占比例 2. 其中技术人员数,专业情况,技术职称,其他人员数	
3	施工机械	1. 机械名称、型号、能力、数量、新旧程度、完好率,能投入本工程施工的情况 2. 总装备程度(功率/全员) 3. 分配、新购情况	
4	施工经验	1. 历年曾施工的主要工程项目、规模、结构、工期 2. 习惯采用的施工方法,采用过的先进施工方法,构件加工生产能力,质量 3. 工程质量合格情况 4. 科研成果和技术更新情况	
5	经济指标	1. 劳动生产率指标:产值、产量、全员建安劳动生产率 2. 质量指标:产品优良率及合格率 3. 安全指标:安全事故频率 4. 利润成本指标:产值、资金利润率、成本降低值 5. 机械化、工厂化程度 6. 机械设备完好率、利用率和效率	

社会劳动力和生活设施的资料可向当地劳动、商业、卫生、教育、邮电、交通等主管部门调查;参加施工各单位情况的资料可向建筑施工企业及主管部门调查。

③参考资料的收集。在编制施工组织设计时,为弥补原始资料的不足,有时还可借助一些相关的参考资料来作为编制依据。

参考资料主要包括全国部分地区的温度参考资料和全国部分地区全年雨期的参考资料和施工工期的参考资料等,见表 4.15 和表 4.16。

表 4.15　全国部分地区温度参考资料

城市名称	温度/℃				城市名称	温度/℃			
	月平均		极端			月平均		极端	
	最冷	最热	最低	最高		最冷	最热	最低	最高
北京	−3.7	26.2	−27.4	39.5	徐州	−1.0	27.0	−10.0	39.0
上海	3.4	27.5	−12.1	40.2	南京	13.1	28.2	−14.0	43.0
哈尔滨	−24.8	22.8	−41.4	38.0	广州	4.9	28.7	−0.3	38.7
长春	−17.2	23.0	−39.8	39.5	南昌	−12.8	29.7	−2.6	40.9
沈阳	8.5	24.0	−24.9	35.2	南宁	4.6	28.2	−2.1	40.4
大连	−5.0	24.0	−21.0	30.0	长沙	−5.1	29.5	−2.0	40.0
石家庄	−2.9	26.5	−26.5	42.7	重庆	4.6	29.0	−3.8	44.0
太原	−8.0	24.0	−26.8	39.4	贵阳	7.5	24.0	−5.8	32.7
郑州	−0.3	27.5	−17.9	43.0	昆明	7.5	19.9	−5.4	31.5
武汉	2.8	29.0	−3.9	36.0	西安	0.3	27.3	−10.8	36.7
青岛	−0.9	25.3	−16.9	38.9	兰州	−4.1	23.4	−16.8	39.8

表 4.16　全国部分地区全年雨期参考资料

地　　区	雨期起止日期	月　数
长沙、株洲、湘潭	2月1日～8月31日	7
南昌	2月1日～7月31日	6
汉口	4月1日～8月15日	4.5
上海、成都、昆明	5月1日～8月30日	5
重庆、宜宾	5月1日～10月31日	6
长春、哈尔滨、佳木斯、牡丹江、开远	6月1日～8月31日	3
大同、侯马	7月1日～7月31日	1
包头、新乡	8月1日～8月31日	1
沈阳、葫芦岛、北京、天津、大连、长治	7月1日～8月31日	2
齐齐哈尔、富拉尔基、宝鸡、绵阳、德阳、太原、西安、洛阳、郑州	7月1日～9月15日	2.5

全国部分地区的温度参考资料和全国部分地区的全年雨期参考资料可向当地气象部门调查或通过上网查询调查。

施工工期的确定可参考国家城乡建设环境保护部颁发的《建筑安装工程工期定额》，该定额是用以控制建筑工程工期的定额，可供施工单位编制施工组织设计和投标标书以及考核施工工期，也可用于编制招标标底和签订建筑工程承包合同。除此之外，施工工期参考资料还可利用施工组织设计实例或通过平时施工实践活动来获得。

2. 技术资料准备

技术资料准备即通常所说的“内业”工作，其主要内容包括：熟悉与审查图纸，编制中标后施工组织设计，编制施工预算以及进行技术交底等。

技术准备是施工准备工作的核心，指导着现场施工准备工作，对于保证建筑产品质量、实现安全生产、加快工程进度、提高工程经济效益都具有十分重要的意义。

(1)熟悉与审查图纸。

①熟悉与审查图样的组织。由施工单位的工程项目经理部组织有关工程技术人员认真熟悉图纸，了解设计意图、建设单位要求和施工应达到的技术标准，明确工程流程。

②熟悉与审查图纸的要求：

• 先粗后细。就是先看平面图、立面图、剖面图，对整个工程的概貌有一个了解，对总的长、宽尺寸，轴线尺寸、标高、层高、总高有一个大体的印象。然后再看细部做法，核对总尺寸与细部尺寸、位置、标高是否相符，门窗表中的门窗型号、规格、形状、数量是否与结构相符等。

• 先小后大。就是先看小样图，后看大样图。核对在平面图、立面图、剖面图中标注的细部做法与大样图的做法是否相符；所采用的标准构件图集编号、类型、型号，与设计图样有无矛盾，索引符号有无漏标之处，大样图是否齐全等。

• 先建筑后结构。就是先看建筑图，后看结构图。把建筑图与结构图互相对照，核对其轴线尺寸、标高是否相符，有无矛盾，查对有无遗漏尺寸，有无构造不合理之处。

• 先一般后特殊。就是先看一般的部位和要求，后看特殊的部位和要求。特殊部位一般包括地基处理方法、变形缝的设置、防水处理要求和抗震、防火、保温、隔热、防尘、特殊装修等的技术要求。

• 图样与说明结合。就是要在看图时对照设计总说明和图中的细部说明，核对图样和说明有无矛盾，规定是否明确，要求是否可行，做法是否合理等。

• 土建与安装结合。就是看土建图时，有针对性地看一些安装图，核对与土建有关的安装图有无矛盾，预埋件、预留洞、槽的位置、尺寸是否一致，了解安装对土建的要求，以便考虑在施工中的协作配合。

• 图样要求与实际情况结合。就是核对图样有无不符合施工实际之处，如建筑物的相对位置、场地标高、地质情况等是否与设计图样相符；对一些特殊的施工工艺，施工单位能否做到等。

③熟悉与审查图样的重点：

• 基础部分：核对建筑、结构、设备施工图中关于基础留洞的位置及标高，地下室排水方向，变形缝及地下人防出口做法，防水体系的包圈及收头要求等。

• 主体结构部分：各层所用的砂浆、混凝土强度等级，墙、柱与轴线的关系，梁、柱的配筋及节点做法，悬挑结构的锚固要求，楼梯间的构造，设备图和土建图中洞口尺寸及位置的关系。

• 屋面及装修部分：屋面防水节点做法，结构施工时应为装修施工提供的预埋件和预留洞，内、外墙和地面等的材料及做法。

④熟悉与审查图样的三阶段。熟悉和审查施工图样主要是为编制施工组织设计提供各项依据，通常按图样自审、会审和现场签证等三个阶段进行。

第一阶段：自审图样阶段。

在施工图全部（或分阶段）出图以后，由施工单位的项目经理部组织图样自审。通过图样的自审，使参与施工的人员掌握施工图的内容、要求和特点，同时发现施工图中的问题，以便在图样会审时统一提出，解决施工图中存在的问题，确保工程施工顺利进行。

自审图样首先由各工种人员对本工种的有关图样进行审查，掌握和了解图样中的细节；然后总承包单位内部的土建与水、暖、电等专业，共同核对图样，消除差错，协商施工配合事项；最后，总承包单位与外分包单位（如：桩基施工单位、深基坑降水工程施工单位、高级装修施工单位、无黏结预应力张拉施工单位和设备安装施工单位等）在各自审查图样基础上，共同核对图样中的差错并协商有关施工配合问题。

自审图样主要有以下要求：

• 审查拟建工程的地点、建筑总平面图同国家、城市或地区的规划是否一致，审查拟建工程的设计功能和使用要求是否符合经济合理、美观适用、环卫及防火方面的要求。

• 审查建筑平面布置是否符合核准的按建筑红线划定的详图和现场实际情况；是否提供符合要求的永久水准点或临时水准点位置。

• 审查设计图样是否完整齐全以及设计图样和资料是否符合国家有关技术规范要求。

• 审查图样及说明是否完整、齐全、清楚，图中的尺寸、标高、轴线位置、预留孔洞及预埋件、大样图及做法说明有无错误和矛盾，建筑、结构和设备安装图样是否相符、有无“错、漏、碰、缺”，内部结构和工艺设备有无矛盾等。熟悉工业项目的生产工艺流程和技术要求，掌握配套投产的先后次序和相互关系。审查土建施工的质量标准能否满足设备安装的工艺要求。

• 审查地基处理与基础设计同拟建工程地点的工程地质和水文地质等条件是否一致，以及建筑物或构筑物与原地下构筑物及管线之间有无矛盾。深基础的防水方案是否可靠，材料设备能否解决等。

• 明确拟建工程的结构形式和特点，复核主要承重结构的承载力、刚度和稳定性是否满足要求，审查设计图样中的形体复杂、施工难度大和技术要求高的分部分项工程或新结构、新材料、新工艺，在施工技术和管理水平上能否满足质量和工期要求，选用的材料、构配件、设备等能否解决。

• 明确建设的期限、分期分批投产或交付使用的顺序和时间，以及工程所用的主要材料、设备的数量、规格、来源和供货日期。

• 明确建设单位、设计单位和施工单位等之间的协作、配合关系，以及建设单位可以提供的施工条件。

• 审查设计是否考虑了施工的需要，各种结构的承载力、刚度和稳定性是否满足设置内爬、附着、固定式塔式起重机等使用的要求。

第二阶段：图样会审阶段。

图样会审由建设单位组织，设计单位交底，施工单位、监理单位参加，对于重点工程或规模较大及结构、装修较复杂的工程，如有必要可邀请各主管部门、消防、防疫与协作单位参加。

图样会审应填写图样会审记录，由建设、监理、设计和施工四方共同签字、公章，作为指导施工和工程结算的依据。图样会审记录见表4.17。

图样会审首先是设计单位做设计交底，然后施工单位对图样提出问题，有关单位发表意见，与会者讨论、研究、协商，逐条解决问题达成共识，最后由组织会审的单位将共识汇总成文，各单位会签，形成图样会审记录。图样会审记录与施工图样具有同等法律效力，作为技术文件使用。

表4.17　图样会审记录

<table>
<tr><td colspan="2">工程名称</td><td colspan="2">××办公楼</td><td>会审范围</td><td>建筑、结构</td></tr>
<tr><td colspan="2">主持人</td><td colspan="2">×××</td><td>日期</td><td>××××年×月×日</td></tr>
<tr><td rowspan="2">参加人员</td><td>建设单位</td><td colspan="2">×××　×××</td><td>设计单位</td><td>×××　×××　×××</td></tr>
<tr><td>监理单位</td><td colspan="2">×××　×××</td><td>施工单位</td><td>×××　×××</td></tr>
<tr><td>序号</td><td colspan="3">提出问题</td><td colspan="2">处理意见</td></tr>
<tr><td>1</td><td colspan="3">结施—02 承台梁及拉梁锚固做法?</td><td colspan="2">锚入承台 31d</td></tr>
<tr><td>2</td><td colspan="3">结施—02 防水底板保护层厚度?</td><td colspan="2">25 mm</td></tr>
<tr><td>3</td><td colspan="3">…</td><td colspan="2">…</td></tr>
<tr><td></td><td colspan="3"></td><td colspan="2"></td></tr>
<tr><td colspan="6">建设单位　　　　　　　监理单位　　　　　　　设计单位　　　　　　　施工单位
代表(盖章)×××　　　代表(盖章)×××　　　代表(盖章)×××　　　代表(盖章)×××</td></tr>
</table>

第三阶段：图样现场签证阶段(或设计变更阶段)。

图样现场签证是在工程施工中，遵循技术核定和设计变更签证制度，对所发现的问题进行现场签证，作为指导施工、竣工验收和结算的依据。图样现场签证见表4.18。

表4.18　图样现场签证

<table>
<tr><td>工程名称</td><td>××办公楼</td><td>变更项目</td><td>C—5 尺寸</td></tr>
<tr><td>主　送</td><td>××房地产开发有限公司</td><td>编　号</td><td>×××</td></tr>
<tr><td>抄　送</td><td>××建筑工程公司</td><td>日　期</td><td>××××年×月×日</td></tr>
<tr><td>变更理由</td><td colspan="3">建筑物造型更加美观</td></tr>
<tr><td colspan="4">变更内容：
二层 C—5 窗改为 1 500 mm×1 800 mm</td></tr>
<tr><td colspan="4">设计单位(公章)</td></tr>
<tr><td colspan="4">技术负责人：×××　　　　审核人：×××　　　　设计人：×××</td></tr>
</table>

(2)编制中标后的施工组织设计。中标后的施工组织设计是施工企业内部执行的文件，是控制企业施工预算的依据。也就是说，中标后的施工组织设计是施工单位在施工准备阶段编制的指导拟建工程从施工

准备到竣工验收乃至保修回访的技术、经济、组织的综合性文件，也是编制施工预算、实行项目管理的依据，是施工准备工作的主要文件。它是在投标书施工组织设计的基础上，结合所收集的原始资料和相关信息资料，根据图样及会审纪要，按照编制施工组织设计的基本原则，综合建设单位、监理单位、设计单位的具体要求进行编制，以保证工程好、快、省、安全、顺利地完成。

施工单位必须在约定的时间内完成中标后的施工组织设计的编制与自审工作，并填写施工组织设计报审表，报送项目监理机构。总监理工程师应在约定的时间内，组织专业监理工程师审查，提出审查意见后，由总监理工程师审定批准，需要施工单位修改时，由总监理工程师签发书面意见，退回施工单位修改后再报审，总监理工程师应重新审定，已审定的施工组织设计由项目监理机构报送建设单位。施工单位应按审定的施工组织设计文件组织施工，如需对其内容做较大变更，应在实施前将变更书面内容报送项目监理机构重新审定。对规模大、结构复杂或属新结构、特种结构的工程，专业监理工程师提出审查意见后，由总监理工程师签发审查意见，必要时与建设单位协商，组织有关专家会审。施工组织设计审批表见表 4.7，其修改审批表见 4.19。

表 4.19　施工组织设计修改审批表

<table>
<tr><td>工程名称</td><td colspan="2">××办公楼</td><td colspan="2">工程编号</td><td>×××</td></tr>
<tr><td>施工单位</td><td colspan="2">××建筑工程公司</td><td colspan="2">修改项目</td><td>紧急预案、环境管理措施</td></tr>
<tr><td colspan="6">修改内容：
根据监理单位提出的修改意见，本企业针对问题做出如下修改：
1. 已补充制订紧急情况处理措施、预案以及抵抗风险的措施。
2. 健全项目部环境管理体系，增加环境管理专项措施。
以上补充修改内容建施工组织设计(改)。</td></tr>
<tr><td>项目部审批</td><td>项目负责人：×××
同意该修改施组
技术负责人：×××
同意
质量负责人：×××
同意
安全负责人：×××
同意
××××年×月×日</td><td>公司审批</td><td>技术部门
负责人：×××
同意
质量部门
负责人：×××
同意
安全部门
负责人：×××
同意
生产部门
负责人：×××
同意
总工程师：×××
同意
××××年×月×日</td><td>监理审批</td><td>监理工程师：×××
同意该补充修改的施工组织设计。
总监理工程师
(建设单位负责人)：×××
同意
××××年×月×日</td></tr>
</table>

(3)编制施工预算。施工预算是施工单位根据施工合同价款、施工图样、施工组织设计或施工方案、施工定额等文件进行编制的企业内部经济文件，它直接受施工合同中合同价款的控制，是施工前的一项重要准备工作。它是施工企业内部控制各项成本支出、考核用工、签发施工任务书、限额领料，基层进行经济核算和经济活动分析的依据。在施工过程中，要按施工预算严格执行控制各项指标，以促进降低工程成本和提高施工管理水平。

(4)施工组织设计的计划和技术交底。施工组织设计的计划和技术交底的内容包括：项目的施工进度计划、月(旬)作业计划；施工工艺、质量标准、安全技术措施、降低成本措施和施工验收规范的要求，新结构、新材料、新技术和新工艺的实施方案和保证措施；图样会审中所确定的有关部位的设计变更和技术核定等事项做出具体的要求与指导，尤其强调技术交底工作应详细。交底工作应该按照管理系统逐级进行，由上而下直到工人队组。

施工组织设计的计划和技术交底的内容必须具体、准确，各项数据应量化。交底记录应由交底人和被交底人签字确认后方为有效。施工技术（质量）交底记录见表 4.20。

表 4.20　技术（质量）交底记录

工程名称	××办公楼	交底项目	砌筑工程
工程编号	×××	交底日期	××××年×月×日
交底内容：施工准备、施工要点和技术要求			
文字说明或附图 本工程采用 90 mm 陶粒混凝土空心砌块砌筑。 1. 施工准备。墙体砌筑前，应先对基层进行检查，符合要求后方可施工。砌筑的水泥应有出厂合格证并经复试检验合格，砂浆强度符合设计要求，砌块、原材料有合格证，且复试合格。龄期不足 28 天及潮湿的陶粒混凝土砌块不得进行砌筑。 2. 施工要点。本工程砌筑采用双面挂线，砌块按准线砌筑，逐块铺砌，灰缝应做到横平竖直，全部灰缝均应满铺砂浆。砌筑一定面积的墙体后检查校正随即进行砌体原浆勾缝，勾缝时间以砂浆初凝时为宜，随即将墙面清扫干净。 3. 技术要求 (1)砌筑所用的砂浆，除强度应满足要求外，还应具有较好的和易性和保水性。 (2)内墙顶部与梁底必须顶严，当框架的填充墙砌至最后一皮时，可用实心砖辅助砌块，立砖斜砌楔紧。拉结筋伸入墙体 1 000 mm。 (3)砌体每天砌筑高度不宜大于 1.5 m。砌体相邻工作段的高度差不得大于一个楼层或 4 m。 (4)砌体尽量不设脚手眼，如必须设置时，可用砌块侧砌，利用砌块孔洞作为脚手眼。砌体完成后，应用 C15 混凝土将脚手眼堵塞密实。 (5)上下皮砌块应孔对孔、肋对肋、错缝搭砌。个别情况下无法对孔砌筑时，可错孔砌筑，但其搭接长度不应小于 120 mm。			
接受人：×××		交底人：×××	

3. 施工现场准备

施工现场的准备即通常所说的室外准备（外业准备），它一般包括拆除障碍物、“四通一平”、建立测量控制网、搭设临时设施、组织材料及机具进场和拟定试验及试制计划等内容。

施工现场的准备工作，主要是为了给施工项目创造有利的施工条件，是保证工程按计划开工和顺利进行的重要环节。

(1)现场准备工作的范围及各方职责。施工现场准备工作由两个方面组成，一是建设单位应完成的施工现场准备工作；二是施工单位应完成的施工现场准备工作。建设单位与施工单位的施工现场准备工作均就绪时，施工现场就具备了施工条件。

①建设单位的施工现场准备工作。建设单位要按合同条款中约定的内容和时间完成以下工作：

办理土地征用、拆迁补偿、平整施工场地等工作，使施工场地具备施工条件，在开工后继续负责解决以上事项遗留问题；将施工所需水、电及电信线路从施工场地外部接至专用条款约定地点，保证施工期间的需要；开通施工场地与城乡公共道路的通道，以及专用条款约定的施工场地内的主要道路，满足施工运输的需要，保证施工期间的畅通；向承包人提供施工场地的工程地质和地下管线资料，对资料的真实准确性负责；办理施工许可证及其他施工所需证件、批件和临时用地、停水、停电、中断道路交通、爆破作业等的申请批准手续（证明承包人自身资质的证件除外）；确定水准点与坐标控制点，以书面形式交给承包人，进行现场交验；协调处理施工场地周围的地下管线和邻近建筑物、构筑物（包括文物保护建筑）、古树名木的保护工作，承担有关费用。

上述施工现场准备工作，承发包双方也可在合同专用条款内交由施工单位完成，其费用由建设单位承担。

②施工单位的施工现场准备工作。施工单位现场准备工作即通常所说的室外准备，施工单位应按合同条款中约定的内容和施工组织设计的要求完成以下工作：根据工程需要，提供和维修非夜间施工使用的照明、围栏设施，并负责安全保卫；按专用条款约定的数量和要求，向发包人提供施工场地办公和生活的房屋及设施，发包人承担由此发生的费用；按照噪声以及环境保护和安全生产等的管理规定，办理有关手续，并以书面形式通知发包人，发包人承担由此发生的费用，因承包人责任造成的罚款除外；按专用条款约定做好施工场地地下管线和邻近建筑物、构筑物（包括文物保护建筑）及古树名木的保护工作；保证施工场地符合文明施工和环境保护的有关规定；建立测量控制网；工程用地范围内的“四通一平”，其中平整场地工作应由

其他单位承担，但建设单位也可要求施工单位完成，费用仍由建设单位承担；搭设现场生产和生活用的临时设施。

(2)拆除障碍物。施工现场内的一切地上、地下障碍物，都应在开工前拆除。这项工作一般是由建设单位委托拆迁公司或爆破公司来完成。在拆除障碍物之前，一定要事先摸清现场情况，尤其是老城区的原有建筑物和构筑物情况既复杂，又往往资料不全，因此，在拆除前需要采取相应的措施，防止发生安全事故。

拆除电力和通信公司的架空电线时，要与电力部门或通信部门联系并办理有关手续，之后方可进行拆除。

房屋的拆除方法，有一般方法(即只要把水源、电源切断后即可进行拆除)和爆破方法。采用爆破方法拆除时，必须经有关部门批准。在拆除房屋时，尤应注意电线是否已安全拆除，以防发生人身安全事故。

场内的树木，需报请园林部门批准后方可砍伐。

自来水、污水、燃气、热力等管线的拆除，都应与有关部门取得联系，办好手续后由专业公司来完成。

拆除障碍物留下的渣土等杂物都应清除出场外。运输时，应遵守交通、环保部门的有关规定，运土的车辆要按指定的路线和时间行驶，并采取封闭运输车或在渣土上直接洒水并覆盖等措施，以免渣土飞扬而污染环境。

(3)建立测量控制网。这一工作是确定拟建工程平面位置的关键环节，施工测量中必须保证精度、杜绝错误，否则后果不堪设想。

建筑施工工期长，现场情况变化大，只有正确建立测量控制网，才能确保建筑施工质量，特别是在城区建设，障碍多、通视条件差，给测量工作带来一定的难度，因此，应制订切实可行的测量方案(如平面控制、标高控制、沉降观测和竣工测量等)。

建筑物定位放线，一般通过设计图中的平面控制轴线来确定建筑物位置，测定并经自检合格后提交有关部门和建设单位或监理人员验线，以保证定位的准确性。施工时应根据建设单位提供的由规划部门给定的永久性坐标和高程(绝对高程)，按建筑总平面图上的要求，妥善设立现场永久性标点(设在建筑物附近，其底部位置超过冻线)，以供沉降观测专业队监控建筑物的沉降使用。除此之外，在测量放线时，还需要在拟建建筑物轴线上使用控制桩，建立测量平面控制网(一般每条平面控制轴线上一边做一个控制桩，其标高与自然地面相同)，以便为施工全过程的投测创造条件，并能保证在放线工作受到破坏时，能够及时进行恢复。如果场地须进行土方竖向设计，施工单位应按 10～20 m 的正方形测出各方格网点的天然地面标高，为土方挖填平衡的计算提供依据。

在测量放线时，还应校核红线桩(规划部门给定的红线，在法律上起着控制建筑用地的作用)与水准点。沿红线的建筑物放线后，还要由城市规划部门验线以防止建筑物压红线或超红线，为正常顺利地施工创造条件。

(4)“四通一平”工作。“四通一平”工作包括施工现场的水通、电通、道路通、通信通与场地平整。

①水通(给水与排水通)。施工用水包括生产、生活与消防用水，其管线应按施工平面图的规划进行布置。临时给水管线的铺设，应尽可能与邻近的永久性给水设施结合起来，满足使用方便及节约的要求，以降低工程成本。

施工现场的排水也十分重要，特别是在雨期，如场地排水不畅，会影响到施工和运输的顺利进行，严重的会由于坑底被雨水浸泡而影响到地基的承载力。因此，雨期挖基坑，一定做好基坑周围的挡土支护工作，防止坑外雨水向坑内汇流，并应准备好排水设备，以备基坑底部雨水的排放。

②电通。施工现场用电包括施工生产用电和生活用电，均为临时用电，是施工现场的主要动力来源。由于工程施工供电面积大、启动电流大、负荷变化多和手持式用电机具多，施工现场的临时用电要考虑安全和节能措施。拟建工程开工前，要按照施工组织设计的要求，接通电力设施，电源首先应考虑从建设单位给定的电源上获得，如给定的电源供电能力不能满足施工用电的需要，则应考虑在现场进行发电机发电或到电业局办理电增容的相关手续，以确保施工现场动力设备的正常运行。

③道路通。施工现场的道路是组织物资进场的命脉。拟建工程开工前，必须按照施工平面图的要求，修建必要的临时性道路。道路的布置，要确保运输和消防用车等的行驶畅通，应尽量利用原有道路设施或

修建永久性道路，以节约临时工程费用和缩短施工准备工作时间。道路的修建，要满足施工道路的技术要求，防止由于车辆的多次往返行驶，使道路受到破坏，尤其在雨天，破坏的会更加严重，造成物资运输不畅，进而影响工期。

④通信通。拟建工程开工前，要按照施工组织设计的要求，将场外通信线路接通至场内，并安装电话。

⑤场地平整。场地平整工作在清除障碍物后，即可进行。场地平整如需做土方竖向设计，应尽量做到挖填方量趋于平衡，以使总运输量最小，且便于机械施工和充分利用建筑物挖方填土。场地平整应按照建筑施工平面图、勘测地形图和场地平整施工方案等技术文件的要求，通过测量，计算出填挖土方工程量，设计土方调配方案，确定平整场地的施工方案，组织人力和机械进行平整场地的工作。场地平整用土应满足施工填土选择的要求。

(5)搭设临时设施。临时设施包括所有生产及行政、生活和福利用的临时设施，如各种仓库、搅拌站、加工厂、作业棚、宿舍、办公用房、食堂、文化生活设施等。临时设施应按照施工平面布置图的要求布置，临时设施的建筑平面图和主要房屋结构图都应报请城市规划、市政、消防、交通、环境保护等有关部门审查批准。

为了施工方便和行人的安全及文明施工，应用围墙将施工用地围护起来，围墙的形式、材料和高度应符合市容管理的有关规定和要求，并在主要出入口设置标牌挂图，标明工程项目的名称、施工单位、项目负责人等。

所有临时设施，均应按批准的施工组织设计的要求组织搭设，并尽量利用施工现场或附近的原有设施(包括要拆迁但可暂时利用的建筑物)和在建工程本身可供施工使用的部分用房，尽可能减少临时设施的数量，以便节约用地、节省投资。

(6)组织材料、机具进场。根据物资需要量计划，组织材料、构(配)件、成品与半成品、施工机具进场，按施工平面图规定的地点和方式或储存、或堆放、或存放起来。机械设备应做好保养和试运转等项工作。

(7)拟定有关试验、试制项目计划。建筑材料进场后，应进行各项材料的报验。对于新技术项目，应拟定相应试制和试验计划，并均应在开工前实施。

4. 资源准备

(1)劳动力组织准备。工程施工人员的素质，在很大程度上决定工程项目是否能按预定的目标(工期、质量、成本、效益目标)顺利完成。工程施工人员的选择和配备是否合理，将直接影响到工程质量与安全、施工进度及工程成本。因此，劳动组织准备是开工前施工准备工作的一项重要内容。

劳动力组织准备包括施工管理人员和作业人员的准备两部分，准备的内容包括项目组织机构建设、组织精干的施工队伍、优化劳动组合与技术培训、建立健全各项管理制度、做好分包安排和组织好科研攻关等。

①设立项目组织机构。对于实行项目管理的工程，应设立项目组织机构(或项目经理部)，为建设单位及项目管理目标服务，以保证拟建工程顺利开工及顺利竣工。施工企业应针对工程特点和建设单位的要求设立项目经理部，做到精心组织安排，认真落实。

项目组织机构的设立应满足以下要求：

项目组织机构的设立应满足建设单位的要求；项目组织机构人员应全能且配套。项目经理要懂管理、善经营、懂技术、能公关，且要具有较强的适应能力、应变能力和开拓进取精神。项目经理部的成员要敬业、有管理经验、有创造精神、工作效率高。项目组织机构人员的配备还应满足施工项目管理的需要，例如需要配备土建、水暖、电照专业人员等；项目组织机构各层面的管理幅度要适当。施工管理机构各层面保持适当的工作幅度，可以使各层面管理人员在其职责范围内对工程实施有效的控制；项目组织机构应实行系统化管理。项目组织机构各层次的管理职能应构成一个完整体系，既相互制约，又相互联系。

项目组织机构的设立步骤如下：

根据企业批准的“项目管理规划大纲”(或标前施工组织设计)，确定项目经理部的管理任务和组织形式；确定项目经理的层次，设立职能部门与工作岗位；确定人员、职责、权限；由项目经理根据“项目管理目标责任书”进行目标分解；组织有关人员制订规章制度和目标责任考核、奖惩制度。

项目经理部的组织形式应根据施工项目的规模、结构复杂程度、专业特点、人员素质和地域范围确定，并应符合下列规定：

• 大中型项目宜按矩阵式项目管理组织设置项目经理部，见图 4.1。

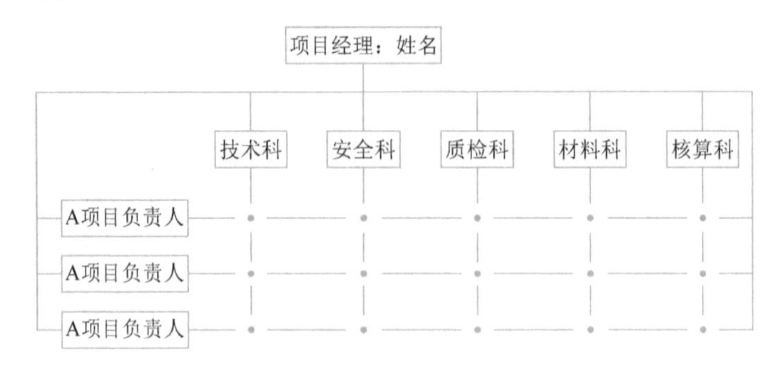

图 4.1　矩阵式项目组织机构示意图

• 远离企业管理层的大中型项目宜按事业部式项目管理组织设置项目经理部。

• 小型项目宜按直线职能式项目管理组织设置项目经理部，见图 4.2。

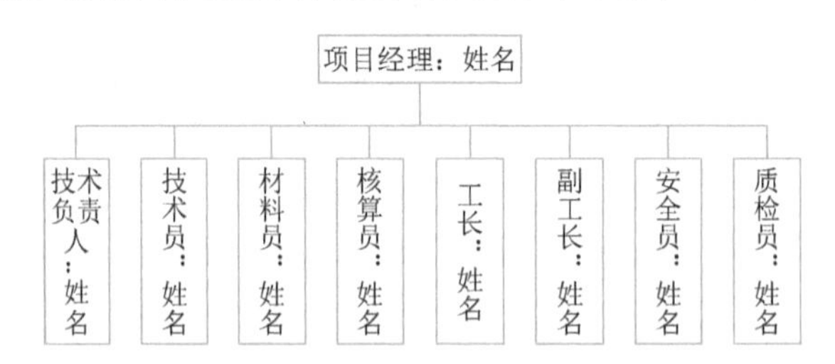

图 4.2　直线职能式项目组织机构示意图

②坚持合理、精干的原则组织施工队伍，按不同施工组织方式确定施工队伍的数量，施工前强化各工种的技术培训及质量意识，按计划组织劳动力进场。

制订劳动力需用量计划，应考虑各专业工程人员的合理配合及施工组织的方式，瓦工与普工的比例应合理；选择施工人员，应把专业素质高、技术熟练、经验丰富的放在首位；组织不同方式的施工，施工班组的数量不同。例如组织平行施工，施工班组的数量与施工段数量相同；针对工程施工难点，组织工程技术人员和工人队组中的骨干力量，进行类似的工程的考察学习；做好专业工程技术培训，提高对新工艺、新材料使用操作的适应能力；强化质量意识，抓好质量教育，增强质量观念。

③认真全面地落实施工组织设计，做好计划和技术交底工作。交底的时间应在单位工程或分部分项工程开工前及时进行，以保证项目严格地按照设计图样、施工组织设计、安全操作规程和施工验收规范等要求进行施工。

计划交底的内容有项目的施工进度计划、月(旬)作业计划；技术交底的内容有施工工艺、质量标准、安全技术措施、降低成本措施和施工验收规范的要求；新结构、新材料、新技术和新工艺的实施方案和保证措施；图样会审中所确定的有关部位的设计变更和技术核定等事项。

交底工作应该按照管理系统逐级进行，由上而下直到工人队组。

交底的方式有书面形式、口头形式和现场示范形式等。

施工队组、工人接受施工组织设计、计划和技术交底后，要组织其成员进行认真地分析研究，弄清关键部位、质量标准、安全措施和操作要领。必要时应该进行示范，并明确任务及做好分工协作，同时建立健全岗位责任制和保证措施。

④切实抓好施工安全、安全防火和文明施工等方面的教育。

⑤建立健全各项管理制度。工地的各项管理制度是否建立、健全，直接影响其各项施工活动的顺利进行。为此必须建立、健全工地的各项管理制度。通常，各项管理制度的内容包括：项目管理人员岗位责任制度；项目技术管理制度；项目质量管理制度；项目安全管理制度；项目计划、统计与进度管理制度；项目成本核算制度；项目材料、机械设备管理制度；项目现场管理制度；项目分配与奖励制度；项目例会及施工日志制度；项目分包及劳务管理制度；项目组织协调制度；项目信息管理制度。项目经理部自行制订的规章制度与

企业现行的有关规定不一致时，应报送企业或其授权的职能部门批准。

⑥做好分包安排。对于本企业难以承担的一些专业项目，如深基坑开挖和支护、深基坑降水、无粘结预应力筋张拉和设备安装等项目，应及早做好分包或劳务安排，与有关单位协调，签订分包合同或劳务合同，以保证按计划施工。各分包单位应编制施工组织设计，报施工单位总监批准。

⑦组织好科研攻关。凡工程中采用带有试验性质的一些新材料、新产品、新工艺项目，应在建设单位、主管部门的参加下，组织有关设计、科研、教学单位共同进行科研工作。要明确相互承担的试验项目、工作步骤、时间要求、经费来源和职责分工。所有科研项目，必须经过技术鉴定后，再用于施工。

(2)物资准备。施工物资准备是一项较为复杂而又细致的工作，建筑施工所需的物资品种多且数量大，能否保证按计划供应，对整个施工过程的工期、质量和成本有着举足轻重的作用。各种施工物资只有运到现场并有必要的储备后，才具备必要的开工条件。因此，要将这项工作作为施工准备工作的一个重要方面来抓。

①物资准备工作的程序：

编制各种物资需用量计划→签订物资供应合同→确定物资运输方案和计划→组织物资按计划进场和保管。

施工管理人员应尽早地计算出施工各阶段的物资的需用量，特别是对预制构件，必须尽早地从施工图中摘录出构件的规格、质量、品种和数量，制表造册，向预制加工厂订货并确定分批交货清单、交货地点及时间。对大型施工机械、辅助机械及设备要精确计算工作日，并确定进场时间，做到进场后立即使用，用毕后立即退场，提高机械利用率，节省机械台班费及停留费。

②施工物资准备的内容包括材料准备，构(配)件的采购和预制准备，施工机具准备，生产工艺设备准备和运输设备准备等。

材料、构(配)件的采购和预制准备包括以下内容：

根据施工预算的材料分析和施工进度计划的要求，编制建筑材料、构(配)件的需要量计划，为施工备料、确定仓库和堆场的面积、确定构件预制的面积以及组织运输提供依据；根据建筑材料、构(配)件等的需要量计划，做好申请、采购和预制工作，使计划得到落实；组织材料、构(配)件等按计划进场，按施工平面图的相应位置堆放，并做好合理储备、保管工作；严格验收、检查、核对材料、构(配)件的数量和规格，做好材料试验和检验工作，确保施工质量。

施工机具准备包括以下内容：

根据施工方案对施工机具配备的型号、数量以及施工进度安排，编制施工机具需用量计划；需由本企业内部负责解决的施工机具，应根据施工机具的需用量计划组织落实，以满足施工需要；对需要订购和租赁的施工机具，应与有关方面签订订购和租赁合同，以满足施工需要；对于分包工程所需的大型施工机械(如挖土机、桩基设备等)，应与专业分包单位联系，对需求量和时间提出要求，在落实后签订有关分包合同，并为大型机械按期进场做好现场有关准备工作；按照施工机具需要量计划，组织施工机具进场，根据施工总平面图将施工机具安置在规定的地方，并进行安装和调试。所有施工机具都必须在使用前进行检查和试运转，以确保施工机具的正常使用。

生产工艺设备准备包括以下内容：

根据施工方案对生产工艺设备的要求，按照施工项目工艺流程及工艺设备的布置图，提出工艺设备的名称、型号、生产能力和需要量，确定分期分批进场时间和保管方式，编制工艺设备需要量计划，做好设备订货和合同签订工作，为组织运输、确定堆场面积提供依据。

某些庞大设备的安装往往要与土建施工穿插进行，以免土建全部完成或封顶后，安装会有困难，故各种设备的交货时间要与安装时间密切配合，否则它将直接影响建设工期。

运输准备包括以下内容：

根据各项资源需用量计划，编制运输需用量计划，并组织落实运输工具；按照各项资源需用量计划明确的进场日期，联系和调配所需运输工具，确保材料、构(配)件和机具设备按期进场。

强化施工物资价格管理包括以下内容：

建立市场信息制度，定期收集市场物资价格信息，掌握价格变化，在市场价格信息指导下，“货比三家”，选优进货；大宗物资的采购应采取招标采购方式，在保证物资质量和工程质量的前提下，尽可能降低成本，以提高经济效益。

5. 季节性施工准备

建筑工程施工绝大部分工作是露天作业，受气候影响比较大，因此，在季节性施工中，必须从具体条件出发，正确选择施工方法，做好季节性施工准备工作，以保证按期、保质、安全地完成施工任务，取得较好的技术经济效果。

(1)冬期施工准备：

①组织措施。合理安排冬期施工项目。冬期施工条件差，技术要求高，费用增加，因此，尽量安排能够保证施工质量且费用增加不多的项目在冬期施工，如吊装、打桩、室内装修等工程；尽量不安排费用增加较多又不容易保证质量的项目在冬期施工，如土方、基础、外装修、屋面防水等工程。

在入冬前编制冬期施工方案，冬期施工方案编制的原则是：确保工程质量，经济合理，使增加的费用为最少；所需的热源和材料有可靠的来源，并尽量减少能源消耗；确保能缩短工期。

冬期施工方案应结合工程实际情况和施工经验，依据《建筑工程冬期施工规程》编制。冬期施工方案的内容应增加能源供应计划和测温制度等。冬期施工方案确定后，应做好交底工作。

组织人员培训。进入冬期施工前，对掺外加剂人员、测温和保温人员、锅炉司炉工和火炉管理人员，应专门组织技术业务培训，学习本工作范围内的有关知识，明确职责，经考试合格后，方准上岗工作。

随时掌握天气情况。与当地气象台(站)保持联系，防止寒流突然袭击。

安排测温工作。安排专人测量施工期间的室外气温、暖棚内气温、砂浆温度和混凝土的温度并做好记录，防止砂浆、混凝土在达到临界强度之前遭到冻结而破坏。

②图样准备。凡进行冬期施工的工程项目，必须复核施工图样，确认其是否能适应冬期施工的要求，如墙体的高厚比、横墙间距等是否满足冬期施工对结构稳定性的要求，现浇改为预制以及工程结构能否在冷状态下安全过冬等问题。这些问题，应通过图样会审解决。

③现场准备。根据实物工程量提前组织有关机具、外加剂和保温材料、测温仪器进场；搭建加热用的锅炉房、搅拌站、敷设管道，对锅炉进行试火试压，对各种加热的材料、设备要检查其安全可靠性；计算变压器容量，接通电源；对工地的临时给水、排水管道及白灰膏等材料做好保温防冻工作，防止道路积水成冰，及时清扫积雪，保证运输顺利；做好冬期施工混凝土、砂浆及掺外加剂的试配试验工作，提出施工配合比；做好室内施工项目的保温，如先完成供热系统、安装好门窗玻璃等，以保证室内其他项目能顺利施工。

④安全与防火。冬期施工时，要采取防滑措施；大雪后必须将架子上的积雪清扫干净，并检查马道平台，如有松动下沉现象，务必及时处理；施工时如接触汽源、热水，要防止烫伤；使用氯化钙、漂白粉时，要防止腐蚀皮肤；亚硝酸钠有剧毒，要严加保管，防止突发性误食中毒；对现场火源要加强管理；使用天然气、煤气时，要防止爆炸；使用焦炭炉、煤炉或天然气、煤气时，应注意通风换气，防止煤气中毒；电源开关、控制箱等设施要加锁，并设专人负责管理，防止漏电、触电。

(2)雨期施工准备：

①合理安排雨期施工项目。为避免雨期窝工造成的损失，一般情况下，在雨期到来之前，应多安排完成基础、地下工程、土方工程、室外及屋面工程等不宜在雨期施工的项目；多留些室内工作在雨期施工。

②加强施工管理，做好雨期施工的安全教育。要认真编制雨期施工技术措施(如雨期前后的沉降观测措施，保证防水层雨期施工质量的措施，保证混凝土配合比、浇筑质量的措施，钢筋除锈的措施等)，认真组织贯彻实施。加强对职工的安全教育，防止各种事故发生。

③防洪排涝，做好现场排水工作。工程地点若在河流附近，上游有大面积山地丘陵，应有防洪排涝准备。在雨期来临前，应做好施工现场排水沟渠的开挖工作，并准备好抽水设备，防止场地积水和地沟、基槽、地下室等浸水对工程施工造成影响。

④做好道路维护，保证运输畅通。雨期前要检查道路边坡的排水情况，适当提高路面，防止路面凹陷，保证运输畅通。

⑤做好物资的储存。雨期到来前，应多储存物资，减少雨期运输量，以节约费用。要准备必要的防雨器材，库房四周要有排水沟渠，防止物资淋雨浸水而变质，仓库要做好地面防潮和屋面防漏雨工作。

⑥做好机具设备等的防护。雨期施工，工地现场应有防雷装置，如高层建筑、脚手架、临时外用电梯和塔吊等要按规定设临时避雷装置，并确保工地现场用电设备的安全运行。现场的机具设备(焊机、闸箱等)要有防漏电、防雨淋措施。雨期的机具设备安全工作应经常检查。

(3)夏季施工准备：

①编制夏季施工项目的施工方案。夏季施工条件差、气温高、干燥，针对夏季施工的这一特点，对于安排在夏季施工的项目，应编制夏季施工的施工方案及采取的技术措施。如对于大体积混凝土在夏季施工，必须合理选择浇筑时间，做好测温和养护工作，以保证大体积混凝土的施工的质量。

②施工人员防暑降温工作的准备。夏季施工，还必须做好施工人员的防暑降温工作，调整作息时间，从事高温工作的场所及通风不良的地方应加强通风和降温措施，做到安全施工。

4.5.4　施工准备工作计划

为了落实各项施工准备工作，加强检查和监督，必须根据各项施工准备的内容、时间和人员，编制施工准备工作计划，见表4.21。

表4.21　施工准备工作计划

序号	项　目	内　　容	工　作　单　位			
			负责单位及人员	涉及单位	应完成日期	备注
一	技术准备	1. 地质报告、施工图	甲方	设计	××××年×月×日	
		2. 图样会审	设计	甲、乙方	××××年×月×日	
		3. 编制施工图预算	乙方		××××年×月×日	
		4. 编制施工组织设计方案	乙方		××××年×月×日	
二	施工现场准备	1. 场地平整	乙方	甲方	××××年×月×日	
		2. 暂设工程	乙方		××××年×月×日	
		3. 水、电、道路、围墙	乙方		××××年×月×日	
		4. 定位	乙方	规划办	××××年×月×日	
		5. 机具、设备进场	乙方		××××年×月×日	
三	物资准备	1. 提出五材计划	乙方		××××年×月×日	
		2. 地坪材料备储	乙方		××××年×月×日	

计 划 单

<table>
<tr><td>学习领域</td><td colspan="5">施工组织与进度控制</td></tr>
<tr><td>学习情境二</td><td colspan="3">单位工程施工组织设计的编制</td><td>学　　时</td><td>28</td></tr>
<tr><td>工作任务 4</td><td colspan="3">编制单位工程施工进度计划</td><td>计划学时</td><td>0.5</td></tr>
<tr><td>计划方式</td><td colspan="5">小组讨论，团队协作共同制订计划</td></tr>
<tr><td>序　　号</td><td colspan="4">计 划 步 骤</td><td>使用资源</td></tr>
<tr><td></td><td colspan="4"></td><td></td></tr>
<tr><td></td><td colspan="4"></td><td></td></tr>
<tr><td></td><td colspan="4"></td><td></td></tr>
<tr><td></td><td colspan="4"></td><td></td></tr>
<tr><td></td><td colspan="4"></td><td></td></tr>
<tr><td></td><td colspan="4"></td><td></td></tr>
<tr><td></td><td colspan="4"></td><td></td></tr>
<tr><td></td><td colspan="4"></td><td></td></tr>
<tr><td></td><td colspan="4"></td><td></td></tr>
<tr><td>制订计划
说明</td><td colspan="5"></td></tr>
<tr><td rowspan="3">计划评价</td><td>班　　级</td><td></td><td>第　　组</td><td>组长签字</td><td></td></tr>
<tr><td>教师签字</td><td colspan="2"></td><td>日　　期</td><td></td></tr>
<tr><td colspan="5">评语：</td></tr>
</table>

决 策 单

<table>
<tr><td>学习领域</td><td colspan="5">施工组织与进度控制</td></tr>
<tr><td>学习情境二</td><td colspan="3">编制单位工程施工组织设计</td><td>学　时</td><td>28</td></tr>
<tr><td>工作任务 4</td><td colspan="3">编制单位工程施工进度计划</td><td>决策学时</td><td>0.5</td></tr>
<tr><td colspan="6">方 案 讨 论</td></tr>
<tr><td rowspan="9">方案对比</td><td>组　号</td><td>方案的可行性</td><td>方案的先进性</td><td>实施难度</td><td>综合评价</td></tr>
<tr><td>1</td><td></td><td></td><td></td><td></td></tr>
<tr><td>2</td><td></td><td></td><td></td><td></td></tr>
<tr><td>3</td><td></td><td></td><td></td><td></td></tr>
<tr><td>4</td><td></td><td></td><td></td><td></td></tr>
<tr><td>5</td><td></td><td></td><td></td><td></td></tr>
<tr><td>6</td><td></td><td></td><td></td><td></td></tr>
<tr><td>7</td><td></td><td></td><td></td><td></td></tr>
<tr><td>8</td><td></td><td></td><td></td><td></td></tr>
<tr><td rowspan="3">方案评价</td><td>班　级</td><td></td><td>第　组</td><td>组长签字</td><td></td></tr>
<tr><td>教师签字</td><td colspan="2"></td><td>日　期</td><td></td></tr>
<tr><td colspan="5">评语：</td></tr>
</table>

实 施 单

学习领域	施工组织与进度控制		
学习情境二	编制单位工程施工组织设计	学　　时	28
工作任务4	编制单位工程施工进度计划	实施学时	3
实施方式	小组成员合作共同研讨确定动手实践的实施步骤，每人均填写实施单		
序　　号	实 施 步 骤	使用资源	

实施说明：

班　　级		第　　组		组长签字	
教师签字		日　　期			
评　　语					

作业单

<table>
<tr><td>学习领域</td><td colspan="5">施工组织与进度控制</td></tr>
<tr><td>学习情境二</td><td colspan="2">编制单位工程施工组织设计</td><td colspan="2">学　　时</td><td>28</td></tr>
<tr><td>工作任务 4</td><td colspan="2">编制单位工程施工进度计划</td><td colspan="2">学　　时</td><td>6</td></tr>
<tr><td>实施方式</td><td colspan="5">小组成员进行任务分工后，分别进行动手实践，共同完成单位工程施工进度计划编制</td></tr>
<tr><td colspan="6"></td></tr>
<tr><td rowspan="3">作业评价</td><td>班　　级</td><td></td><td>第　　组</td><td>组长签字</td><td></td></tr>
<tr><td>教师签字</td><td colspan="2"></td><td>日　　期</td><td></td></tr>
<tr><td colspan="5">评语：</td></tr>
</table>

检 查 单

<table>
<tr><td>学习领域</td><td colspan="5">施工组织与进度控制</td></tr>
<tr><td>学习情境二</td><td colspan="3">编制单位工程施工组织设计</td><td>学　　时</td><td>28</td></tr>
<tr><td>工作任务4</td><td colspan="3">编制单位工程施工进度计划</td><td>检查学时</td><td>0.5</td></tr>
<tr><td>序　　号</td><td>检查项目</td><td colspan="2">检查标准</td><td>组内互检</td><td>教师检查</td></tr>
<tr><td>1</td><td>单位工程施工进度计划编制内容</td><td colspan="2">单位工程施工进度计划编制内容是否完整、正确</td><td></td><td></td></tr>
<tr><td>2</td><td>施工组织方式选择</td><td colspan="2">施工组织方式选择是否合理</td><td></td><td></td></tr>
<tr><td>3</td><td>施工顺序、工序搭接</td><td colspan="2">施工顺序、工序搭接是否符合施工工艺、质量、安全等要求</td><td></td><td></td></tr>
<tr><td>4</td><td>计划工期</td><td colspan="2">计划工期是否符合规定工期要求</td><td></td><td></td></tr>
<tr><td>5</td><td>图面情况</td><td colspan="2">图面是否整洁美观、布置合理</td><td></td><td></td></tr>
<tr><td rowspan="3">检查评价</td><td>班　　级</td><td></td><td>第　　组</td><td>组长签字</td><td></td></tr>
<tr><td>教师签字</td><td colspan="2"></td><td>日　　期</td><td></td></tr>
<tr><td colspan="5">评语：</td></tr>
</table>

评　价　单

<table>
<tr><td>学习领域</td><td colspan="8">施工组织与进度控制</td></tr>
<tr><td>学习情境二</td><td colspan="5">编制单位工程施工组织设计</td><td>学　　时</td><td colspan="2">28</td></tr>
<tr><td>工作任务4</td><td colspan="5">编制单位工程施工进度计划</td><td>评价学时</td><td colspan="2">0.5</td></tr>
<tr><td>考核项目</td><td colspan="2">考核内容及要求</td><td>分　　值</td><td>学生自评
（10%）</td><td>小组评分
（20%）</td><td>教师评分
（70%）</td><td colspan="2">实 得 分</td></tr>
<tr><td rowspan="2">单位工程施工进度计划编制
（40分）</td><td colspan="2">施工组织方式合理</td><td>10</td><td></td><td></td><td></td><td colspan="2"></td></tr>
<tr><td colspan="2">单位工程施工进度计划施工顺序、工序搭接符合施工工艺、质量、安全等要求</td><td>30</td><td></td><td></td><td></td><td colspan="2"></td></tr>
<tr><td>图面情况
（30分）</td><td colspan="2">图面整洁美观</td><td>30</td><td></td><td></td><td></td><td colspan="2"></td></tr>
<tr><td>学习态度
（10分）</td><td colspan="2">上课认真听讲，积极参与讨论，认真完成任务</td><td>10</td><td></td><td></td><td></td><td colspan="2"></td></tr>
<tr><td>完成时间
（10分）</td><td colspan="2">能在规定时间内完成任务</td><td>10</td><td></td><td></td><td></td><td colspan="2"></td></tr>
<tr><td>合　作　性
（10分）</td><td colspan="2">积极参与组内各项任务，善于协调与沟通</td><td>10</td><td></td><td></td><td></td><td colspan="2"></td></tr>
<tr><td></td><td colspan="2">总　　计</td><td>100</td><td></td><td></td><td></td><td colspan="2"></td></tr>
<tr><td rowspan="3">评价评语</td><td>班　　级</td><td></td><td>姓　　名</td><td></td><td>学　　号</td><td></td><td>总　评</td><td></td></tr>
<tr><td>教师签字</td><td></td><td>第　　组</td><td>组长签字</td><td colspan="2"></td><td>日　期</td><td></td></tr>
<tr><td colspan="8">评语：</td></tr>
</table>

任务 5 设计单位工程施工平面图

任 务 单

<table>
<tr><td>学习领域</td><td colspan="6">施工组织与进度控制</td></tr>
<tr><td>学习情境二</td><td colspan="3">编制单位工程施工组织设计</td><td colspan="2">学 时</td><td>28</td></tr>
<tr><td>工作任务 5</td><td colspan="3">设计单位工程施工平面图</td><td colspan="2">学 时</td><td>6</td></tr>
<tr><td colspan="7">布 置 任 务</td></tr>
<tr><td>工作目标</td><td colspan="6">1. 掌握单位工程施工平面图的设计内容
2. 掌握单位工程施工平面图的设计方法
3. 能够完成单位工程施工平面图设计
4. 能够在完成任务过程中锻炼职业素质，做到认真严谨、诚实守信</td></tr>
<tr><td>任务描述</td><td colspan="6">为实现有组织、有计划地施工，应对拟建工程的施工现场，根据施工需要，结合拟建工程的施工特点和施工现场的具体条件作出平面和空间的规划。其工作如下：
1. 收集资料：包括原始资料、建筑设计资料及施工资料等
2. 确定设计内容：根据工程性质、规模、现场条件，考虑不同施工阶段，各协作单位以土建施工单位为主，共同协商，合理确定设计内容
3. 设计施工平面图：根据设计内容，按照设计步骤，合理布置施工平面图
4. 绘制施工平面图</td></tr>
<tr><td rowspan="2">学时安排</td><td>资 讯</td><td>计 划</td><td>决 策</td><td>实 施</td><td>检 查</td><td>评 价</td></tr>
<tr><td>1 学时</td><td>0.5 学时</td><td>0.5 学时</td><td>3 学时</td><td>0.5 学时</td><td>0.5 学时</td></tr>
<tr><td>提供资料</td><td colspan="6">1. 工程施工资料
2. 建筑施工手册．中国建筑工业出版社，2012
3. 建筑工程施工组织设计实例应用手册．中国建筑工业出版社，2008</td></tr>
<tr><td>对学生的要求</td><td colspan="6">1. 具备常用建筑材料的基本知识
2. 具备工程结构基本知识
3. 具备工程施工技术的基本知识
4. 具备一定的自学能力，一定的沟通协调和语言表达能力
5. 每位同学必须积极参与小组讨论
6. 严格遵守课堂纪律，不迟到，不早退，不旷课
7. 每组需提交单位工程施工平面图</td></tr>
</table>

资　讯　单

<table>
<tr><td>学习领域</td><td colspan="3">施工组织与进度控制</td></tr>
<tr><td>学习情境二</td><td>编制单位工程施工组织设计</td><td>学　　时</td><td>28</td></tr>
<tr><td>工作任务 5</td><td>设计单位工程施工平面图</td><td>资讯学时</td><td>1</td></tr>
<tr><td>资讯方式</td><td colspan="3">在参考书、专业杂志、互联网及信息单上查询问题，咨询任课教师</td></tr>
<tr><td rowspan="9">资讯问题</td><td colspan="3">1. 设计单位工程施工平面图需收集哪些资料？</td></tr>
<tr><td colspan="3">2. 单位工程施工平面图需设计哪些内容？</td></tr>
<tr><td colspan="3">3. 单位工程施工平面图设计有哪些具体要点？</td></tr>
<tr><td colspan="3">4. 如何设计单位工程施工平面图？</td></tr>
<tr><td colspan="3">5. 如何布置垂直运输设施？</td></tr>
<tr><td colspan="3">6. 如何布置搅拌站、仓库和堆场？</td></tr>
<tr><td colspan="3">7. 如何布置现场运输道路？</td></tr>
<tr><td colspan="3">8. 如何布置临时设施？</td></tr>
<tr><td colspan="3">9. 如何布置水电管网？</td></tr>
<tr><td>资讯引导</td><td colspan="3">1. 在信息单中查找
2. 建筑施工手册. 中国建筑工业出版社，2012
3. 建筑工程施工组织设计实例应用手册. 中国建筑工业出版社，2008
4. 建筑施工组织. 哈尔滨工程大学出版，2012</td></tr>
</table>

信息单

学习领域	施工组织与进度控制		
学习情境二	编制单位工程施工组织设计	学　　时	28
工作任务5	设计单位工程施工平面图	学　　时	6

按照合理、适用、经济的原则，结合拟建工程的施工特点和施工现场的具体条件，将施工现场的生产性或非生产性的临时设施的位置表现在图样上，这就是单位工程施工平面图。单位工程施工平面图是对拟建工程现场所做的平面规划和空间布置图，是安排和布置施工现场的基本依据，是施工现场准备工作的重要内容，是保证工程顺利开工的重要条件。

5.1　设计单位工程施工平面图需收集的资料

在进行施工平面图设计前，首先应认真研究施工方案，并对施工现场作深入细致地调查研究，而后对施工平面图设计所依据的原始资料进行周密地分析，使施工平面图设计与施工现场的实际情况相符。

1. 原始资料

(1)自然条件调查资料。如气象、地形、水文及工程地质资料。主要用于布置地表水和地下水的排水沟，确定易燃、易爆及有碍人体健康的设施的布置，安排冬雨季施工期间所需设施的地点。

(2)技术经济调查资料。如交通运输、水源、电源、物资资源、生产和生活基地情况。主要用于布置水、电、暖等管线的位置，交通道路、施工现场出入口的走向和位置，确定临时设施的搭设数量等。

2. 建筑设计资料

(1)拟建工程的施工图样及有关资料。建筑总平面图上标明的一切地上、地下拟建和已建的建筑物和构筑物，它是正确确定临时设施的位置、修建工地运输道路和解决排水等所需的资料，同时还应考虑是否可以利用已有的房屋作为临时设施使用。

(2)一切已有和拟建的地下、地上管道位置。在设计施工平面图时，可考虑这些管道是否可以利用、是否需要提前拆除或迁移，同时注意避免在拟建的管道位置上面建临时建筑物。

(3)建筑区域的竖向设计资料和土方挖、填平衡图。它们是合理布置水、电管线，安排土方挖填、取土或弃土地点等所需的材料。

3. 施工资料

(1)施工方案与进度计划。根据施工方案确定的起重机械、搅拌机械等各种机具的数量，考虑安排它们的位置；根据现场预制构件安排要求，作出预制场地规划；根据施工进度计划，了解分阶段布置施工现场的要求，并考虑如何整体布置施工平面。

(2)根据各种主要原材料、半成品、预制构件加工生产计划、需要量计划及施工进度要求等资料，设计材料堆场、仓库等的面积和位置。

(3)建设单位能提供的已建房屋及其他生活设施的面积等有关情况，以便决定施工现场临时设施的搭设数量。

(4)现场必须搭建的有关生产作业场所的规模要求，以便确定其面积和位置。

4. 其他需要掌握的有关资料和特殊要求

如有关安全、消防、环境保护、市容卫生等方面的法律、法规。

5.2　确定单位工程施工平面图的设计内容

在单位工程施工区域范围内，施工平面图的内容一般包括：

(1)已建和拟建的地上的、地下的一切建筑物、构筑物的平面位置和尺寸,以及指北针、风玫瑰图等。

(2)拟建工程施工所需的塔吊、龙门架或井架、搅拌机等机械和设备的布置位置。对于轨道式或轮胎式起重机,还应标注出其开行的路线和方向。

(3)场内施工道路的宽度、方向和布置位置,以及施工现场的出入口位置。

(4)各种预制构件的堆放或预制场地的面积和布置位置;水泥、砂、石、钢筋等大宗材料的堆场面积和布置位置;仓库的面积和布置位置;装配式构件的现场平面布置位置(可单独绘制预制构件施工现场平面布置图);模板、脚手架等的堆场面积和布置位置。

(5)临时给排水管线、供电线路、供热管线的布置位置;水源、电源、变压器的布置位置。

(6)钢筋工作业棚、木工作业棚、锅炉房等生产性临时设施的面积和布置位置;施工现场的警卫传达室、甲乙方办公室、宿舍、浴室、食堂、盥洗室、开水房、厕所等非生产性临时设施的面积和布置位置。

(7)土方的弃土及取土地点等的有关说明。

(8)劳动保护、安全、防火、防洪设施的布置及其他需要布置的内容。

对于工程规模较大、结构复杂、工期较长的单位工程,应当按不同的施工阶段设计施工平面图,但要统筹兼顾。近期的应照顾远期的、土建施工应照顾设备安装的、局部的应服从整体的。为此,在整个工程施工中,各协作单位应以土建施工单位为主,共同协商,合理设计施工平面图。

5.3　单位工程施工平面图设计要求

(1)现场布置应尽量紧凑,尽可能少占施工面积,不占或少占农田。

(2)应尽量缩短场内运距,减少或避免二次搬运。各种材料、构件在保证连续施工的前提下,根据施工进度,有计划、有组织地分期、分批进场,充分利用场地,并合理地布置施工现场平面图,力求减少运距。

(3)应尽量减少临时设施的数量,以降低临时设施费用。尽量利用已有的各种设施为施工服务;对必须修建的临时设施,可采用装拆方便的设施;布置时不要影响工程施工,避免二次或多次拆建。临时设施的布置,应便利工人的生产和生活。

(4)应符合劳动保护、技术安全、环境保护和防火、防洪的要求。机械设备的钢丝绳、缆风绳以及电缆、电线及管线的布置不能妨碍交通,要保证道路畅通;各种易燃的物品库、作业棚及沥青灶、化灰池、厕所等应布置在下风向,并远离生活区;同时根据工程具体情况,考虑各种劳动保护、技术安全、消防、防洪设施。

根据上述要求并结合施工现场的具体情况,施工平面图的布置可有几种不同的方案,可从几个方案的施工用地面积、施工场地利用率、场内运输道路总长度、各种临时管线总长度、临时房屋的面积、是否符合国家规定的技术安全和防火要求等几个方面进行比较,从中选出最经济、最安全、最合理的方案绘制成施工现场平面布置图。

5.4　单位工程施工平面图设计步骤

5.4.1　垂直运输设施的布置

在设计施工现场平面图的时候,塔吊、井架、龙门架、施工电梯等垂直运输设备的平面布置位置直接影响仓库、堆场、砂浆和混凝土搅拌站的位置,以及道路和水、电线路的布置位置等。因此,应予以首先考虑。

布置垂直运输设备的平面位置,应视建筑物的平面和大小、施工段的划分、材料进场方向和道路情况而定。其目的是充分发挥垂直运输设备的能力,并使地面和楼面上的水平运距最小。一般说来,布置垂直运输设备的平面位置主要考虑以下几个方面:

(1)当建筑物各部位的高度相同时,宜布置在施工段的分界线附近;当建筑物各部位的高度不同时,宜布置在高低分界线处。这样布置的优点是楼面上各施工段水平运输互不干扰。

(2)布置井架、龙门架、施工电梯等的平面位置:

①井架、龙门架、施工电梯的平面位置,尽可能布置在建筑的窗洞口处,以避免砌墙留槎和减少井架拆

除后的修补工作。

②卷扬机的位置，不应距离井架或龙门架过近，以便司机的视线能够看到起重机的整个升降过程。一般情况下，卷扬机距离井架或龙门架的距离应大于 10 m，建筑物的高度不同，此距离也会有所不同。

(3)布置塔式起重机的平面位置。布置塔式起重机的平面位置应结合安全问题考虑。

①布置塔式起重机的安装位置，主要取决于建筑物的平面布置、形状、高度和吊装方法等。塔式起重机离建筑物的距离应该考虑脚手架的宽度、建筑物悬挑部位的宽度、安全距离、回转半径等内容。一般应在场地较宽的一侧沿建筑物的长度方向布置，以便安排材料、构件堆场，搅拌设备出料斗能直接挂勾后起吊等，以充分发挥其效率。

②建筑物的平面位置应尽可能处于塔式起重机吊臂的回转半径之内，以便直接将材料和构件运至任何施工地点，尽量避免出现“死角”。如果做不到这一点，也应使“死角”越小越好，或使最重、最高、最大的构件不出现在“死角”内。如果塔式起重机吊装最远构件，需将构件作水平推移时，则推移距离一般不得超过 1 m，并应有严格的技术安全措施。否则，需采取其他辅助措施，如布置井架或在楼面进行水平转运等，以使施工顺利进行。

5.4.2 搅拌站、仓库和堆场的布置

(1)须经龙门架或井架等垂直运输设备运送的材料和构件堆场位置，以及仓库和搅拌站的位置应尽量靠近龙门架或井架等垂直运输设备布置，以缩短运距或减少二次搬运。

(2)当采用塔式起重机进行水平或垂直运输时，材料和构件堆场的位置，以及仓库和搅拌站出料口的位置，应布置在塔式起重机的有效起重半径内。

(3)当采用无轨自行式起重机进行水平和垂直运输时，材料、构件堆场、仓库和搅拌站等应沿起重机运行路线布置，且其位置应在起重臂的最大外伸长度范围内。

(4)建筑物基础和第一施工层所用的材料，应该布置在建筑物的四周。材料堆放位置应与基槽边缘保持一定的安全距离，以免造成基槽土壁的塌方事故。第二层以上施工所用的材料，应布置在起重机附近。

(5)当多种材料同时布置时，对大宗的、重的和先期使用的材料，应尽量布置在垂直运输设备附近；少量的、轻的和后期使用的材料，则可布置的稍远一些。

(6)任何情况下，搅拌机应有后台上料的场地，所有搅拌站所用的材料堆场，如砂、石堆场和水泥罐等都应布置在搅拌机后台附近。当混凝土基础的体积较大时，混凝土搅拌站可以直接布置在基坑边缘附近，待混凝土浇筑完后再转移，以减少混凝土的运输距离。一般情况下，每台混凝土搅拌机需占用 20～25 m^2 的面积；冬季施工时，需占用 50 m^2 左右的面积。每台砂浆搅拌占用 10～15 m^2 的面积；冬季施工时，需占用 30 m^2 左右的面积。

各类作业棚、仓库等所需面积参见表 5.1 和表 5.2。

表 5.1 现场作业棚所需面积参考指标

序号	名称	单位	面积/m^2	备注
1	木工作业棚	m^2/人	2	占地为建筑面积的 2～3 倍
2	电锯房	m^2	80	34～36in 圆锯 1 台
	电锯房	m^2	40	小圆锯 1 台
3	钢筋作业棚	m^2/人	3	占地为建筑面积的 3～4 倍
4	搅拌棚	m^2/台	10～18	
5	卷扬机棚	m^2/台	6～12	
6	烘炉棚	m^2	30～40	
7	焊工房	m^2	20～40	
8	电工房	m^2	15	
9	白铁工房	m^2	20	

续上表

序号	名称	单位	面积/m^2	备注
10	油漆工房	m^2	20	
11	机、钳工修理房	m^2	20	
12	立式锅炉房	m^2/台	5～10	
13	发电机房	m^2/kW	0.2～0.3	
14	水泵房	m^2/台	3～8	
15	空压机房(移动式)	m^2/台	18～30	
	空压机房(固定式)	m^2/台	9～15	

表 5.2　仓库面积计算所需数据参考指标

序号	材料名称	单位	储备天数 /n	每平方米储存量 /P	堆置高度 /m	仓库类型
1	钢材	t	40～50	1.5	1.0	
	工槽钢	t	40～50	0.8～0.9	1.5	露天
	角钢	t	40～50	1.2～1.8	1.2	露天
	钢筋(直筋)	t	40～50	1.8～2.4	1.2	露天
	钢筋(盘筋)	t	40～50	0.8～1.2	1.0	棚或库约占20%
	钢板	t	40～50	2.4～2.7	1.0	露天
	钢管ϕ200以上	t	40～50	0.5～0.6	1.2	露天
	钢管ϕ200以下	t	40～50	0.7～1.0	2.0	露天
2	生铁	t	40～50	5	1.4	露天
7	钢丝绳	t	40～50	0.7	1.0	库
8	木材	m^3	40～50	0.8	2.0	露天
	原木	m^3	40～50	0.9	2.0	露天
	成材	m^3	30～40	0.7	3.0	露天
9	水泥	t	30～40	1.4	1.5	库
10	砂、石子(人工堆置)	m^3	10～30	1.2	1.5	露天
	砂、石子(机械堆置)	m^3	10～30	2.4	3.0	露天
11	卷材	卷	20～30	15～24	2.0	库
12	红砖	千块	10～30	0.5	1.5	露天
13	耐火砖	t	20～30	2.5	1.8	棚
14	钢筋混凝土构件	m^3				
	板	m^3	3～7	0.14～0.24	2.0	露天
	梁、柱	m	3～7	0.12～0.18	1.2	露天
15	钢筋骨架	t	3～7	0.12～0.18	—	露天
16	金属结构	t	3～7	0.16～0.24	—	露天
17	钢门窗	t	10～20	0.65	2	棚
18	木门窗	m^2	3～7	30	2	棚
19	玻璃	箱	20～30	6～10	0.8	棚或库
20	模板	m^3	3～7	0.7	—	露天
21	大型砌块	m^3	3～7	0.9	1.5	露天

续上表

序号	材料名称	单位	储备天数 /n	每平方米储存量 /P	堆置高度 /m	仓库类型
22	轻质混凝土制品	m^3	3～7	1.1	2.0	露天
23	水、电及卫生设备	t	20～30	0.35	1	棚、库各约占 1/4
24	工艺设备	t	30～40	0.6～0.8	—	露天约占 1/2
25	多种劳保用品	件		250	2	库

注：1. 当采用散装水泥时设水泥罐，其容积按水泥周转量计算，不再设集中库；

2. 仓库面积按 $F=q/P$ 计算，其中 $q=$（储备天数×计划期间内需用的材料数量）/需用该项材料的施工天数。

5.4.3 现场运输道路的布置

现场主要道路应尽可能利用永久性道路，或先做好永久性道路的路基，在土建工程结束之前再铺路面。现场道路布置应保证行使畅通，使运输道路有回转的可能性。因此，运输路线尽量布置成一条环形道路，如不能设置环路，应在路端设置倒车场地。

（1）道路的最小宽度和转弯半径。设置道路宽度一般不小于 3.5 m，汽车单行道不小于 3.5 m（最窄处不应小于 3.0 m），汽车双行道不小于 6.0 m；平板拖车单行道不小于 4.0 m，双行道不小于 8.0 m；架空线及管道下面的道路的空间高度应大于 4.5 m，垂直管道之间的最小道路宽度应不小于 3.5 m。汽车单行道和分向行驶的双行道的最小转弯半径应不小于 9.0 m，拖挂一辆拖车时应不小于 12 m。

（2）临时施工道路的做法。为了及时排除路面积水，路面应高出周围自然地面 0.1～0.2 m，雨量较大地区应高出 0.5 m 左右，道路两侧应设置排水沟，沟深不小于 0.4 m，沟底宽不小于 0.3 m。一般砂质土地区的临时道路可采用碾压土路，当土质较粘、泥泞或翻浆时，可采用加骨料后再碾压路面的方法。骨料应尽量采用就地取材的廉价材料，如碎砖、炉渣、卵石、碎石和大块石等。

5.4.4 临时设施的布置

布置临时设施，应遵循使用方便、有利施工、尽量合并搭建、符合防火安全的原则；同时结合现场地形和条件、施工道路的规划等因素分析考虑它们的布置。各种临时设施均不能布置在拟建工程、拟建地下管沟、取土、弃土等地点。

临时设施分为生产性的临时设施和非生产性的临时设施。生产性临时设施，如木工作业棚、钢筋加工棚、薄钢板加工棚等应靠近其堆场；水泥库应尽量靠近搅拌机的位置；油料库、卷材库、沥青棚等可布置在离建筑物稍远的位置；各种生产性用房，如锅炉房、烘炉房、机修房、水泵房、空气压缩机房等的位置，应布置在不影响现场施工的位置，同时尽量不影响生活。非生产性临时设施，如警卫传达室应布置在入口处；各种生产管理办公室应靠近施工现场；工人休息室应设在工人作业区、宿舍应布置在安全的上风向、厕所应布置在下风向；文娱室、福利性用房、医务室、食堂、浴室、开水房等应布置在离建筑物稍远的位置，且宜邻近布置。

各种临时设施尽可能采用活动式、装拆式结构或就地取材。施工现场范围应设置临时围墙或围网等。

临时宿舍、文化福利、行政管理房屋面积定额参考表，如表 5.3 所示。

表 5.3　生活用房屋设施参考指标

序号	临时房屋名称		参考指标/(m^2/人)
1	办公室		3～4
2	宿舍	单层通铺	2.5～3.0
		双层床	2.0～2.5
		单层床	3.5～4.0
3	食堂		0.5～0.8
4	医务室		0.05～0.07

续上表

序号	临时房屋名称	参考指标/(m^2/人)
5	浴室	0.07～0.10
6	其他公用	0.05～0.10
7	门卫室	6～8
8	开水房	10～40
9	厕所	0.02～0.07
10	工人休息室	0.15

5.4.5 水电管网的布置

1. 施工水网的布置

(1)施工用的临时给水管:一般由建设单位的干管或自行布置的干管接到用水地点,布置时应力求管网总长度短,管径的大小和水龙头数目需视工程规模的大小通过计算确定,管道可埋置于地下,也可以铺设在地面上,视当时的气温条件和使用期限的长短而定。其布置形式有环形、枝形、混合式三种。

(2)供水管网应按防火要求布置室外消防栓,消防栓应沿道路设置,距道路应不大于 2 m,距建筑物外墙不应小于 5 m,也不应大于 25 m,工地消防栓应设有明显得标志,且周围 3 m 以内不准堆放建筑材料。

(3)为了排除地面水和地下水,应及时修通永久性下水道,并结合现场地形在建筑物周围设置排泄地面水和地下水的沟渠。

2. 施工供电布置

(1)为了维修方便,施工现场一般采用架空配电线路,且要求现场架空线与施工建筑物水平距离不小于 10 m;架空线与地面距离不小于 6 m,跨越建筑物或临时设施时,垂直距离不小于 2.5 m。

(2)现场线路应尽量架设在道路的一侧,且尽量保持线路水平,以免电杆受力不均。在低压线路,电杆间距应为 25～40 m,分支线及引入线均应由电杆处接出,不得由两杆之间接线。

(3)单位工程施工用电应在全工地性施工总平面图中一并考虑。一般情况下,计算出施工期间的用电总数,提供给建设单位解决,不另设变压器。只有独立的单位工程施工时,才根据计算出的现场用电量选用变压器,其位置应远离交通要道口处,布置在现场边缘高压线接入处,四周用铁丝网围住。

5.5 绘制施工平面图

单位工程施工平面图通常采用 1∶200～1∶500 的比例绘制,图幅可选择 1～2 号图。图上应标上图标、比例、指南针等,并作必要的文字说明。绘制单位工程施工平面图时,应尽量将拟建单位工程放在图的中心位置,完成的施工平面图比例要正确,图例要规范,线条粗细分明,字迹端正,图面整洁美观。施工平面图的内容和数量一般根据工程特点、工期长短、场地情况等确定。一般中小型单位工程只绘制主体结构施工阶段的平面布置图即可;对于工期较长或受场地限制的大中型工程,则应分阶段绘制多张施工平面图。施工平面图图例见表 5.4。施工平面图示例见图 5.1。

表 5.4　施工平面图图例

序号	名　称	图　例	序号	名　称	图　例
1	水准点	⊗ 点号/高程	2	原有房屋	
3	拟建正式房屋		4	施工期间利用的拟建正式房屋	
5	将来拟建正式房屋		6	临时房屋:密闭式 敞棚式	

续上表

序号	名　称	图　例	序号	名　称	图　例
7	拟建的各种材料围墙		8	临时围墙	
9	建筑工地界线		10	烟　囱	
11	水　塔		12	房角坐标	$x=1\ 530$ $y=2\ 156$
13	室内地面水平标高	105.10	14	现有永久公路	
15	施工用临时道路		16	临时露天堆场	
17	施工期间利用的永久堆场		18	土　堆	
19	砂　堆		20	砾石、碎石堆	
21	块石堆		22	砖　堆	
23	钢筋堆场		24	型钢堆场	LIE
25	铁管堆场		26	钢筋成品场	
27	钢结构场		28	屋面板存放场	
29	一般构件存放场		30	矿渣、灰渣堆	
31	废料堆场		32	脚手、模板堆场	
33	原有的上水管线		34	临时给水管线	—*s*—*s*—
35	给水阀门(水嘴)		36	支管接管位置	*s*
37	消防栓(原有)		38	消防栓(临时)	*L*
39	原有化粪池		40	拟建化粪池	
41	水　源	水	42	电　源	
43	总降压变电站		44	发电站	
45	变电站		46	变压器	
47	投光灯		48	电　杆	
49	现有高压 6kV 线　路	—*WW*6—*WW*6—	50	施工期间利用的永久高压 6kV 线路	—*LWW*6—*LWW*6—
51	塔　轨		52	塔　吊	
53	井　架		54	门　架	
55	卷扬机		56	履带式起重机	

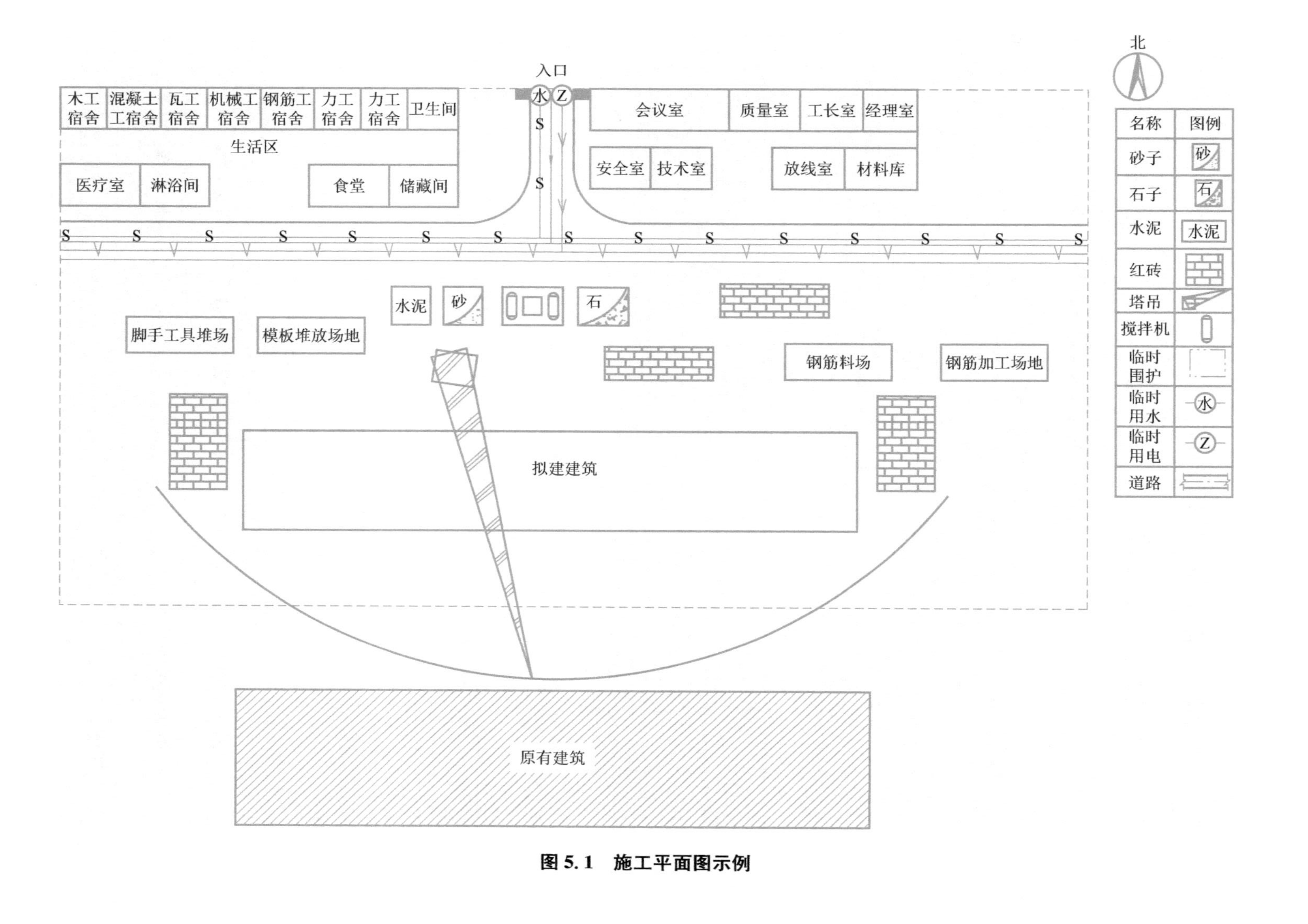
北
入口
水
Z
木工宿舍
混凝土工宿舍
瓦工宿舍
机械工宿舍
钢筋工宿舍
力工宿舍
力工宿舍
卫生间
生活区
医疗室
淋浴间
食堂
储藏间
会议室
质量室
工长室
经理室
安全室
技术室
放线室
材料库
S
水泥
砂
石
脚手工具堆场
模板堆放场地
钢筋料场
钢筋加工场地
拟建建筑
原有建筑
名称
图例
砂子
石子
水泥
红砖
塔吊
搅拌机
临时围护
临时用水
临时用电
道路

图5.1　施工平面图示例

计 划 单

<table>
<tr><td>学习领域</td><td colspan="5">施工组织与进度控制</td></tr>
<tr><td>学习情境二</td><td colspan="3">编制单位工程施工组织设计</td><td>学 时</td><td>28</td></tr>
<tr><td>工作任务 5</td><td colspan="3">设计单位工程施工平面图</td><td>计划学时</td><td>0.5</td></tr>
<tr><td>计划方式</td><td colspan="5">小组讨论，团队协作共同制订计划</td></tr>
<tr><td>序 号</td><td colspan="4">计 划 步 骤</td><td>使用资源</td></tr>
<tr><td></td><td colspan="4"></td><td></td></tr>
<tr><td></td><td colspan="4"></td><td></td></tr>
<tr><td></td><td colspan="4"></td><td></td></tr>
<tr><td></td><td colspan="4"></td><td></td></tr>
<tr><td></td><td colspan="4"></td><td></td></tr>
<tr><td></td><td colspan="4"></td><td></td></tr>
<tr><td></td><td colspan="4"></td><td></td></tr>
<tr><td></td><td colspan="4"></td><td></td></tr>
<tr><td></td><td colspan="4"></td><td></td></tr>
<tr><td>制订计划
说明</td><td colspan="5"></td></tr>
<tr><td rowspan="3">计划评价</td><td>班 级</td><td></td><td>第 组</td><td>组长签字</td><td></td></tr>
<tr><td>教师签字</td><td colspan="2"></td><td>日 期</td><td></td></tr>
<tr><td colspan="5">评语：</td></tr>
</table>

决 策 单

<table>
<tr><td>学习领域</td><td colspan="5">施工组织与进度控制</td></tr>
<tr><td>学习情境二</td><td colspan="3">编制单位工程施工组织设计</td><td>学　　时</td><td>28</td></tr>
<tr><td>工作任务 5</td><td colspan="3">设计单位工程施工平面图</td><td>决策学时</td><td>0.5</td></tr>
<tr><td colspan="6">方 案 讨 论</td></tr>
<tr><td rowspan="9">方案对比</td><td>组　　号</td><td>方案的可行性</td><td>方案的先进性</td><td>实施难度</td><td>综合评价</td></tr>
<tr><td>1</td><td></td><td></td><td></td><td></td></tr>
<tr><td>2</td><td></td><td></td><td></td><td></td></tr>
<tr><td>3</td><td></td><td></td><td></td><td></td></tr>
<tr><td>4</td><td></td><td></td><td></td><td></td></tr>
<tr><td>5</td><td></td><td></td><td></td><td></td></tr>
<tr><td>6</td><td></td><td></td><td></td><td></td></tr>
<tr><td>7</td><td></td><td></td><td></td><td></td></tr>
<tr><td>8</td><td></td><td></td><td></td><td></td></tr>
<tr><td rowspan="3">方案评价</td><td>班　　级</td><td></td><td>第　　组</td><td>组长签字</td><td></td></tr>
<tr><td>教师签字</td><td colspan="2"></td><td>日　　期</td><td></td></tr>
<tr><td colspan="5">评语：</td></tr>
</table>

实 施 单

学习领域	施工组织与进度控制		
学习情境二	编制单位工程施工组织设计	学　时	28
工作任务5	设计单位工程施工平面图	实施学时	3
实施方式	小组成员合作共同研讨确定动手实践的实施步骤，每人均填写实施单		
序　号	实 施 步 骤	使用资源	
实施说明：			

班　级		第　组		组长签字	
教师签字		日　期			
评　语					

作　业　单

<table>
<tr><td>学习领域</td><td colspan="3">施工组织与进度控制</td></tr>
<tr><td>学习情境二</td><td>编制单位工程施工组织设计</td><td>学　　时</td><td>28</td></tr>
<tr><td>工作任务 5</td><td>设计单位工程施工平面图</td><td>学　　时</td><td>6</td></tr>
<tr><td>实施方式</td><td colspan="3">小组成员进行任务分工后，分别进行动手实践，共同完成单位工程施工平面图设计</td></tr>
<tr><td colspan="4"></td></tr>
</table>

<table>
<tr><td rowspan="3">作业评价</td><td>班　　级</td><td></td><td>第　　组</td><td>组长签字</td><td></td></tr>
<tr><td>教师签字</td><td colspan="2"></td><td>日　　期</td><td></td></tr>
<tr><td colspan="5">评语：</td></tr>
</table>

检　查　单

<table>
<tr><td>学习领域</td><td colspan="4">施工组织与进度控制</td></tr>
<tr><td>学习情境二</td><td colspan="2">编制单位工程施工组织设计</td><td>学　　时</td><td>28</td></tr>
<tr><td>工作任务 5</td><td colspan="2">设计单位工程施工平面图</td><td>检查学时</td><td>0.5</td></tr>
<tr><td>序　　号</td><td>检查项目</td><td>检查标准</td><td>组内互检</td><td>教师检查</td></tr>
<tr><td>1</td><td>设计内容</td><td>设计内容是否完整、正确</td><td></td><td></td></tr>
<tr><td>2</td><td>垂直运输机械位置设计</td><td>垂直运输机械位置设计是否合理</td><td></td><td></td></tr>
<tr><td>3</td><td>各种材料堆场位置设计</td><td>各种材料堆场位置设计是否合理</td><td></td><td></td></tr>
<tr><td>4</td><td>临时设施位置设计</td><td>临时设施位置设计是否合理</td><td></td><td></td></tr>
<tr><td>5</td><td>运输道路位置设计</td><td>运输道路位置设计是否合理</td><td></td><td></td></tr>
<tr><td>6</td><td>水电管网位置设计</td><td>水电管网位置设计是否合理</td><td></td><td></td></tr>
<tr><td>7</td><td>图面情况</td><td>图面是否整洁美观、布置合理</td><td></td><td></td></tr>
<tr><td rowspan="3">检查评价</td><td>班　　级</td><td></td><td>第　　组</td><td>组长签字</td><td></td></tr>
<tr><td>教师签字</td><td colspan="2"></td><td>日　　期</td><td></td></tr>
<tr><td colspan="5">评语：</td></tr>
</table>

评 价 单

<table>
<tr><td>学习领域</td><td colspan="8">施工组织与进度控制</td></tr>
<tr><td>学习情境二</td><td colspan="5">编制单位工程施工组织设计</td><td>学　时</td><td colspan="2">28</td></tr>
<tr><td>工作任务 5</td><td colspan="5">设计单位工程施工平面图</td><td>评价学时</td><td colspan="2">0.5</td></tr>
<tr><td>考核项目</td><td>考核内容及要求</td><td colspan="2">分　值</td><td>学生自评（10%）</td><td>小组评分（20%）</td><td>教师评分（70%）</td><td colspan="2">实 得 分</td></tr>
<tr><td rowspan="5">单位工程施工平面图设计（40 分）</td><td>垂直运输机械位置设计合理</td><td colspan="2">10</td><td></td><td></td><td></td><td colspan="2"></td></tr>
<tr><td>各种材料堆场位置设计合理</td><td colspan="2">10</td><td></td><td></td><td></td><td colspan="2"></td></tr>
<tr><td>临时设施位置设计合理</td><td colspan="2">10</td><td></td><td></td><td></td><td colspan="2"></td></tr>
<tr><td>运输道路位置设计合理</td><td colspan="2">5</td><td></td><td></td><td></td><td colspan="2"></td></tr>
<tr><td>水电管网位置设计合理</td><td colspan="2">5</td><td></td><td></td><td></td><td colspan="2"></td></tr>
<tr><td>图面情况（30 分）</td><td>图面整洁美观</td><td colspan="2">30</td><td></td><td></td><td></td><td colspan="2"></td></tr>
<tr><td>学习态度（10 分）</td><td>上课认真听讲，积极参与讨论，认真完成任务</td><td colspan="2">10</td><td></td><td></td><td></td><td colspan="2"></td></tr>
<tr><td>完成时间（10 分）</td><td>能在规定时间内完成任务</td><td colspan="2">10</td><td></td><td></td><td></td><td colspan="2"></td></tr>
<tr><td>合　作　性（10 分）</td><td>积极参与组内各项任务，善于协调与沟通</td><td colspan="2">10</td><td></td><td></td><td></td><td colspan="2"></td></tr>
<tr><td></td><td>总　计</td><td colspan="2">100</td><td></td><td></td><td></td><td colspan="2"></td></tr>
<tr><td rowspan="3">评价评语</td><td>班　级</td><td></td><td>姓　名</td><td></td><td>学　号</td><td></td><td>总　评</td><td></td></tr>
<tr><td>教师签字</td><td></td><td>第　组</td><td>组长签字</td><td colspan="3"></td><td>日　期</td><td></td></tr>
<tr><td colspan="8">评语：</td></tr>
</table>

教学反馈单

<table>
<tr><td>学习领域</td><td colspan="5">施工组织与进度控制</td></tr>
<tr><td>学习情境二</td><td colspan="2">编制单位工程施工组织设计</td><td>学　　时</td><td colspan="2">28</td></tr>
<tr><td rowspan="10">调查项目</td><td>序　　号</td><td>调查内容</td><td>是</td><td>否</td><td>备注</td></tr>
<tr><td>1</td><td>计划和决策感到困难吗?</td><td></td><td></td><td></td></tr>
<tr><td>2</td><td>你认为学习任务对你将来的工作有帮助吗?</td><td></td><td></td><td></td></tr>
<tr><td>3</td><td>通过本任务的学习,你学会编制单位工程工程概况了吗?</td><td></td><td></td><td></td></tr>
<tr><td>4</td><td>通过本任务的学习,你学会编制单位工程施工方案了吗?</td><td></td><td></td><td></td></tr>
<tr><td>5</td><td>通过本任务的学习,你学会制订单位工程各项技术组织措施了吗?</td><td></td><td></td><td></td></tr>
<tr><td>6</td><td>通过本任务的学习,你学会编制单位工程施工进度计划了吗?</td><td></td><td></td><td></td></tr>
<tr><td>7</td><td>通过本任务的学习,你学会如何设计施工平面图了吗?</td><td></td><td></td><td></td></tr>
<tr><td>8</td><td>通过几天来的工作和学习,你对自己的表现是否满意?</td><td></td><td></td><td></td></tr>
<tr><td>9</td><td>你对小组成员之间的合作是否满意?</td><td></td><td></td><td></td></tr>
<tr><td colspan="6">你的意见对改进教学非常重要,请写出你的建议和意见。</td></tr>
<tr><td>调查信息</td><td>被调查人签名</td><td></td><td>调查时间</td><td colspan="2"></td></tr>
</table>

学习情境 三

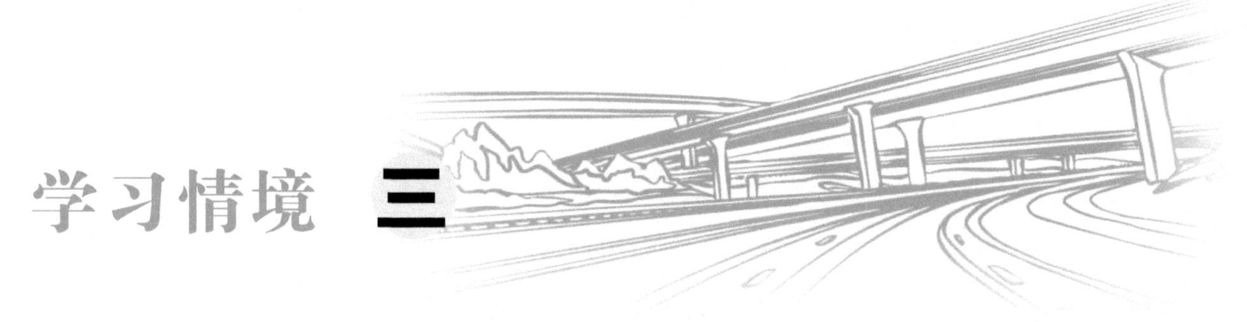

监测与调整实施中的施工进度计划

学习指南

学习目标

学生在教师的讲解和引导下，明确工作任务的目的和实施中的关键要素，通过学习掌握工程进度实施中的监测与调整方法，能够完成“监测实施中的施工进度计划”和“调整实施中的施工进度计划”两项工作任务。要求在学习过程中锻炼职业素质，做到“严谨认真、吃苦耐劳、诚实守信”。

工作任务

- 监测实施中的施工进度计划
- 调整实施中的施工进度计划

学习情境描述

根据工程进度实施中的监测与调整的主要内容选取了“监测实施中的施工进度计划”和“调整实施中的施工进度计划”等两个工作任务作为载体，使学生通过训练掌握监测与调整实施中的施工进度计划的基本方法。学习内容包括：监测与调整实施中的施工进度计划相关知识；监测实施中的施工进度计划的方法；调整实施中的施工进度计划的方法。

任务6　监测实施中的施工进度计划

任　务　单

<table>
<tr><td>学习领域</td><td colspan="6">施工组织与进度控制</td></tr>
<tr><td>学习情境三</td><td colspan="3">监测与调整实施中的施工进度计划</td><td colspan="2">学　　时</td><td>12</td></tr>
<tr><td>工作任务6</td><td colspan="3">监测实施中的施工进度计划</td><td colspan="2">学　　时</td><td>6</td></tr>
<tr><td colspan="7">布 置 任 务</td></tr>
<tr><td>工作目标</td><td colspan="6">1. 能够掌握实施中的施工进度计划的监测方法
2. 能够对实施中的施工进度计划进行监测
3. 能够在完成任务过程中锻炼职业素质，做到认真严谨、诚实守信</td></tr>
<tr><td>任务描述</td><td colspan="6">在工程项目的实施过程中，由于气候的变化、不可预见事件的发生以及其他条件的变化均会对工程进度计划的实施产生影响，从而造成实际进度偏离计划进度。为此，在进度计划的执行过程中，必须采取有效的监测手段对进度计划的实施过程进行监控，以便及时发现问题。其工作如下：
1. 收集实际进度资料：包括进度报表、定期检查等
2. 实际进度与计划进度比较：包括横道图比较法、S曲线比较法、香蕉曲线比较法、前锋线比较法和列表比较法等
3. 实际进度与计划进度对比分析：根据实际进度与计划进度比较结果，确定实际进度与计划进度是否出现偏差</td></tr>
<tr><td rowspan="2">学时安排</td><td>资　　讯</td><td>计　　划</td><td>决　　策</td><td>实　　施</td><td>检　　查</td><td>评　　价</td></tr>
<tr><td>1学时</td><td>0.5学时</td><td>0.5学时</td><td>3学时</td><td>0.5学时</td><td>0.5学时</td></tr>
<tr><td>提供资料</td><td colspan="6">1. 工程施工资料
2. 建筑施工手册．中国建筑工业出版社，2012
3. 建筑工程施工组织设计实例应用手册．中国建筑工业出版社，2008</td></tr>
<tr><td>对学生的要求</td><td colspan="6">1. 具备常用建筑材料的基本知识
2. 具备工程结构基本知识
3. 具备工程施工技术的基本知识
4. 具备一定的自学能力，一定的沟通协调和语言表达能力
5. 每位同学必须积极参与小组讨论
6. 严格遵守课堂纪律，不迟到，不早退，不旷课
7. 每组需提交实际进度与计划进度监测分析报告</td></tr>
</table>

资　讯　单

<table>
<tr><td>学习领域</td><td colspan="3">施工组织与进度控制</td></tr>
<tr><td>学习情境三</td><td>监测与调整实施中的施工进度计划</td><td>学　　时</td><td>12</td></tr>
<tr><td>工作任务 6</td><td>监测实施中的施工进度计划</td><td>资讯学时</td><td>1</td></tr>
<tr><td>资讯方式</td><td colspan="3">在参考书、专业杂志、互联网及信息单上查询问题，咨询任课教师</td></tr>
<tr><td rowspan="5">资讯问题</td><td colspan="3">1. 如何利用横道图进行实际进度与计划进度的比较？</td></tr>
<tr><td colspan="3">2. 如何利用 S 曲线进行实际进度与计划进度的比较？</td></tr>
<tr><td colspan="3">3. 如何利用香蕉曲线进行实际进度与计划进度的比较？</td></tr>
<tr><td colspan="3">4. 如何利用前锋线进行实际进度与计划进度的比较？</td></tr>
<tr><td colspan="3">5. 如何利用列表法进行实际进度与计划进度的比较？</td></tr>
<tr><td>资讯引导</td><td colspan="3">1. 在信息单中查找
2. 建筑施工手册. 中国建筑工业出版社，2012
3. 建筑工程施工组织设计实例应用手册. 中国建筑工业出版社，2008
4. 建筑施工组织. 哈尔滨工程大学出版，2012</td></tr>
</table>

信 息 单

学习领域	施工组织与进度控制		
学习情境三	监测与调整实施中的施工进度计划	学 时	12
工作任务 6	监测实施中的施工进度计划	学 时	6

6.1 进度监测系统过程

在建设工程实施过程中，为了进行进度控制，进度控制人员应经常地、定期地对进度计划的执行情况进行跟踪检查，收集施工进度资料，进行统计整理和对比分析，发现问题后，及时采取措施加以解决。进度监测系统过程如图 6.1 所示。

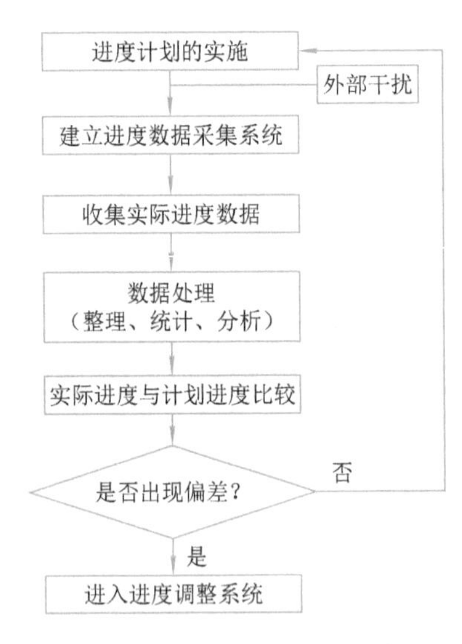

图 6.1 建设工程进度监测系统过程

6.1.1 进度计划执行中的跟踪检查

对进度计划的执行情况进行跟踪检查是计划执行信息的主要来源，是进度分析和调整的依据，也是进度控制的关键步骤。跟踪检查的主要工作是定期收集反映工程实际进度的有关数据，收集的数据应当全面、真实、可靠，不完整或不正确的进度数据将导致判断不准确或决策失误。为了全面、准确地掌握进度计划的执行情况，监理工程师应认真做好以下三方面的工作。

1. 定期收集进度报表资料

进度报表是反映工程实际进度的主要方式之一。进度计划执行单位应按照进度监理制度规定的时间和报表内容，定期填写进度报表。监理工程师通过收集进度报表资料掌握工程实际进展情况。

2. 现场实地检查工程进展情况

派监理人员常驻现场，随时检查进度计划的实际执行情况，这样可以加强进度监测工作，掌握工程实际进度的第一手资料，使获取的数据更加及时、准确。

3. 定期召开现场会议

定期召开现场会议，监理工程师通过与进度计划执行单位的有关人员面对面的交谈，既可以了解工程实际进度状况，同时也可以协调有关方面的进度关系。

一般说来，进度控制的效果与收集数据资料的时间间隔有关。究竟多长时间进行一次进度检查，这是监理工程师应当确定的问题。如果不经常地、定期地收集实际进度数据，就难以有效地控制实际进度。进度检查的时间间隔与工程项目的类型、规模、监理对象及有关条件等多方面因素有关，可视工程的具体情况，每月、每半月或每周进行一次检查。若在施工中遇到天气、资源供应等不利因素的严重影响，检查的时间间隔可临时缩短，甚至可以每日进行一次进度检查。

6.1.2 实际进度数据的加工处理

为了进行实际进度与计划进度的比较，必须对收集到的实际进度数据进行加工处理，形成与计划进度具有可比性的数据。一般可以按实物工程量、工作量和劳动消耗量以及累计百分比整理和统计实际检查的数据，以便与相应的计划完成量相对比。例如，对检查时段实际完成工作量的进度数据进行整理、统计和分析，确定本期累计完成的工作量、本期已完成的工作量占计划总工作量的百分比等。

6.1.3 实际进度与计划进度的对比分析

将收集的资料整理和统计成具有计划进度可比性的数据后，将实际进度数据与计划进度数据进行比较，可以确定建设工程实际执行状况与计划目标之间的差距。为了直观反映实际进度偏差，通常采用表格或图形进行实际进度与计划进度的对比分析，从而得出实际进度比计划进度超前、滞后或一致的结论。

6.2 实施中的进度计划的监测方法

6.2.1 横道图比较法

横道图比较法是指将项目实施过程中检查实际进度收集到的数据，经加工整理后直接用横道线平行绘于原计划的横道线处，进行实际进度与计划进度的比较方法。采用横道图比较法，可以形象、直观地反映实际进度与计划进度的比较情况。

1. 匀速进展横道图比较法

匀速进展是指在工程项目中，每项工作在单位时间内完成的任务量都是相等的，即工作的进展速度是均匀的。

采用匀速进展横道图比较法时，其步骤如下：

(1)编制横道图进度计划。

(2)在进度计划上标出检查日期。

(3)将检查收集到的实际进度数据经加工整理后按比例用涂黑的粗线标于计划进度的下方。

(4)对比分析实际进度与计划进度：

①如果涂黑的粗线右端落在检查日期左侧，表明实际进度拖后。

②如果涂黑的粗线右端落在检查日期右侧，表明实际进度超前。

③如果涂黑的粗线右端与检查日期重合，表明实际进度与计划进度一致。

该方法仅适用于工作从开始到结束的整个过程中，其进展速度均为固定不变的情况。如果工作的进展速度是变化的，则不能采用这种方法进行实际进度与计划进度的比较；否则，会得出错误的结论。

2. 非匀速进展横道图比较法

当工作在不同单位时间里的进展速度不相等时，累计完成的任务量与时间的关系就不可能是线性关系。此时，应采用非匀速进展横道图比较法进行工作实际进度与计划进度的比较。

非匀速进展横道图比较法在用涂黑粗线表示工作实际进度的同时，还要标出其对应时刻完成任务量的累计百分比，并将该百分比与其同时刻计划完成任务量的累计百分比相比较，判断工作实际进度与计划进度之间的关系。

采用非匀速进展横道图比较法时，其步骤如下：

(1)编制横道图进度计划。

(2)在横道线上方标出各主要时间工作的计划完成任务量累计百分比。

(3)在横道线下方标出相应时间工作的实际完成任务量累计百分比。

(4)用涂黑粗线标出工作的实际进度,从开始之日标起,同时反映出该工作在实施过程中的连续与间断情况。

(5)通过比较同一时刻实际完成任务量累计百分比和计划完成任务量累计百分比,判断工作实际进度与计划进度之间的关系:

①如果同一时刻横道线上方累计百分比大于横道线下方累计百分比,表明实际进度拖后,拖欠的任务量为二者之差。

②如果同一时刻横道线上方累计百分比小于横道线下方累计百分比,表明实际进度超前,超前的任务量为二者之差。

③如果同一时刻横道线上下方两个累计百分比相等,表明实际进度与计划进度一致。

横道图比较法虽有记录和比较简单、形象直观、易于掌握、使用方便等优点,但由于其以横道计划为基础,因而带有不可克服的局限性。在横道计划中,各项工作之间的逻辑关系表达不明确,关键工作和关键线路无法确定。一旦某些工作实际进度出现偏差时,难以预测其对后续工作和工程总工期的影响,也就难以确定相应的进度计划调整方法。因此,横道图比较法主要用于工程项目中某些工作实际进度与计划进度的局部比较。

工程实例

【工程实例1】 某工程项目中的钢筋混凝土工程按施工进度计划安排需要6周完成,每周计划完成的任务量百分比如图6.2所示,试绘制非匀速进展横道图。

【实例分析】 根据已知条件:

(1)编制横道图进度计划,如图6.3所示。

(2)在横道线上方标出钢筋混凝土工程每周计划累计完成任务量的百分比,分别15%、35%、55%、75%、90%和100%。

(3)在横道线下方标出第1周至检查日期(第4周)每周实际累计完成任务量的百分比,分别为12%、30%、50%、69%。

(4)用涂黑粗线标出实际投入的时间。如图6.3表明,该工作实际开始时间晚于计划开始时间,在开始后连续工作,没有中断。

(5)比较实际进度与计划进度。从图6.3中可以看出,该工作在第一周实际进度比计划进度拖后3%,以后各周末累计拖后分别为5%、5%和6%。

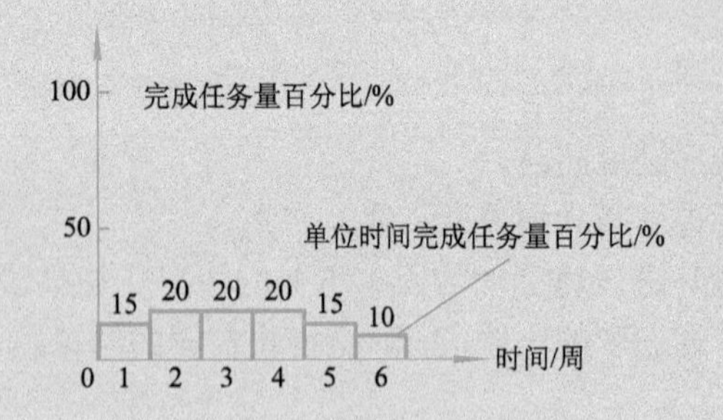

图6.2 钢筋混凝土工程进展时间与完成任务量关系图

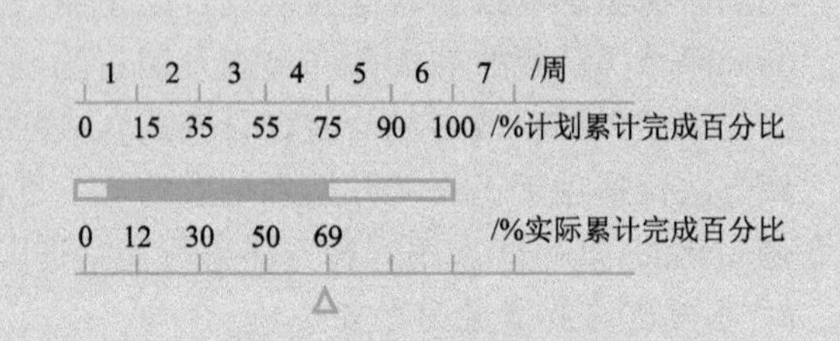

图6.3 非匀速进展横道图比较图

6.2.2 S曲线比较法

S曲线比较法是以横坐标表示时间,纵坐标表示累计完成任务量,绘制一条按计划时间累计完成任务量的S曲线;然后将工程项目实施过程中各检查时间实际累计完成任务量的S曲线也绘制在同一坐标系中,进行实际进度与计划进度比较的一种方法。

从整个工程项目实际进展全过程看，单位时间投入的资源量一般是开始和结束时较少，中间阶段较多。与其相对应，单位时间完成的任务量也呈同样的变化规律，如图 6.4(a)所示。而随工程进展累计完成的任务量则应呈 S 形变化，如图 6.4(b)所示。由于其形似英文字母“S”，S 曲线因此得名。

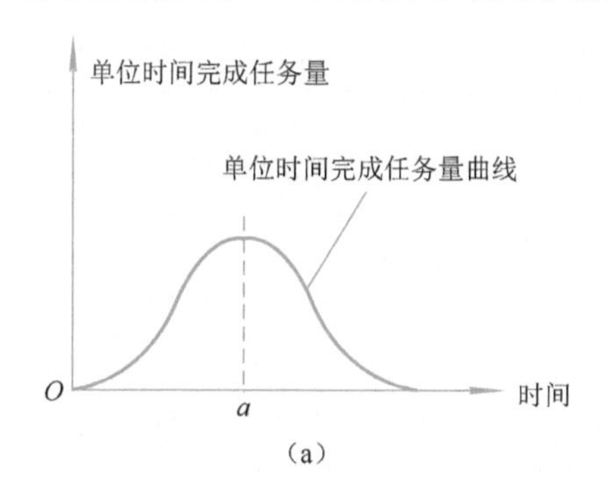

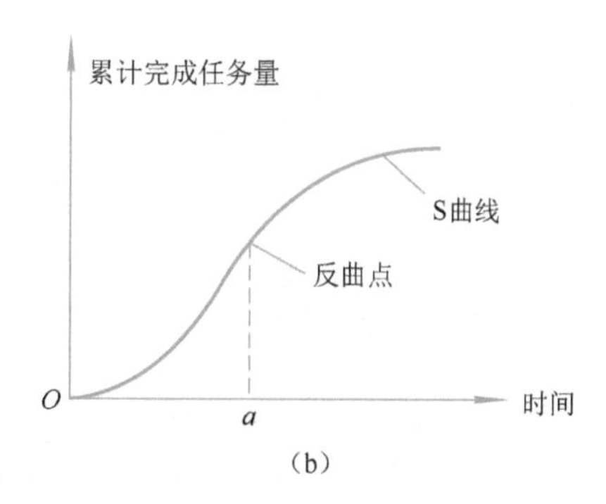

图 6.4　时间与完成任务量关系曲线

1. S 曲线的绘制方法

(1)确定单位时间计划完成任务量，将每天计划完成任务量列于表中。

(2)计算不同时间累计完成任务量，将每天计划累计完成任务量列于表中。

(3)根据累计完成任务量绘制 S 曲线。

2. 实际进度与计划进度的比较

(1)工程项目实际进展情况。如果工程实际进展点落在计划 S 线左侧，表明此时实际进度比计划度超前，如图 6.5 中的 a 点；如果程实际进展点落在 S 计划曲线右侧，表明此时实际进度拖后，如图 6.5 中的 b 点；如果工程实际进展点正落在计划 S 曲线上，则表示此时实际进度与计划进度一致。

(2)工程项目实际进度超前或拖后的时间。在 S 曲线比较图中可以直接读出实际进度比计划进度超前或拖后的时间。如图 6.5 所示，ΔT_a 表示 T_a 时刻实际进度超前的时间；ΔT_b 表示 T_b 时刻实际进度拖后的时间。

(3)工程项目实际超额或拖欠的任务量。在 S 曲线比较图中也可直接读出实际进度比计划进度超额或拖欠的任务量。如图 6.5 所示，ΔQ_a 表示 T_a 时刻超额完成的任务量，ΔQ_b 表示 T_b 时刻拖欠的任务量。

(4)后期工程进度预测。如果后期工程按原计划速度进行，则可做出后期工程计划 S 曲线如图 6.5 中虚线所示，从而可以确定工期拖延预测值 ΔT。

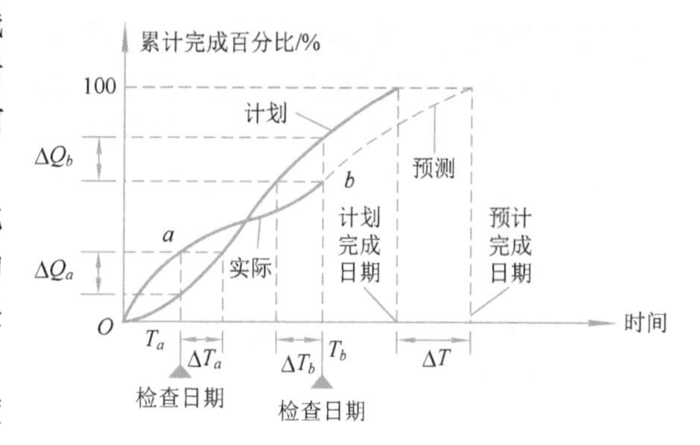

图 6.5　S 曲线比较图

工程实例

【工程实例 2】 某土方工程的土方总量为 500 m³，按照施工方案，计划 9 天完成，每天计划完成的土方量如图 6.6 所示，试绘制该土方工程的计划 S 曲线。

【实例分析】 根据已知条件：

(1)确定单位时间计划完成任务量。将每天计划完成土方量列于表 6.1 中。

表 6.1　完成工程量汇总表

时间/天	1	2	3	4	5	6	7	8	9
每天完成土方量/m³	45	51	57	63	69	63	57	50	45
累计完成土方量/m³	45	96	153	216	285	348	405	455	500

(2)计算不同时间累计完成任务量。在本例中，依次计算每天计划累计完成的土方量，结果列于表 6.1 中。

(3)根据累计完成任务量绘制 S 曲线,如图 6.7 所示。

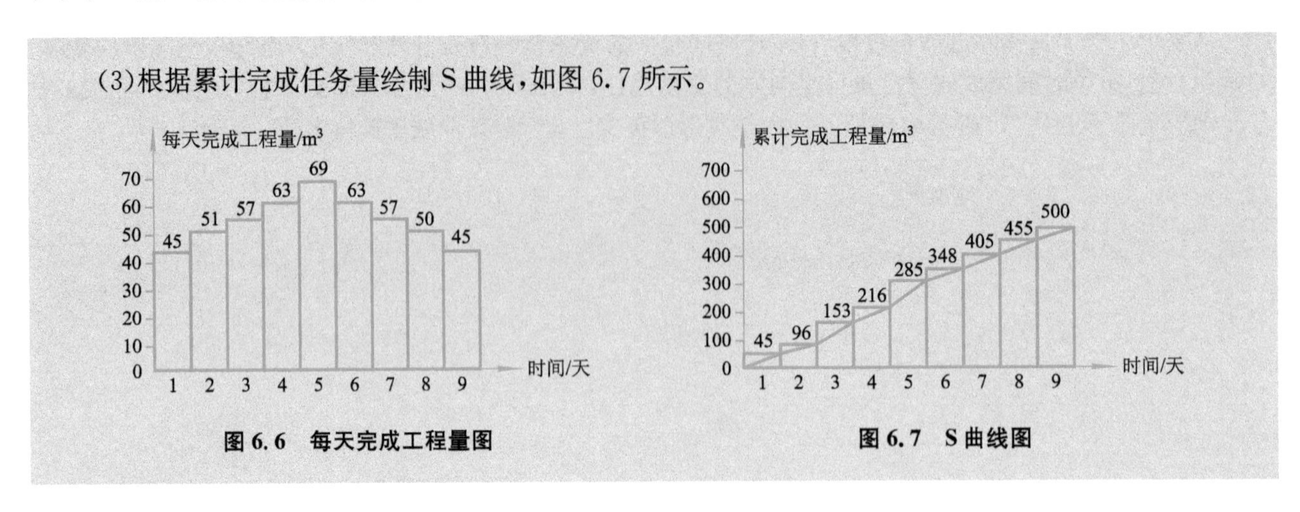

图 6.6　每天完成工程量图　　**图 6.7　S 曲线图**

6.2.3　香蕉曲线比较法

香蕉曲线是由两条 S 曲线组合而成的闭合曲线。对于一个工程项目的网络计划,如果以其中各项工作的最早开始时间安排进度而绘制 S 曲线,称为 ES 曲线;如果以其中工作的最迟开始时间安排进度而绘制 S 曲线,称为 LS 曲线。两条 S 曲线具有相同的起点和终点,因此,两条曲线是闭合的。在一般情况下,ES 曲线上的其余各点均落在 LS 曲线的相应点的左侧。由于该闭合曲线形似“香蕉”,故称为香蕉曲线。

1. 香蕉曲线的绘制方法

香蕉曲线的绘制方法与 S 曲线绘制方法基本相同,所不同之处在于香蕉曲线是以工作按最早开始时间安排进度和按最迟开始时间安排进度分别绘制的两条 S 曲线组合而成。其绘制步骤如下:

(1)以工程项目的网络计划为基础,计算各项工作的最早开始时间和最迟开始时间。

(2)确定各项工作在各单位时间的计划完成任务量。分别按以下两种情况考虑:

①根据各项工作按最早开始时间安排的进度计划,确定各项工作在各单位时间的计划完成任务量。

②根据各项工作按最迟开始时间安排的进度计划,确定各项工作在各单位时间的计划完成任务量。

(3)计算工程项目总任务量,即对所有工作在各单位时间计划完成的任务量累加求和。

(4)分别根据各项工作按最早开始时间、最迟开始时间安排的进度计划,确定工程项目在各单位时间内计划完成的任务量,即将各项工作在某一单位时间内计划完成的任务量求和。

(5)分别根据各项工作按最早开始时间、最迟开始时间安排的进度计划,确定不同时间累计完成的任务量或任务量的百分比。

(6)绘制香蕉曲线。分别根据各项工作按最早开始时间、最迟开始时间安排的进度计划而确定的累计完成任务量或任务量的百分比描绘各点,并连接各点得到 ES 曲线和 LS 曲线,由 ES 曲线和 LS 曲线组成香蕉曲线。

在工程项目实施过程中,根据检查得到的实际累计完成任务量,按同样的方法在原计划香蕉曲线图上绘出实际进度曲线,便可以进行实际进度与计划进度的比较。

2. 香蕉曲线比较法的作用

香蕉曲线比较法能直观地反映工程项目的实际进展情况,并可以获得比 S 曲线更多的信息。其主要作用有以下几点:

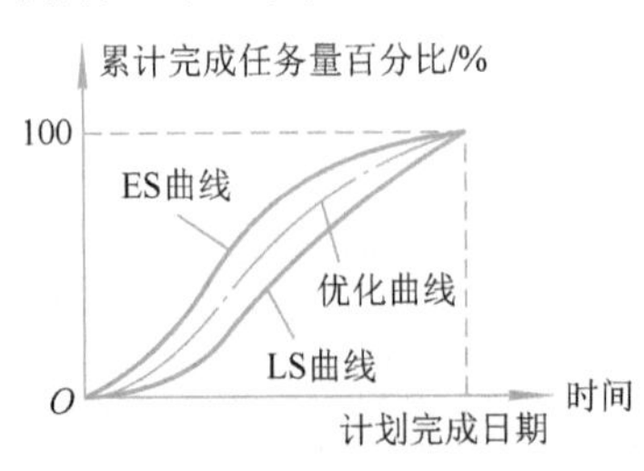

图 6.8　香蕉曲线比较图

(1)合理安排工程项目进度计划。如果工程项目的各项工作均按其最早开始时间安排进度,将导致项目的投资加大;而如果各项工作均按其最迟开始时间安排进度,则一旦受到进度影响因素的干扰,又将导致工期拖延,使工程进度风险加大。因此,一个科学合理的进度计划优化曲线应处于香蕉曲线所包络的区域之内,如图 6.8 中的点划线所示。

(2)定期比较工程项目的实际进度与计划进度。在工程项目的实施过程中,根据每次检查收集到的实际完成任务量,绘制出实际进度 S 曲线,便可以与计划进度进行比较。工程项目实施进度的理想状态是任一时刻工程实际进展点应落在香蕉曲线图的范围之内。如果工程实际进展点落在 ES 曲线的左侧，表明此刻实际进度比各项工作按其最早开始时间安排的计划进度超前；如果工程实际进展点落在 LS 曲线的右侧，则表明此刻实际进度比各项工作按其最迟开始时间安排的计划进度拖后。

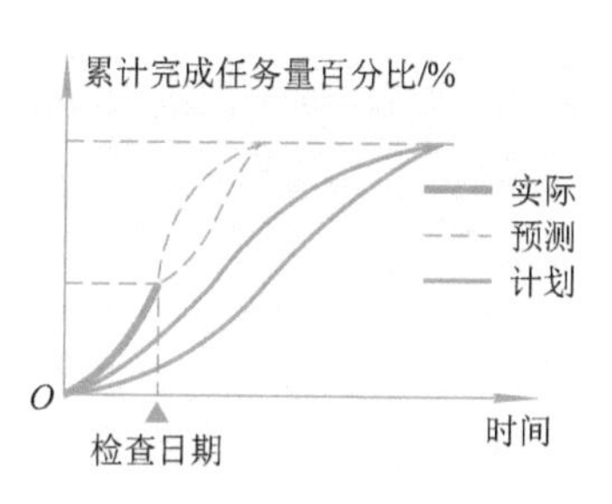

图 6.9　工程进展趋势预测图

（3）预测后期工程进展趋势。利用香蕉曲线可以对后期工程的进展情况进行预测。例如在图 6.9 中，该工程项目在检查日实际进度超前。检查日期之后的后期工程进度安排如图中虚线所示，预计该工程项目将提前完成。

工程实例

【工程实例 3】 某工程项目网络计划如图 6.10 所示，图中箭线上方括号内数字表示各项工作计划完成的任务量，以劳动消耗量表示；箭线下方数字表示各项工作的持续时间（周）。试绘制香蕉曲线。

【实例分析】 假设各项工作均为匀速进展，即各项工作每周的劳动消耗量相等。

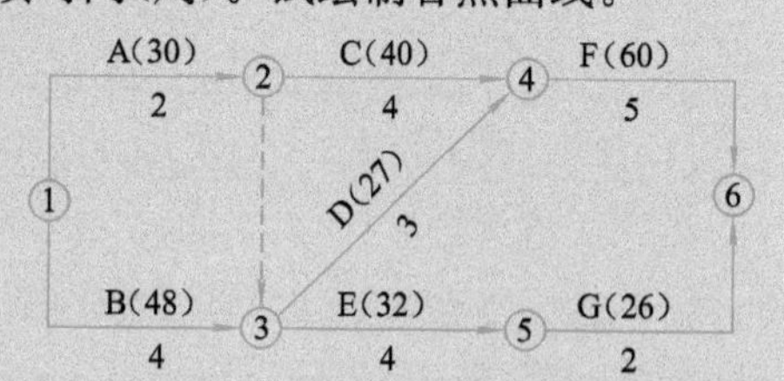

图 6.10　某工程项目网络计划

（1）确定各项工作每周的劳动消耗量：

工作 A：30÷2＝15；工作 B：48÷4＝12；工作 C：40÷4＝10；工作 D：27÷3＝9；工作 E：32÷4＝8；工作 F：60÷5＝12；工作 G：26÷2＝13

（2）计算工程项目劳动消耗总量：

$$Q=30+48+40+27+32+60+26=263$$

（3）根据各项工作按最早开始时间安排的进度计划，确定工程项目每周计划劳动消耗量及各周累计劳动消耗量，如图 6.11 所示。

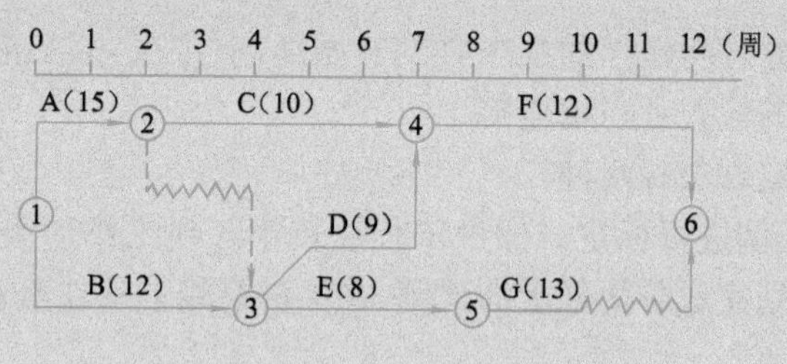

时间/周	1	2	3	4	5	6	7	8	9	10	11	12
每周劳动消耗量	12	27	27	22	19	19	27	20	20	20	25	25
累计劳动消耗量	12	39	66	88	107	126	153	73	193	213	238	263

图 6.11　按工作最早开始时间安排的进度计划及劳动消耗量

（4）根据各项工作按最迟开始时间安排的进度计划，确定工程项目每周计划劳动消耗量及各周累计劳动消耗量，如图 6.12 所示。

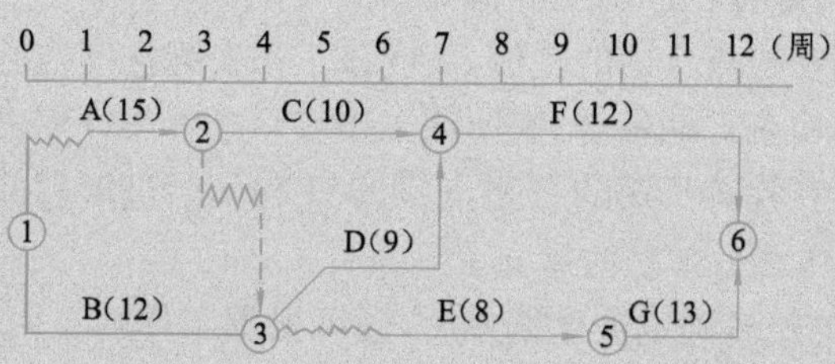

时间/周	1	2	3	4	5	6	7	8	9	10	11	12
每周劳动消耗量	12	27	27	22	19	19	27	20	20	20	25	25
累计劳动消耗量	12	39	66	88	107	126	153	173	193	213	238	263

图 6.12　按工作最迟开始时间安排的进度计划及劳动消耗量

(5)根据不同的累计劳动消耗量分别绘制ES曲线和LS曲线,便得到香蕉曲线,如图6.13所示。

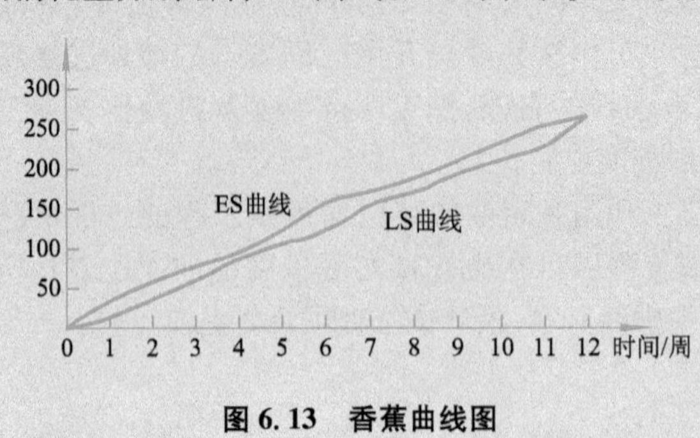

图6.13 香蕉曲线图

6.2.4 前锋线比较法

前锋线比较法是通过绘制某检查时刻工程项目实际进度前锋线,进行工程实际进度与计划进度比较的方法,它主要适用于时标网络计划。所谓前锋线,是指在原时标网络计划上,从检查时刻的时标点出发,用点划线依次将各项工作实际进展位置点连接而成的折线。前锋线比较法就是通过实际进度前锋线与原进度计划中各工作箭线交点的位置来判断工作实际进度与计划进度的偏差,进而判定该偏差对后续工作及总工期影响程度的一种方法。

采用前锋线比较法进行实际进度与计划进度的比较,其步骤如下:

1. 绘制时标网络计划图

工程项目实际进度前锋线是在时标网络计划图上标示,为清楚起见,可在时标网络计划图的上方和下方各设一时间坐标。

2. 绘制实际进度前锋线

一般从时标网络计划图上方时间坐标的检查日期开始绘制,依次连接相邻工作的实际进展位置点,最后与时标网络计划图下方坐标的检查日期相连接。

工作实际进展位置点的标定方法有两种:

(1)按该工作已完任务量比例进行标定。假设工程项目中各项工作均为匀速进展,根据实际进度检查时刻该工作已完任务量占其计划完成总任务量的比例,在工作箭线上从左至右按相同的比例标定其实际进展位置点。

(2)按尚需作业时间进行标定。当某些工作的持续时间难以按实物工程量来计算而只能凭经验估算时,可以先估算出检查时刻到该工作全部完成尚需作业的时间,然后在该工作箭线上从右向左逆向标定其实际进展位置点。

3. 进行实际进度与计划进度的比较

前锋线可以直观地反映出检查日期有关工作实际进度与计划进度之间的关系。对某项工作来说,其实际进度与计划进度之间的关系可能存在以下三种情况:

(1)工作实际进展位置点落在检查日期的左侧,表明该工作实际进度拖后,拖后的时间为二者之差。

(2)工作实际进展位置点与检查日期重合,表明该工作实际进度与计划进度一致。

(3)工作实际进展位置点落在检查日期的右侧,表明该工作实际进度超前,超前的时间为二者之差。

4. 预测进度偏差对后续工作及总工期的影响

通过实际进度与计划进度的比较确定进度偏差后,还可根据工作的自由时差和总时差预测该进度偏差对后续工作及项目总工期的影响。由此可见,前锋线比较法既适用于工作实际进度与计划进度之间的局部比较,又可用来分析和预测工程项目整体进度状况。

工程实例

【工程实例4】 某工程项目时标网络计划如图6.14所示。该计划执行到第7周末检查实际进度时,发现工作A、B和C已经全部完成，工作D、E和F分别完成计划任务量的20%、60%和33%，试用前锋线法进行实际进度与计划进度的比较。

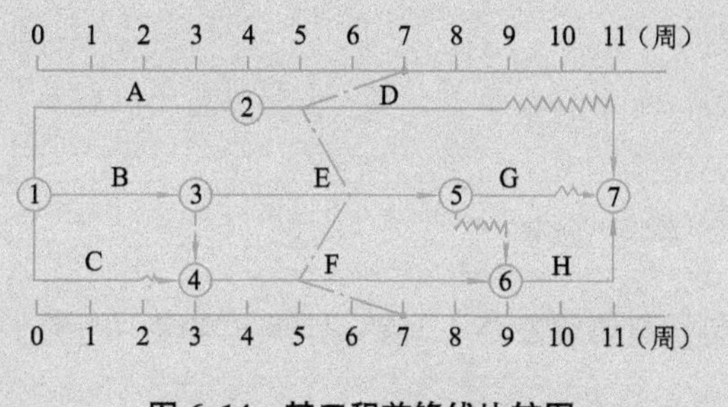

图6.14　某工程前锋线比较图

【实例分析】 根据第7周末实际进度的检查结果绘制前锋线，如图6.14中点划线所示。通过比较可以看出：

(1)工作E实际进度拖后1周，将使其后续工作G的最早开始时间推迟1周，但对总工期不影响。

(2)工作D实际进度拖后2周，但不影响总工期。

(3)工作F实际进度拖后2周，将使其后续工作H的最早开始时间推迟2周。由于工作H开始时间的推迟，从而使总工期延长2周。

综上所述，如果不采取措施加快进度，该工程项目的总工期将延长2周。

6.2.5　列表比较法

当工程进度计划用非时标网络图表示时，可以采用列表比较法进行实际进度与计划进度的比较。这种方法是记录检查日期应该进行的工作名称及其已经作业的时间，然后列表计算有关时间参数，并根据工作总时差进行实际进度与计划进度比较的方法。

采用列表比较法进行实际进度与计划进度的比较，其步骤如下：

(1)对于实际进度检查日期应该进行的工作，根据已经作业的时间，确定其尚需作业时间。

(2)根据原进度计划计算检查日期应该进行的工作，从检查日期到原计划最迟完成时尚余时间。

(3)计算工作尚有总时差，其值等于工作从检查日期到原计划最迟完成时间尚余时间与该工作尚需作业时间之差。

(4)比较实际进度与计划进度，可能有以下几种情况：

①如果工作尚有总时差与原有总时差相等，说明该工作实际进度与计划进度一致。

②如果工作尚有总时差大于原有总时差，说明该工作实际进度超前，超前的时间为二者之差。

③如果工作尚有总时差小于原有总时差，且仍为非负值，说明该工作实际进度拖后，拖后的时间为二者之差，但不影响总工期。

④如果工作尚有总时差小于原有总时差，且为负值，说明该工作实际进度拖后，拖后的时间为二者之差，此时工作实际进度偏差将影响总工期。

工程实例

【工程实例5】 某工程项目进度计划如图6.14所示。该计划执行到第7周末检查实际进度时，发现工作A、B、C已经全部完成，工作D已进行1周，工作E已进行3周，工作F已进行2周，试用列表比较法进行实际进度与计划进度的比较。

【实例分析】 根据工程项目进度计划及实际进度检查结果，可以计算出检查日期应进行工作的尚需作业时间、原有总时差及尚有总时差等，计算结果见表6.2。通过比较尚有总时差和原有总时差，即可判断目前工程实际进展状况。

表6.2　工程进度检查比较表

工作代号	工作名称	检查作业计划时尚需作业周数	到计划最迟完成时尚余周数	原有总时差	尚有总时差	情况判断
2—7	D	4	4	2	0	拖后2周，但不影响工期
3—5	E	2	2	1	0	拖后1周，但不影响工期
4—6	F	4	2	0	−2	拖后2周，影响工期2周

计 划 单

<table>
<tr><td>学习领域</td><td colspan="3">施工组织与进度控制</td></tr>
<tr><td>学习情境三</td><td>监测与调整实施中的施工进度计划</td><td>学　　时</td><td>12</td></tr>
<tr><td>工作任务 6</td><td>监测实施中的施工进度计划</td><td>计划学时</td><td>0.5</td></tr>
<tr><td>计划方式</td><td colspan="3">小组讨论，团队协作共同制订计划</td></tr>
<tr><td>序　　号</td><td colspan="2">实 施 步 骤</td><td>使用资源</td></tr>
<tr><td></td><td colspan="2"></td><td></td></tr>
<tr><td></td><td colspan="2"></td><td></td></tr>
<tr><td></td><td colspan="2"></td><td></td></tr>
<tr><td></td><td colspan="2"></td><td></td></tr>
<tr><td></td><td colspan="2"></td><td></td></tr>
<tr><td></td><td colspan="2"></td><td></td></tr>
<tr><td></td><td colspan="2"></td><td></td></tr>
<tr><td></td><td colspan="2"></td><td></td></tr>
<tr><td></td><td colspan="2"></td><td></td></tr>
<tr><td>制订计划
说明</td><td colspan="3"></td></tr>
</table>

<table>
<tr><td rowspan="3">计划评价</td><td>班　　级</td><td></td><td>第　　组</td><td>组长签字</td><td></td></tr>
<tr><td>教师签字</td><td colspan="2"></td><td>日　　期</td><td></td></tr>
<tr><td colspan="5">评语：</td></tr>
</table>

决 策 单

<table>
<tr><td>学习领域</td><td colspan="5">施工组织与进度控制</td></tr>
<tr><td>学习情境三</td><td colspan="3">监测与调整实施中的施工进度计划</td><td>学　　时</td><td>12</td></tr>
<tr><td>工作任务 6</td><td colspan="3">监测实施中的施工进度计划</td><td>决策学时</td><td>0.5</td></tr>
<tr><td colspan="6">方 案 讨 论</td></tr>
<tr><td rowspan="9">方案对比</td><td>组　　号</td><td>方案的可行性</td><td>方案的先进性</td><td>实施难度</td><td>综合评价</td></tr>
<tr><td>1</td><td></td><td></td><td></td><td></td></tr>
<tr><td>2</td><td></td><td></td><td></td><td></td></tr>
<tr><td>3</td><td></td><td></td><td></td><td></td></tr>
<tr><td>4</td><td></td><td></td><td></td><td></td></tr>
<tr><td>5</td><td></td><td></td><td></td><td></td></tr>
<tr><td>6</td><td></td><td></td><td></td><td></td></tr>
<tr><td>7</td><td></td><td></td><td></td><td></td></tr>
<tr><td>8</td><td></td><td></td><td></td><td></td></tr>
<tr><td rowspan="3">方案评价</td><td>班　　级</td><td></td><td>第　　组</td><td>组长签字</td><td></td></tr>
<tr><td>教师签字</td><td colspan="2"></td><td>日　　期</td><td></td></tr>
<tr><td colspan="5">评语：</td></tr>
</table>

实　施　单

学习领域	施工组织与进度控制		
学习情境三	监测与调整实施中的施工进度计划	学　　时	12
工作任务 6	监测实施中的施工进度计划	实施学时	3
实施方式	小组成员合作共同研讨确定动手实践的实施步骤，每人均填写实施单		

序　　号	实 施 步 骤	使用资源

实施说明：

班　　级		第　　组	组长签字	
教师签字		日　　期		
评　　语				

作　业　单

<table>
<tr><td>学习领域</td><td colspan="5">施工组织与进度控制</td></tr>
<tr><td>学习情境三</td><td colspan="3">监测与调整实施中的施工进度计划</td><td>学　时</td><td>12</td></tr>
<tr><td>工作任务 6</td><td colspan="3">监测实施中的施工进度计划</td><td>学　时</td><td>6</td></tr>
<tr><td>实施方式</td><td colspan="5">小组成员进行任务分工后，分别进行动手实践，共同完成实际进度与计划进度监测分析报告</td></tr>
<tr><td colspan="6"></td></tr>
<tr><td rowspan="3">作业评价</td><td>班　级</td><td></td><td>第　组</td><td>组长签字</td><td></td></tr>
<tr><td>教师签字</td><td colspan="2"></td><td>日　期</td><td></td></tr>
<tr><td colspan="5">评语：</td></tr>
</table>

检查单

学习领域	施工组织与进度控制			
学习情境三	监测与调整实施中的施工进度计划		**学　时**	12
工作任务6	监测实施中的施工进度计划		**检查学时**	0.5
序　号	**检查项目**	**检查标准**	**组内互检**	**教师检查**
1	施工进度监测方法选择	施工进度监测方法选择是否合理		
2	施工进度监测结果分析	施工进度监测结果分析是否正确		
3	图面情况	图面是否整洁美观、布置合理		
检查评价	**班　级**		**第　组**	**组长签字**
	教师签字		**日　期**	
	评语：			

评　价　单

<table>
<tr><td>学习领域</td><td colspan="8">施工组织与进度控制</td></tr>
<tr><td>学习情境三</td><td colspan="5">监测与调整实施中的施工进度计划</td><td>学　　时</td><td colspan="2">12</td></tr>
<tr><td>工作任务 6</td><td colspan="5">监测实施中的施工进度计划</td><td>评价学时</td><td colspan="2">0.5</td></tr>
<tr><td>考核项目</td><td colspan="2">考核内容及要求</td><td>分　　值</td><td>学生自评（10%）</td><td>小组评分（20%）</td><td>教师评分（70%）</td><td colspan="2">实 得 分</td></tr>
<tr><td>实施中的进度计划监测方法（25 分）</td><td colspan="2">施工进度监测方法选择合理</td><td>25</td><td></td><td></td><td></td><td colspan="2"></td></tr>
<tr><td>实施中的进度计划监测结果（25 分）</td><td colspan="2">施工进度监测结果分析正确</td><td>25</td><td></td><td></td><td></td><td colspan="2"></td></tr>
<tr><td>图面情况（20 分）</td><td colspan="2">图面整洁美观</td><td>20</td><td></td><td></td><td></td><td colspan="2"></td></tr>
<tr><td>学习态度（10 分）</td><td colspan="2">上课认真听讲，积极参与讨论，认真完成任务</td><td>10</td><td></td><td></td><td></td><td colspan="2"></td></tr>
<tr><td>完成时间（10 分）</td><td colspan="2">能在规定时间内完成任务</td><td>10</td><td></td><td></td><td></td><td colspan="2"></td></tr>
<tr><td>合　作　性（10 分）</td><td colspan="2">积极参与组内各项任务，善于协调与沟通</td><td>10</td><td></td><td></td><td></td><td colspan="2"></td></tr>
<tr><td></td><td colspan="2">总　　计</td><td>100</td><td></td><td></td><td></td><td colspan="2"></td></tr>
<tr><td rowspan="3">评价评语</td><td>班　　级</td><td></td><td>姓　　名</td><td></td><td>学　　号</td><td></td><td>总　评</td><td></td></tr>
<tr><td>教师签字</td><td></td><td>第　　组</td><td>组长签字</td><td colspan="2"></td><td>日　期</td><td></td></tr>
<tr><td colspan="8">评语：</td></tr>
</table>

任务7 调整实施中的施工进度计划

任 务 单

<table>
<tr><td>学习领域</td><td colspan="6">施工组织与进度控制</td></tr>
<tr><td>学习情境三</td><td colspan="3">监测与调整实施中的施工进度计划</td><td colspan="2">学　时</td><td>12</td></tr>
<tr><td>工作任务7</td><td colspan="3">调整实施中的施工进度计划</td><td colspan="2">学　时</td><td>6</td></tr>
<tr><td colspan="7">布 置 任 务</td></tr>
<tr><td>工作目标</td><td colspan="6">1. 掌握实施中的施工进度计划的调整方法
2. 能够对实施中的施工进度计划进行调整
3. 能够在完成任务过程中锻炼职业素质，做到认真严谨、诚实守信</td></tr>
<tr><td>任务描述</td><td colspan="6">在工程项目的实施过程中，由于气候的变化、不可预见事件的发生以及其他条件的变化均会对工程进度计划的实施产生影响，从而造成实际进度偏离计划进度。为此，在进度计划的执行过程中，必须采取有效的监测手段对进度计划的实施过程进行监控，以便及时发现问题，并运用行之有效的进度调整方法来解决问题。其工作如下：
1. 分析偏差对后续工作及总工期的影响：分析进度偏差对后续工作和总工期的影响程度，以确定是否应采取措施调整进度计划
2. 确定调整方案：以后续工作和总工期的限制条件为依据，确保要求的进度目标得到实现</td></tr>
<tr><td rowspan="2">学时安排</td><td>资　讯</td><td>计　划</td><td>决　策</td><td>实　施</td><td>检　查</td><td>评　价</td></tr>
<tr><td>1学时</td><td>0.5学时</td><td>0.5学时</td><td>3学时</td><td>0.5学时</td><td>0.5学时</td></tr>
<tr><td>提供资料</td><td colspan="6">1. 工程施工资料
2. 建筑施工手册．中国建筑工业出版社，2012
3. 建筑工程施工组织设计实例应用手册．中国建筑工业出版社，2008</td></tr>
<tr><td>对学生的要求</td><td colspan="6">1. 具备常用建筑材料的基本知识
2. 具备工程结构基本知识
3. 具备工程施工技术的基本知识
4. 具备一定的自学能力，一定的沟通协调和语言表达能力
5. 每位同学必须积极参与小组讨论
6. 严格遵守课堂纪律，不迟到，不早退，不旷课
7. 每组需提交施工进度调整方案</td></tr>
</table>

资　讯　单

学习领域	施工组织与进度控制		
学习情境三	监测与调整实施中的施工进度计划	学　　时	12
工作任务 7	调整实施中的施工进度计划	资讯学时	1
资讯方式	在参考书、专业杂志、互联网及信息单上查询问题，咨询任课教师		
资讯问题	1. 如何分析进度偏差对后续工作及总工期的影响？		
	2. 如何选择进度计划的调整方法？		
	3. 如何对进度计划进行调整？		
资讯引导	1. 在信息单中查找 2. 建筑施工手册. 中国建筑工业出版社，2012 3. 建筑工程施工组织设计实例应用手册. 中国建筑工业出版社，2008 4. 建筑施工组织. 哈尔滨工程大学出版，2012		

信 息 单

学习领域	施工组织与进度控制		
学习情境三	监测与调整实施中的施工进度计划	学　　时	12
工作任务 7	调整实施中的施工进度计划	学　　时	6

7.1 进度调整的系统过程

在建设工程实施进度监测过程中，一旦发现实际进度偏离计划进度，即出现进度偏差时，必须认真分析产生偏差的原因及其对后续工作和总工期的影响，必要时采取合理、有效的进度计划调整措施，确保进度总目标的实现。进度调整的系统过程如图 7.1 所示。

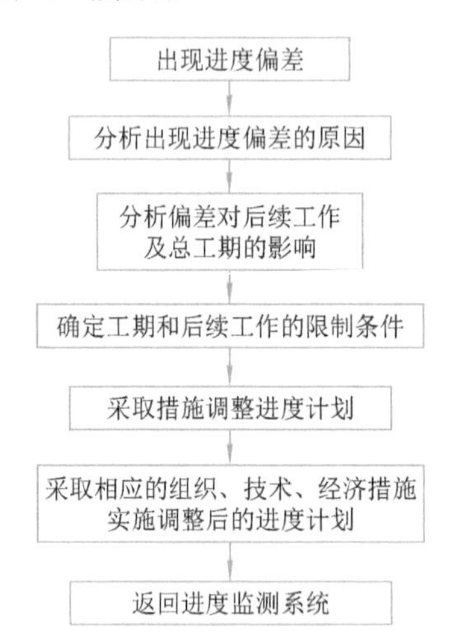

图 7.1　建设工程进度调整系统过程

7.1.1 分析进度偏差产生的原因

由于建设工程项目工期较长，影响工程进度的影响因素较多，通过实际进度与计划进度的比较，发现进度偏差时，为了采取有效措施调整进度计划，应考虑有关影响因素，深入现场进行调查，分析产生进度偏差的原因。其主要影响因素有：

1. 有关单位的影响

施工单位对施工进度起决定性作用，但是建设单位与业主、设计单位、银行信贷单位、材料设备供应部门、运输部门、水、电供应部门及政府的有关主管部门都可能给施工某些方面造成困难而影响施工进度。

2. 施工条件的变化

施工中工程地质条件和水文地质条件与勘查设计的不符以及恶劣的气候、暴雨和高温等都会对施工进度产生影响。

3. 技术原因

施工单位采用技术措施不当，施工中发生技术事故；应用新技术、新材料、新结构缺乏经验，不能保证质量等都要影响施工进度。

4. 施工组织管理不利

施工组织不合理、资源调配不当、施工平面布置不合理等都将影响施工进度计划。

5. 意外事件

施工中如果出现意外的事件，如战争、严重自然灾害、火灾、重大工程事故等也会影响施工进度计划。

7.1.2　分析进度偏差对后续工作及总工期的影响

1. 分析出现进度偏差的工作是否为关键工作

如果出现进度偏差的工作位于关键线路上，即该工作为关键工作，则无论其偏差有多大，都将对后续工作和总工期产生影响，必须采取相应的调整措施；如果出现偏差的工作为非关键工作，则需要根据进度偏差值与总时差和自由时差的关系作进一步分析。

2. 分析进度偏差是否超过总时差

如果工作的进度偏差大于该工作的总时差，则此进度偏差必将影响其后续工作和总工期，必须采取相应的调整措施，如果工作的进度偏差未超过该工作的总时差，则此进度偏差不影响总工期。至于对后续工作的影响程度，还需要根据偏差值与其自由时差的关系作进一步分析。

3. 分析进度偏差是否超过自由时差

如果工作的进度偏差大于该工作的自由时差，则此进度偏差将对其后续工作产生影响，此时应根据后续工作的限制条件确定调整方法。如果工作的进度偏差未超过该工作的自由时差，则此进度偏差不影响后续工作。因此，原进度计划可以不作调整。

进度偏差的分析判断过程如图 7.2 所示。通过分析，进度控制人员可以根据进度偏差的影响程度，制订相应的纠偏措施进行调整，以获得符合实际进度情况和计划目标的新进度计划。

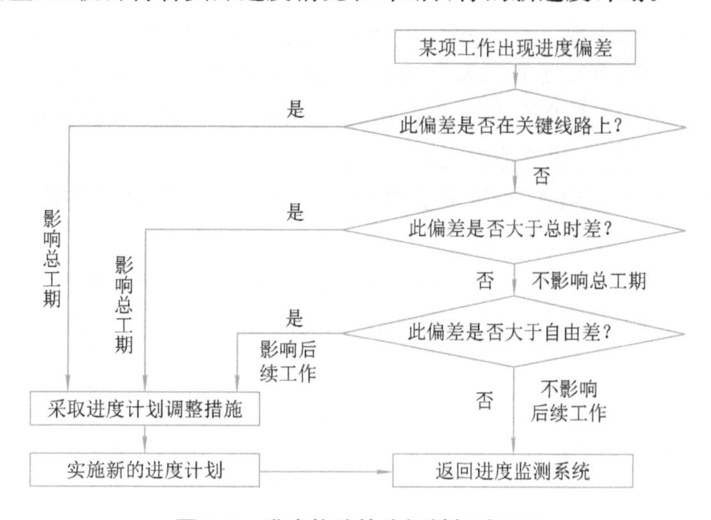

图 7.2　进度偏差的分析判断过程图

7.1.3　确定后续工作和总工期的限制条件

当发现的进度偏差影响到后续工作或总工期而需要采取进度调整措施时，应当首先确定可调整进度的范围，主要指关键节点、后续工作的限制条件以及总工期允许变化的范围。这些限制条件往往与合同条件有关，需要认真分析后确定。

7.1.4　采取措施调整进度计划

采取进度调整措施，应以后续工作和总工期的限制条件为依据，确保要求的进度目标得到实现。

7.1.5　实施调整后的进度计划

进度计划调整之后，应采取相应的组织、经济、技术措施保证其顺利进行，并继续监测其执行情况。

7.2　网络计划工期优化

工期优化，是指网络计划的计算工期不能满足要求工期时，通过压缩关键工作的持续时间以满足要求工期目标的过程。

7.2.1　工期优化的方法

网络计划工期优化的基本方法是在不改变网络计划中各项工作之间逻辑关系的前提下，通过压缩关键工作的持续时间来达到优化目标。在工期优化过程中按照经济合理的原则，不能将关键工作压缩为非关键工作。此外，当工期优化过程中出现多条关键线路时，必须将各条关键线路的总持续时间压缩相同数值；否则，不能有效地缩短工期。

7.2.2　工期优化步骤

(1)确定初始网络计划的计算工期和关键线路。

(2)计算应缩短的时间 ΔT：

$$\Delta T = T_c - T_r$$

式中：T_c——网络计划的计算工期；

T_r——要求工期。

(3)选择应缩短持续时间的关键工作。选择压缩对象时宜在关键工作中考虑下列因素：缩短持续时间对质量和安全影响不大的工作，有充足备用资源的工作和缩短持续时间所需增加的费用最少的工作。

(4)将所选定的关键工作的持续时间压缩至最短，并重新确定计算工期和关键线路，若被压缩的工作变成非关键工作，则应延长持续时间，使之仍为关键工作。

(5)当计算工期仍超过要求工期时，则重复上述步骤(2)～(4)，直至计算工期满足要求工期或计算工期已不能再缩短为止。

(6)当所有关键工作的持续时间都已达到其能缩短的极限而寻求不到继续缩短工期的方案，但网络计划的计算工期仍不能满足要求工期时，应对网络计划的原技术方案、组织方案进行调整，或对要求工期重新审定。

工程实例

【工程实例 1】 已知某工程双代号网络计划如图 7.3 所示，图中箭线下方括号外的数字为工作的正常持续时间，括号内的数字为最短持续时间；箭线上方括号内的数字为优选系数(综合考虑质量、安全和费用增加情况而确定的系数)。在选择关键工作压缩持续时间时，应选择优选系数最小的关键工作。若需要同时压缩多个关键工作的持续时间时，则它们的优选系数之和(组合优选系数)最小者应优选作为压缩对象。现假设要求工期为 12，试对其进行工期优化。

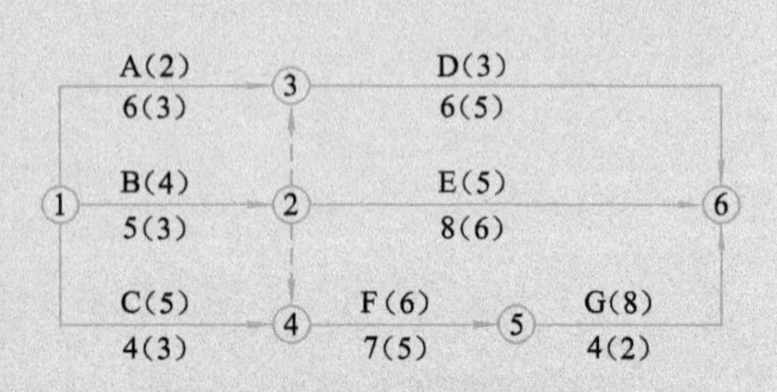

图 7.3　工期优化(初始网络计划)

【实例分析】 该网络计划的工期优化可以按以下步骤进行：

(1)根据各项工作的正常持续时间，确定网络计划的计算工期和关键线路，如图 7.4 所示，此时关键线路为①—②—④—⑤—⑥。

(2)计算应缩短的时间：

$$\Delta T = T_C - T_r = 16 - 12 = 4$$

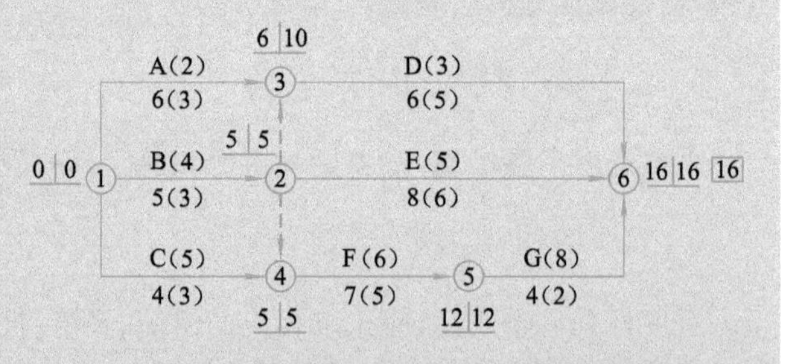

图 7.4　工期优化(初始网络计划中的关键线路)

(3)由于此时关键工作为工作B、工作F和工作G，而其中B的优选系数最小，故应将工作B作为优先压缩对象。

(4)将关键工作B的持续时间压缩至最短持续时间3，确定新的计算工期和关键线路。此时，关键工作B被压缩成非关键工作，故将其持续时间3延长为4，使之成为关键工作。

工作B恢复为关键之后，网络计划中出现两条关键线路，即：①—②—④—⑤—⑥和①—④—⑤—⑥，如图7.5所示。

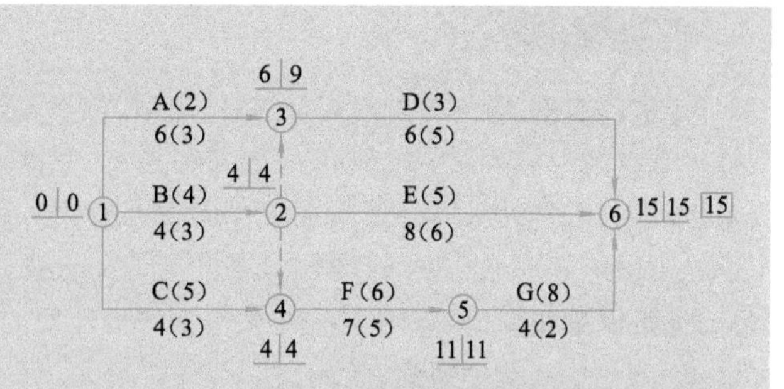

图7.5　工期优化(第一次压缩后的网络计划)

(5)由于此时计算工期为15，仍大于要求工期，故需继续压缩。需要缩短时间：$\Delta T_1=15-12=3$。在图7.5网络计划中，有以下三个压缩方案：

①同时压缩工作C和工作B，组合优选系数为：4+5=9。

②压缩工作F，优选系数为：6。

③压缩工作G，优选系数为：8。

在上述压缩方案中，由于工作F的优选系数最小，故应选择压缩工作F的方案。将这项工作的持续时间压缩2(压缩至最短)，确定计算工期和关键线路，如图7.6所示。此时，关键线路仍为两条，即：①—②—④—⑤—⑥和①—④—⑤—⑥。

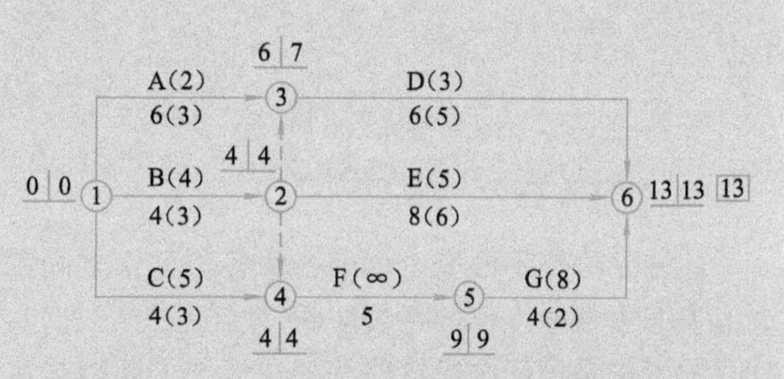

图7.6　工期优化(第二次压缩后的网络计划)

在图7.6中，关键工作F的持续时间已达最短，不能再压缩，它的优选系数变为无穷大。

(6)由于此时计算工期为13，仍大于要求工期，故需继续压缩。需要缩短时间：$\Delta T_2=13-12=1$。在图7.6所示的网络计划中，由于关键工作F已不能再压缩，故此时只有两个压缩方案：

①同时压缩工作B和工作C，组合优选系数为：4+5=9。

②压缩工作G，优选系数为：8。

在上述压缩方案中，由于工作G的优选系数最小，故应选择压缩工作G的方案。将工作G的持续时间压缩1，确定计算工期和关键线路。此时，计算工期为12，已等于要求工期，故图7.7所示网络计划即为优化方案。

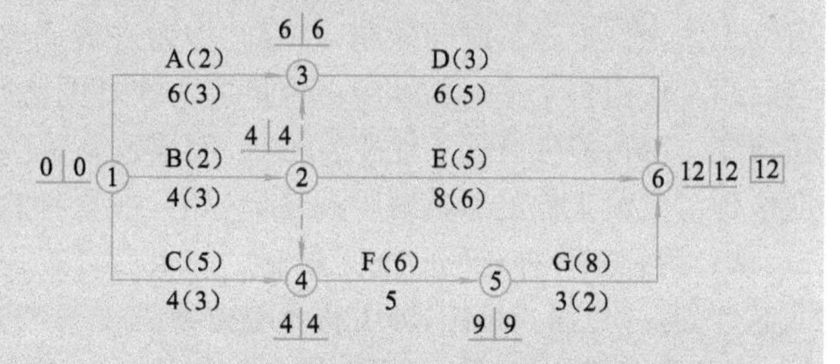

图7.7　工期优化后的网络计划

7.3　进度计划的调整方法

当实际进度偏差影响到后续工作、总工期而需要调整进度计划时，其调整方法主要有两种。

7.3.1　改变某些工作间的逻辑关系

当工程项目施工中产生的进度偏差影响到总工期，且有关工作的逻辑关系允许改变时，可以改变关键线路和超过计划工期的非关键线路上的有关工作之间的逻辑关系，达到缩短工期的目的。

工程实例

【工程实例 2】 某工程项目基础工程包括挖基槽、作垫层、砌基础、回填土 4 个施工过程，各施工过程的持续时间分别为 21 天、15 天、18 天和 9 天，如果采取顺序作业方式进行施工，则其总工期为 63 天。为缩短该基础工程总工期，如果在工作面及资源供应允许的条件下，将基础工程划分为工程量大致相等的 3 个施工段组织流水作业，试绘制该基础工程流水作业网络计划，并确定其计算工期。

【实例分析】 该基础工程流水作业网络计划如图 7.8 所示。通过组织流水作业，使得该基础工程的计算工期由 63 天缩短为 35 天。

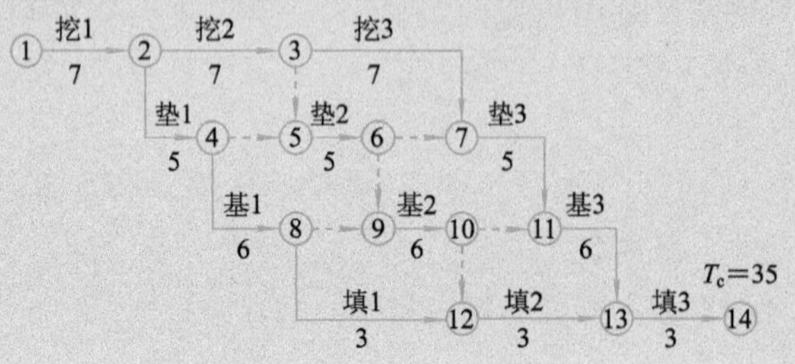

图 7.8 某基础工程流水施工网络计划

7.3.2 缩短某些工作的持续时间

这种方法是不改变工程项目中各项工作之间的逻辑关系，而通过采取增加资源投入、提高劳动效率等措施来缩短某些工作的持续时间，使工程进度加快，以保证按计划工期完成该工程项目。这些被压缩持续时间的工作是位于关键线路和超过计划工期的非关键线路上的工作。同时，这些工作又是其持续时间可被压缩的工作。这种调整方法通常可以在网络图上直接进行。其调整方法视限制条件及对其后续工作的影响程度的不同而有所区别，一般可分为以下三种情况。

1. 网络计划中某项工作进度拖延的时间已超过其自由时差但未超过其总时差

如该工作的实际进度不会影响总工期，而只对其后续工作产生影响。因此，在进行调整前，需要确定其后续工作允许拖延的时间限制，并以此作为进度调整的限制条件。该限制条件的确定常常较复杂，尤其是当后续工作由多个平行的承包单位负责实施时更是如此。后续工作如不能按原计划进行，在时间上产生的任何变化都可能使合同不能正常履行，而导致蒙受损失的一方提出索赔。因此，寻求合理的调整方案，把进度拖延对后续工作的影响减少到最低程度，是监理工程师的一项重要工作。

(1)后续工作拖延的时间无限制。如果后续工作拖延的时间完全被允许时，可将拖延后的时间参数带入原计划，并化简网络图，即可得调整方案。

(2)后续工作拖延的时间有限制。如果后续工作不允许拖延或拖延的时间有限制时，需要根据限制条件对网络计划进行调整，寻求最优方案。

工程实例

【工程实例 3】 某工程项目双代号时标网络计划如图 7.9所示，该计划执行到第 50 天下班时刻检查时，其实际进度如图中前锋线所示。试分析目前实际进度对后续工作和总工期的影响，并提出相应的进度调整措施。

【实例分析】 从图中可以看出，目前只有工作 D 的开始时间拖后 15 天，而影响其后续工作 G 的最早开始时间，其他工作的实际进度均正常。由于工作 D 的总时差为 30 天，故此时工作 D 的实际进度不影响总工期。该进度计划是否需要调整，取决于工作 D 和 G 的限制条件。

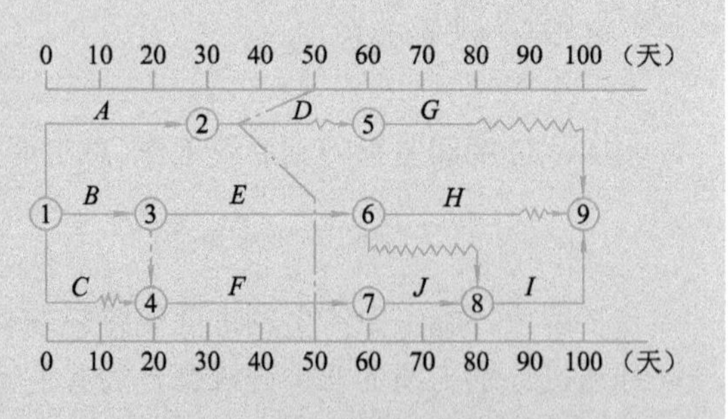

图 7.9 某工程时标网络计划

(1)后续工作拖延的时间无限制。如果后续工作拖延的时间完全被允许时,可将拖延后的时间参数带入原计划,并化简网络图(即去掉已执行部分,以进度检查日期为起点,将实际数据带入,绘制出未实施部分的进度计划),即可得调整方案。例如在本例中,以检查时刻第50天为起点,将工作D的实际进度数据及G被拖延后的时间参数带入原计划(此时工作D、G的开始时间分别为50天和65天),可得如图7.10所示的调整方案。

(2)后续工作拖延的时间有限制。如果后续工作不允许拖延或拖延的时间有限制时,需要根据限制条件对网络计划进行调整,寻求最优方案。在本例中,如果工作G的开始时间不允许超过第60天。则只能将其紧前工作D的持续时间压缩为15天,调整后的网络计划如图7.11所示。如果在工作D、G之间还有多项工作,则可以利用工期优化的原理确定应压缩的工作,得到满足G工作限制条件的最优调整方案。

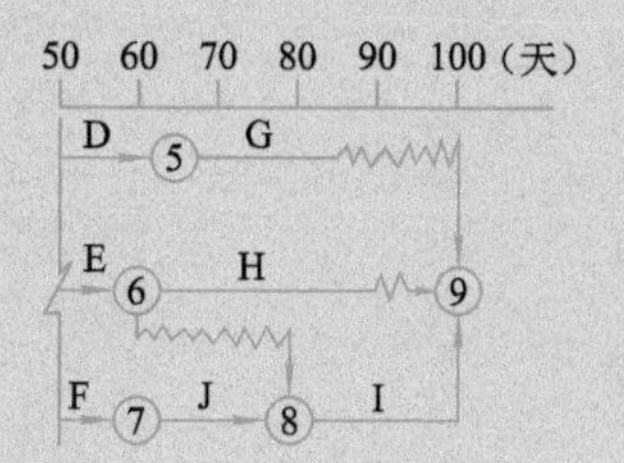

图7.10 后续工作拖延时间无限制时的网络计划

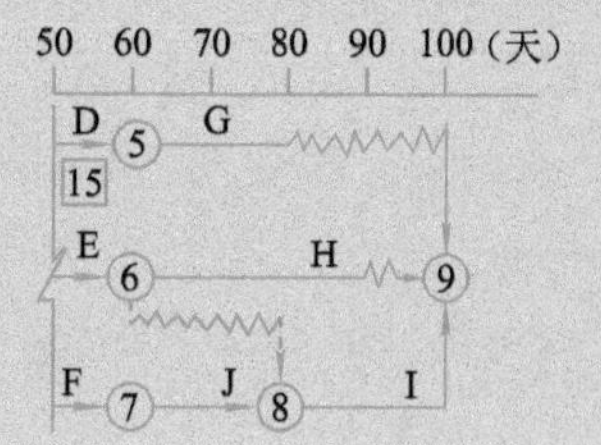

图7.11 后续工作拖延时间有限制时的网络计划

2. 网络计划中某项工作进度拖延的时间超过其总时差

如果网络计划中某项工作进度拖延的时间超过其总时差,则无论该工作是否为关键工作,其实际进度都将对后续工作和总工期产生影响。此时,进度计划的调整方法又可分为以下三种情况。

(1)项目总工期不允许拖延。如果工程项目必须按照原计划工期完成,则只能采取缩短关键线路上后续工作持续时间的方法来达到调整计划的目的。

工程实例

【工程实例4】 仍以上图所示网络计划为例,如果在计划执行到第50天下班时刻检查时,其实际进度如图7.12中前锋线所示,试分析目前实际进度对后续工作和总工期的影响,并提出相应的进度调整措施。

【实例分析】 从图7.12中可看出:

(1)工作D实际进度拖后10天,但不影响其后续工作,也不影响总工期。

(2)工作E实际进度正常,既不影响后续H和I工作,也不影响总工期。

(3)工作F实际进度拖后10天,由于其为关键工作,故其实际进度将使总工期延长10天,并使其后续工作I和J的开始时间推迟10天。

如果该工程项目总工期不允许拖延,则为了保证其按原计划工期100天完成,必须采用工期优化的方法,缩短关键线路上后续工作的持续时间。现假设工作F的后续工作I和J均可以压缩10天,通过比较,压缩工作I的持续时间所需付出的代价最小,故将工作I的持续时间由20天缩短为10天。调整后的网络计划如图7.13所示。

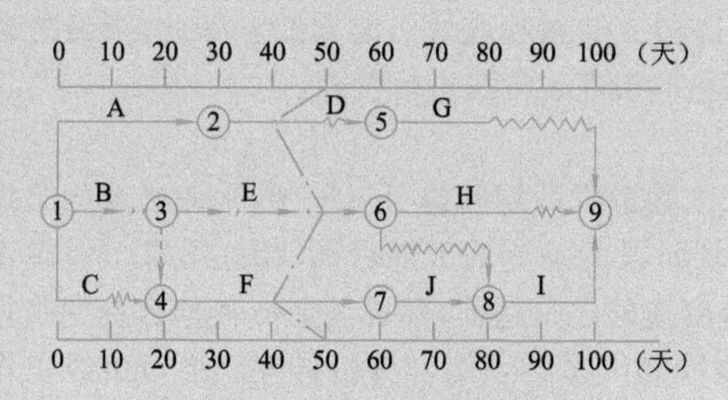

图7.12 某工程实际进度前锋线

50 60 70 80 90 100 (天)
D 5 G
E 6 H 9
F 7 J 8 I
10

图7.13 调整后工期不拖延的网络计划

(2)项目总工期允许拖延。如果项目总工期允许拖延,则此时只需以实际数据取代原计划数据,并重新绘制实际进度检查日期之后的简化网络计划即可。

工程实例

【工程实例5】 以图7.12所示前锋线为例,如果项目总工期允许拖延,此时只需以检查日期第50天为起点,用其后各项工作尚需作业时间取代相应的原计划数据,绘制出网络计划如图7.14所示。方案调整后,项目总工期为110天。

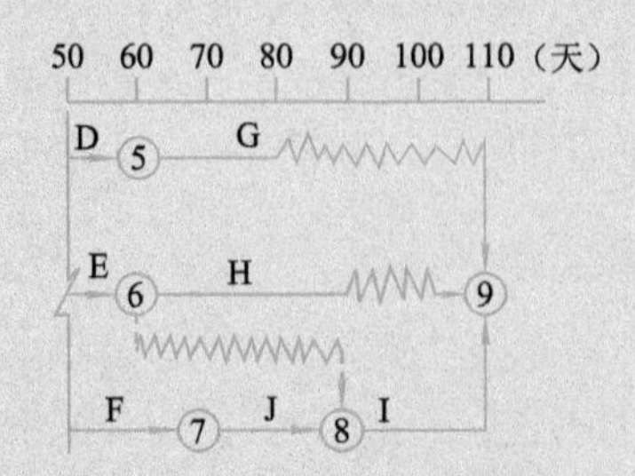

图7.14 调整后拖延工期的网络

(3)项目总工期允许拖延的时间有限。如果项目总工期允许拖延,但允许拖延的时间有限。则当实际进度拖延的时间超过此限制时,也需要对网络计划进行调整,以便满足要求。

具体的调整方法是以总工期的限制时间作为规定工期,对检查日期之后尚未实施的网络计划进行工期优化,即通过缩短关键线路上后续工作持续时间的方法来使总工期满足规定工期的要求。

工程实例

【工程实例6】 仍以图7.12所示前锋线为例,如果项目总工期只允许拖延至105天,则可按以下步骤进行调整。

(1)绘制化简的网络计划,如图7.14所示。

(2)确定需要压缩的时间。从图7.14中可以看出,在第50天检查实际进度时发现总工期将延长10天,该项目至少需要110天才能完成。而总工期只允许延长至105天,故需将总工期压缩5天。

(3)对网络计划进行工期优化。从图7.14中可以看出,此时关键线路上的工作为B、F、J和I。现假设通过比较,压缩关键工作I的持续时间所需付出的代价最小,故将其持续时间由原来的20天压缩为15天,调整后的网络计划如图7.15所示。

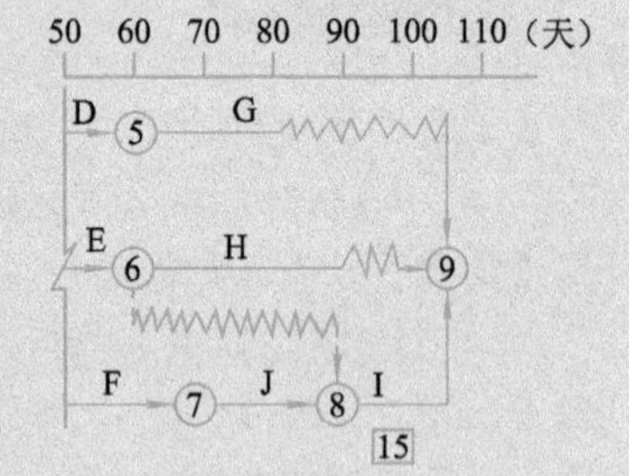

图7.15 总工期拖延时间有限制时的网络计划

以上三种情况均是以总工期为限制条件调整进度计划的。值得注意的是,当某项工作实际进度拖延的时间超过其总时差而需要对进度计划进行调整时,除需考虑总工期的限制条件外,还应考虑网络计划中后续工作的限制条件,特别是对总进度计划的控制更应注意这一点。因为在这类网络计划中,后续工作也许就是一些独立的合同段。时间上的任何变化,都会带来协调上的麻烦或者引起索赔。因此,当网络计划中某些后续工作对时间的拖延有限制时,同样需要以此为条件,按前述方法进行调整。

3. 网络计划中某项工作进度超前

监理工程师对建设工程实施进度控制的任务就是在工程进度计划的执行过程中,采取必要的组织协调和控制措施,以保证建设工程按期完成。在建设工程计划阶段所确定的工期目标,往往是综合考虑了各方面因素而确定的合理工期,时间上的任何变化,无论是进度拖延还是超前,都可能造成其他目标的失控。因此,如果建设工程实施过程中出现进度超前的情况,进度控制人员必须综合分析进度超前对后续工作产生的影响,并同承包单位协商,提出合理的进度调整方案,以确保工期总目标的顺利实现。

计　划　单

<table>
<tr><td>学习领域</td><td colspan="5">施工组织与进度控制</td></tr>
<tr><td>学习情境三</td><td colspan="3">监测与调整实施中的施工进度计划</td><td>学　　时</td><td>12</td></tr>
<tr><td>工作任务7</td><td colspan="3">调整实施中的施工进度计划</td><td>计划学时</td><td>0.5</td></tr>
<tr><td>计划方式</td><td colspan="5">小组讨论，团队协作共同制订计划</td></tr>
<tr><td>序　　号</td><td colspan="4">计 划 步 骤</td><td>使用资源</td></tr>
<tr><td></td><td colspan="4"></td><td></td></tr>
<tr><td></td><td colspan="4"></td><td></td></tr>
<tr><td></td><td colspan="4"></td><td></td></tr>
<tr><td></td><td colspan="4"></td><td></td></tr>
<tr><td></td><td colspan="4"></td><td></td></tr>
<tr><td></td><td colspan="4"></td><td></td></tr>
<tr><td></td><td colspan="4"></td><td></td></tr>
<tr><td></td><td colspan="4"></td><td></td></tr>
<tr><td></td><td colspan="4"></td><td></td></tr>
<tr><td>制订计划
说明</td><td colspan="5"></td></tr>
<tr><td rowspan="3">计划评价</td><td>班　　级</td><td></td><td>第　　组</td><td>组长签字</td><td></td></tr>
<tr><td>教师签字</td><td colspan="2"></td><td>日　　期</td><td></td></tr>
<tr><td colspan="5">评语：</td></tr>
</table>

决 策 单

<table>
<tr><td>学习领域</td><td colspan="5">施工组织与进度控制</td></tr>
<tr><td>学习情境三</td><td colspan="3">监测与调整实施中的施工进度计划</td><td>学　　时</td><td>12</td></tr>
<tr><td>工作任务 7</td><td colspan="3">调整实施中的施工进度计划</td><td>决策学时</td><td>0.5</td></tr>
<tr><td colspan="6">方 案 讨 论</td></tr>
<tr><td rowspan="9">方案对比</td><td>组　　号</td><td>方案的可行性</td><td>方案的先进性</td><td>实施难度</td><td>综合评价</td></tr>
<tr><td>1</td><td></td><td></td><td></td><td></td></tr>
<tr><td>2</td><td></td><td></td><td></td><td></td></tr>
<tr><td>3</td><td></td><td></td><td></td><td></td></tr>
<tr><td>4</td><td></td><td></td><td></td><td></td></tr>
<tr><td>5</td><td></td><td></td><td></td><td></td></tr>
<tr><td>6</td><td></td><td></td><td></td><td></td></tr>
<tr><td>7</td><td></td><td></td><td></td><td></td></tr>
<tr><td>8</td><td></td><td></td><td></td><td></td></tr>
<tr><td rowspan="3">方案评价</td><td>班　　级</td><td></td><td>第　　组</td><td>组长签字</td><td></td></tr>
<tr><td>教师签字</td><td colspan="2"></td><td>日　　期</td><td></td></tr>
<tr><td colspan="5">评语：</td></tr>
</table>

实　施　单

<table>
<tr><td>学习领域</td><td colspan="4">施工组织与进度控制</td></tr>
<tr><td>学习情境三</td><td colspan="2">监测与调整实施中的施工进度计划</td><td>学　　时</td><td>12</td></tr>
<tr><td>工作任务 7</td><td colspan="2">调整实施中的施工进度计划</td><td>实施学时</td><td>3</td></tr>
<tr><td>实施方式</td><td colspan="4">小组成员合作共同研讨确定动手实践的实施步骤,每人均填写实施单</td></tr>
<tr><td>序　　号</td><td colspan="2">实 施 步 骤</td><td colspan="2">使用资源</td></tr>
<tr><td></td><td colspan="2"></td><td colspan="2"></td></tr>
<tr><td></td><td colspan="2"></td><td colspan="2"></td></tr>
<tr><td></td><td colspan="2"></td><td colspan="2"></td></tr>
<tr><td></td><td colspan="2"></td><td colspan="2"></td></tr>
<tr><td></td><td colspan="2"></td><td colspan="2"></td></tr>
<tr><td></td><td colspan="2"></td><td colspan="2"></td></tr>
<tr><td></td><td colspan="2"></td><td colspan="2"></td></tr>
<tr><td></td><td colspan="2"></td><td colspan="2"></td></tr>
<tr><td></td><td colspan="2"></td><td colspan="2"></td></tr>
<tr><td colspan="5">实施说明：</td></tr>
<tr><td>班　　级</td><td></td><td>第　　组</td><td>组长签字</td><td></td></tr>
<tr><td>教师签字</td><td></td><td>日　　期</td><td colspan="2"></td></tr>
<tr><td>评　　语</td><td colspan="4"></td></tr>
</table>

作 业 单

学习领域	施工组织与进度控制		
学习情境三	监测与调整实施中的施工进度计划	学 时	12
工作任务7	调整实施中的施工进度计划	学 时	6
实施方式	小组成员进行任务分工后，分别进行动手实践，共同完成施工进度调整方案		

作业评价	班 级		第 组	组长签字	
	教师签字			日 期	
	评语：				

检　查　单

<table>
<tr><td>学习领域</td><td colspan="5">施工组织与进度控制</td></tr>
<tr><td>学习情境三</td><td colspan="3">监测与调整实施中的施工进度计划</td><td>学　　时</td><td>12</td></tr>
<tr><td>工作任务 7</td><td colspan="3">调整实施中的施工进度计划</td><td>检查学时</td><td>0.5</td></tr>
<tr><td>序　　号</td><td>检查项目</td><td colspan="2">检查标准</td><td>组内互检</td><td>教师检查</td></tr>
<tr><td>1</td><td>进度计划调整方案</td><td colspan="2">进度计划调整方案是否合理</td><td></td><td></td></tr>
<tr><td>2</td><td>施工进度调整过程</td><td colspan="2">施工进度调整过程是否详尽得当</td><td></td><td></td></tr>
<tr><td>3</td><td>图面情况</td><td colspan="2">图面是否整洁美观、布置合理</td><td></td><td></td></tr>
<tr><td rowspan="3">检查评价</td><td>班　　级</td><td></td><td>第　　组</td><td>组长签字</td><td></td></tr>
<tr><td>教师签字</td><td colspan="2"></td><td>日　　期</td><td></td></tr>
<tr><td colspan="5">评语：</td></tr>
</table>

评 价 单

<table>
<tr><td>学习领域</td><td colspan="8">施工组织与进度控制</td></tr>
<tr><td>学习情境三</td><td colspan="5">监测与调整实施中的施工进度计划</td><td>学　时</td><td colspan="2">12</td></tr>
<tr><td>工作任务 7</td><td colspan="5">调整实施中的施工进度计划</td><td>评价学时</td><td colspan="2">0.5</td></tr>
<tr><td>考核项目</td><td colspan="2">考核内容及要求</td><td>分　值</td><td>学生自评
（10%）</td><td>小组评分
（20%）</td><td>教师评分
（70%）</td><td colspan="2">实 得 分</td></tr>
<tr><td>施工进度计划调整方案
（40 分）</td><td colspan="2">进度计划调整方案合理，过程详尽得当</td><td>40</td><td></td><td></td><td></td><td colspan="2"></td></tr>
<tr><td>图面情况
（30 分）</td><td colspan="2">图面整洁美观</td><td>30</td><td></td><td></td><td></td><td colspan="2"></td></tr>
<tr><td>学习态度
（10 分）</td><td colspan="2">上课认真听讲，积极参与讨论，认真完成任务</td><td>10</td><td></td><td></td><td></td><td colspan="2"></td></tr>
<tr><td>完成时间
（10 分）</td><td colspan="2">能在规定时间内完成任务</td><td>10</td><td></td><td></td><td></td><td colspan="2"></td></tr>
<tr><td>合 作 性
（10 分）</td><td colspan="2">积极参与组内各项任务，善于协调与沟通</td><td>10</td><td></td><td></td><td></td><td colspan="2"></td></tr>
<tr><td></td><td colspan="2">总　计</td><td>100</td><td></td><td></td><td></td><td colspan="2"></td></tr>
<tr><td rowspan="3">评价评语</td><td>班　级</td><td></td><td>姓　名</td><td></td><td>学　号</td><td></td><td>总　评</td><td></td></tr>
<tr><td>教师签字</td><td></td><td>第　组</td><td>组长签字</td><td colspan="2"></td><td>日　期</td><td></td></tr>
<tr><td colspan="8">评语：</td></tr>
</table>

教学反馈单

<table>
<tr><td>学习领域</td><td colspan="5">施工组织与进度控制</td></tr>
<tr><td>学习情境三</td><td colspan="2">监测与调整实施中的施工进度计划</td><td colspan="2">学　时</td><td>12</td></tr>
<tr><td rowspan="8">调查项目</td><td>序　号</td><td>调查内容</td><td>是</td><td>否</td><td>备注</td></tr>
<tr><td>1</td><td>计划和决策感到困难吗？</td><td></td><td></td><td></td></tr>
<tr><td>2</td><td>你认为学习任务对你将来的工作有帮助吗？</td><td></td><td></td><td></td></tr>
<tr><td>3</td><td>通过本任务的学习，你学会如何合理选择施工进度监测方法了吗？</td><td></td><td></td><td></td></tr>
<tr><td>4</td><td>通过本任务的学习，你学会如何正确分析施工进度监测结果了吗？</td><td></td><td></td><td></td></tr>
<tr><td>5</td><td>通过本任务的学习，你学会如何合理确定进度计划调整方案了吗？</td><td></td><td></td><td></td></tr>
<tr><td>6</td><td>通过几天来的工作和学习，你对自己的表现是否满意？</td><td></td><td></td><td></td></tr>
<tr><td>7</td><td>你对小组成员之间的合作是否满意？</td><td></td><td></td><td></td></tr>
<tr><td colspan="6">你的意见对改进教学非常重要，请写出你的建议和意见。</td></tr>
<tr><td>调查信息</td><td>被调查人签名</td><td></td><td>调查时间</td><td colspan="2"></td></tr>
</table>

参 考 文 献

[1] 鲁春梅. 建筑施工组织[M]. 哈尔滨:哈尔滨工程大学出版社,2012.
[2] 建筑施工手册(第四版)编写组. 建筑施工手册:缩印本[M].4 版. 北京:中国建筑工业出版社,2003.
[3] 彭圣浩. 建筑工程施工组织设计实例应用手册[M]. 北京:中国建筑工业出版社,2008.
[4] 全国建筑施工企业项目经理培训教材编写委员会. 施工组织设计与进度管理[M]. 北京:中国建筑工业出版社,2001.
[5] 危道军. 建筑施工组织[M]. 北京:中国建筑工业出版社,2008.
[6] 中国建设监理协会组织编写. 建设工程进度控制[M]. 北京:中国建筑工业出版社,2003.